DER

LISTER'SCHE VERBAND.

DER

LISTER'SCHE VERBAND.

MIT BEWILLIGUNG DES VERFASSERS IN'S DEUTSCHE

ÜBERTRAGEN

VON

DR. **O. THAMHAYN,**
PRAKT. ARZTE IN HALLE A/S.

LEIPZIG
VERLAG VON VEIT & COMP.
1875.

Zum Verständnisse.

Es macht einen eigenthümlichen Eindruck, wenn A. W. Schultze seinen trefflichen Vortrag über „Lister's antiseptische Wundbehandlung", der in R. Volkmann's Sammlung veröffentlicht ist, mit den Worten beginnt: Ueber Lister's Wundbehandlung darf man heutzutage und ganz besonders in einer solchen Versammlung kaum sprechen, ohne vorher, ich möchte fast sagen, um Entschuldigung zu bitten, oder doch wenigstens ganz besondere Gründe dafür anzugeben" — Volkmann's empfehlende Redaktionsbemerkung aber den Schluss bildet. Ich denke, die Zeiten haben sich doch etwas geändert und es bedarf keiner Entschuldigung, wenn ich heute meinen ärztlichen Genossen im Zusammenhange Lister's in verschiedenen Zeitungen zerstreute Aufsätze über seine „antiseptische" Behandlungsweise in deutscher Uebertragung vorlege. Denn darüber wird sich wohl Jeder klar sein, der nur irgend Gelegenheit gehabt hat, mit dem Lister'schen Verbande sich zu beschäftigen, dem die Gelegenheit geworden ist, „die grossartigen Erfolge der genau nach Lister's Angabe durchgeführten Behandlung" mit eignen Augen zu sehen, gleichviel ob in der eignen Praxis oder in der eines bewährten Meisters, dass der „bereits abgekühlte Enthusiasmus" einer ruhigeren Anschauung Platz gemacht hat, die wesentlich zu einer richtigeren Beurtheilung beitragen und dadurch zu einer weiteren Verbreitung führen muss.

Und fragen wir uns, wie konnte es denn geschehen, dass dieses Verfahren, zum Segen der Menschheit erdacht, von vielen Seiten so unbeachtet liegen bleiben durfte, dass diese glänzenden Erfolge so wenig zur Nachahmung anzutreiben vermochten, so können wir nur die eine Antwort geben, die Lister selbst so richtig aufgefunden hat: seine tonangebenden Gegner haben sich grösstentheils gar nicht die Mühe genommen, seine Schriften zu lesen oder sie absichtlich falsch aufgefasst; die Bekanntschaft mit den Einzelnheiten des Verfahrens ist durch einzelne Zeitungsaufsätze kaum zu machen und desshalb ist bei der Ausführung sehr häufig die gewissenhafte Handhabung zu vermissen, die unbedingt für den Erfolg so nothwendig ist; und endlich hat man sich dem vielverbreiteten Aberglauben hingegeben, dass Behandlung mit Karbolsäure und Lister's Verbandweise gleich zu setzen sind.

Da bedarf es denn wohl nicht der Angabe besonderer Gründe, wenn ich mich Denen anschloss, die diesem Aberglauben entgegenzutreten für nöthig fanden, die sich bemühten, der Kenntniss des Lister'schen Verbandes mit allen seinen Einzelnheiten in unserm Vaterlande die möglichste Verbreitung zu geben. Lister's Aufsätze waren nur in Auszügen bekannt; es fehlte die Zusammenfügung. Der Meister selbst musste reden; er musste sich selbst in seiner eignen Entwicklung zeigen, schrittweise mussten wir ihm folgen können, wie er von Stufe zu Stufe zu immer höheren Vollkommenheit seinen Verband ausführt. Lister selbst musste mit den Waffen seiner Schlichtheit und Ehrlichkeit, seines Wahrheitsdranges und seiner Ueberzeugungstreue sich ein neues Gebiet eröffnen. So schrieb ich an ihn und bat um ein genaues Verzeichniss der bezüglichen Aufsätze. Bereitwillig gab er mir das Verlangte, meinend, mit einer den Mann ehrenden Bescheidenheit, sein Verfahren habe doch mindestens ein geschichtliches Interesse. Ich habe mich genau der zeitlichen Reihenfolge angeschlossen, wodurch freilich manche Wiederholung unvermeidlich wurde, wenn ich auch manches habe übergehen können. Aber es kam mir ja eben darauf an, den ganzen Entwicklungsgang dem Leser vor Augen zu führen, er soll den ganzen Mann in seinem innersten Wesen kennen lernen und manche Vorschriften aus früheren Jahren lassen sich auch heute noch gelegentlich recht gut verwerthen. Der Aufsatz über die Bakterien — Nr. XI — gehört streng genommen nicht zum „Verbande“. Ich glaubte aber die Rücksicht nehmen zu müssen, ihn nicht auszuschliessen, um so weniger, als seine Schlussfolgerungen sich innig dem Ganzen anreihen. So wird der Leser allerdings nicht ein Werk aus einem Gusse vorfinden, aber doch eine Arbeit, deren einzelne, abgerissene Blätter durch einen leitenden Gedanken als rothen Faden zusammengehalten werden, ein Mosaikgebilde, dem die Wirkung der Zusammenstimmung nicht fehlt. Auch habe ich mich bemüht durch ein möglichst genaues Register entstehende Unbequemlichkeiten weniger lästig zu machen.

Bevor ich aber weiter auf das Lister'sche Verfahren eingehe, wird es vielleicht für manchen Leser nicht ohne Interesse sein, ein paar geschichtliche Rückblicke auf die „antiseptische“ Behandlungsweise im Allgemeinen zu werfen, die ich einem Aufsatze von Elliot in Hull — Brit. medic. Journal, 14. November 1868 — und Simpson — Lancet 2. November 1867 — entnehme.

Wenn auch den Alten die ursächliche Bedeutung, wie sie uns heut zu Tage klar vorliegt, fremd sein musste, den Werth der antiseptischen Mittel wussten sie recht wohl zu schätzen. In der Bibliothek des Huller Krankenhauses findet sich ein merkwürdiges, anregendes Werk mit der Aufschrift: a Treatise on Alkali and Acid by John Colbatch M. R. C. P. 1698 London. Der Verfasser scheint damals in London praktischer Arzt gewesen zu sein, vorher aber Militärarzt im Heere William's III. vor Namur; denn er sagt, dass er hier in seinen Ruhestunden das bezeichnete Werk geschrieben habe. Er muss ein Mann gewesen sein, der seiner Zeit vorgeeilt war und desshalb durch seine Meinungen und Ansichten sich mancherlei Feindschaft zugezogen hatte. Wenigstens spielt er darauf an, wenn er sagt: „wer durch das Leben ohne

Missgunst gehen will, der muss glauben, was Alle glauben und sprechen, was Andere sprechen und wer immer es auf sich nimmt anders zu thun, der wird als Lohn stets Tadel erhalten". Wir finden bereits bei ihm neuere Anschauungen über gewisse Eigenthümlichkeiten des Blutes im kranken und gesunden Zustande, so z. B. die bestimmte Behauptung, dass ein flüchtiges Alkali aus dem Blute erhalten werden kann; auch glaubt er, dies Alkali sei im Fieber vermehrt und mache die Blutkörperchen durch seinen Ueberschuss zerfallen, wesshalb er im Fieber die Anwendung der Säuren streng empfiehlt. Unter diesen ist nun eine, welche entschieden auf die antiseptische Behandlung zielt. In unserer Zeit hat Polli in Mailand bei Gährungskrankheiten die schweflige Säure als ein mächtiges Heilmittel empfohlen. Dieselbe Säure wendet bereits Colbatch unter dem Namen gas sulfuris an und giebt Anweisung zu ihrer Bereitung, indem er Wasser mit der flüchtigen Säure, die aus dem Schwefel ausdunstet, sättigen lässt. Das Mittel ist dasselbe wie das in unsern Pharmakopöen aufgenommene und unterscheidet sich nur in der Zubereitungsweise. Nach Aufzählung der verschiedenen Fälle, bei denen er sie wirksam gefunden hat, fasst er seine Meinung dahin zusammen: „Dies Mittel, in bösartigen Krankheiten reichlich gegeben, hat Wunder gethan, selbst da, wo die Leute bereits dem Tode verfallen zu sein schienen. Es ist eine treffliche Medicin, nebenbei auch zu Zeiten ansteckender Krankheiten als vorbauende gut zu verwerthen und ich denke, wenn irgend eins die Bezeichnung verdient, dies ist wahrhaftig ein wahres Schutz- und Trutzmittel."

Elliot will zwar nicht so weit gehen wie unser braver Genosse, aber auch er versichert, dass er bei typhoiden Fiebern oder Durchfällen, die wahrscheinlich auf dem Genusse unreinen Wassers oder schädlicher Ausdünstungen beruhten, vortreffliche Erfolge gehabt hat.

Dieser Abhandlung ist eine andere angeheftet: novum lumen chirurgicum, welches die Vorzüge eines gewissen Wundpulvers preist, dessen Zusammensetzung leider verschwiegen ist, weil der Verfasser „sie aus gewissen Gründen noch geheim halten müsse". Unter andern Vorzügen soll es auch den haben, ein vorzügliches blutstillendes Mittel zu sein. Für unsern Zweck ist besonders folgende Stelle bemerkenswerth: „ungefähr vier Tage nach der ersten Anwendung des Pulvers wurde die Wunde wegen eines neuen Verbandes frei gelegt; sie war in einem sehr guten Zustande, eiterte nicht im geringsten und nur eine dünne wässrige Flüssigkeit, von der ich vermuthe, dass sie aus den Drüsen und Lymphgefässen ausgeschwitzt ist, kam zum Vorscheine; blieb sie eine Zeit lang auf dem Verbande liegen, so fing sie an zu riechen; aber das, was aus der Wunde frisch herauskam, war wohlriechend wie eine Rose." — Abgesehen von diesem Rosengeruche ist eine Aehnlichkeit der Wirkung dieses Pulvers und der Karbolsäure nicht zu verkennen und um so weniger, als der Verfasser dieser Wirkung die Verhütung der Eiterung beimisst und die Verbandweise der Zeitgenossen verlacht, die Wunden mit Wieken offen zu halten, um die materia peccans leichter auszutreiben.

So dankbar wir Simpson für das Zusammentragen der folgenden Nachrichten sein müssen, der Beweggrund für dieses eifrige Sammeln war kein anständiger. Er gehört zu den Gegnern Lister's, die diesen nicht verstehen wollen — eine andere Auffassung ist wenigstens schwer zulässig — ihren Kampf aber gegen Windmühlen führen, wie der treffliche Don Quixote. Simpson will nachweisen, dass Lister nicht zuerst die Karbolsäure angewendet habe, dass er mit den einschlägigen Arbeiten nicht vertraut sei; aber ersteres hat Lister gar nicht behauptet und die Unrichtigkeit der zweiten Annahme wird am besten dadurch widerlegt, dass er sich erst recht auf diese Arbeiten beruft und stützt. Wie wenig aber Simpson befähigt war, überhaupt hierüber zu urtheilen, wie wenig Verständniss er überhaupt vom Lister'schen Verfahren hatte, das beweist er am besten dadurch, dass er Hingston's Worte gewissermaassen zu den seinigen macht: „dass die Behandlung frischer Amputationswunden und anderer mit Karbolsäure, sei es in Form einer flüssigen Salbe oder in Verbindung mit Oel, an die alte, tadelnswerthe Verbandweise erinnere, frische Wundflächen mit gewissen fremden Stoffen in Berührung zu bringen, ein vor zwei oder drei Jahrhunderten geübtes Verfahren, das von der wissenschaftlichen Chirurgie für immer verlassen sei". —

Lemaire hat bereits 1863 in Paris eine ausgedehnte Abhandlung über Karbolsäure oder wie sie in Frankreich genannt wird, phenische Säure veröffentlicht und eine Menge äusserer und innerer Krankheiten damit behandelt. Eine zweite Ausgabe erschien 1865: de l'Acide phénique, de son action sur les Vegetaux, les Animaux, les Ferments, les Venins, les Virus, les Miasmes et de ses Applications à l'Industrie, à l'Hygiène, aux Sciences Anatomiques et à la Therapeutique. Er erörtert umfassend die chemische und allgemeine Geschichte, die zahlreichen Anwendungsarten bezüglich der Gesundheitspflege und der Thierarzneikunde und theilt auf zweihundertundfunfzig Seiten Anmerkungen und erläuternde Krankheitsfälle mit.

1865 veröffentlichte Déclat ebenfalls von Paris aus ein anderes Werk über denselben Gegenstand, das durch seine Aufschrift sofort gekennzeichnet wird: Nouvelles Applications de l'Acide phénique en Médecin et en Chirurgie aux Affections occasionnées par les Microphytes, les Microzoaires, les Virus, les Ferments etc. Er hat nach seiner Versicherung die Karbolsäure zuerst örtlich angewandt, im Verhältnisse wie eins zu zehn Wasser und zwar mit grossem Erfolge bereits 1861 bei einem ausgedehnten Brande am Oberschenkel; „seit jener Zeit hat Maisonneuve, der diesen Fall sah, überrascht durch die staunenswerthe Wirkung, unausgesetzt im Hôtel de Dieu sich der Karbolsäure als gewöhnlichen Verbandmittels bedient. Er hat auf diese Weise seine Säle rein und gesund gemacht, und ausserordentliche Erfolge gehabt. Viele unserer Genossen folgen dem Beispiele und seit dieser Zeit wird die Karbolsäure viel in der Stadt und den Krankenhäusern angewandt".

Ursprünglich bediente man sich der Karbolsäure in Frankreich in Form eines Pulvers aus Kreide und Steinkohlentheer, wie Corne und Demeaux 1859 es gebrauchten. Kurz nach seiner Einführung wurden in den Pariser Krankenhäusern sowie bei dem Heere in Italien nach den Schlachten von Solferino und Magenta umfangreiche Versuche angestellt, die, um mit Lemaire zu reden, einen gewaltigen Widerhall fanden; der dabei vortretende Hauptgedanke, die Reinigung der Wunden, wurde zugelassen und mit Begeisterung erfasst. Cabannes schlug eine Vermischung des Steinkohlentheers mit verschiedenen mineralischen und pflanzlichen Pulvern vor, aber die Einführung derselben war schwierig, wenn es sich um winklige Wunden oder Eitergänge handelte. Später machte Leboeuf eine zierlichere und verwendbare Zubereitung bekannt, nämlich eine feste Emulsion mit Saponin, der Lemaire noch jetzt den Vorzug vor der verdünnten oder sonst veränderten reinen Karbolsäure zu geben scheint. Endlich zeigten Calvert in England, Parisel und Bouchardat in Frankreich durch ihre chemischen Untersuchungen, dass der Steinkohlentheer seine fäulnisswidrigen Eigenschaften im Wesentlichen der Karbolsäure zu danken hat, ebenso wie Opium dem Morphium, Chinapulver dem Chinin seine besondere Wirkung.

Der von Lister hervorgehobene Einfluss dieser Säure auf niedere Lebensformen ist ebenfalls von Lemaire, Déclat, Küchenmeister bereits betont worden. Der erstere tritt in seinem Werke voll in die Frage der Luft-Zersetzungskeime ein und erörtert die Ansichten von Schultze, Schwann, Pasteur, Pouchet, Helmholtz, Milne-Edwards, Bernard Gratiolet und Anderen über diesen Punkt. Er kommt zu dem Schlusse, dass diese niederen Lebensformen in der Luft vorhanden sind, dass ihr Hinzutreten zu Wunden, Geschwüren und deren Entleerungen Zersetzung herbeiführt und die Eiterung unterstützt, dass diese Zersetzung durch eine Lebensäusserung jener veranlasst wird, ähnlich wie wir sie bei der Gährung vorfinden und endlich dass die Karbolsäure selbst in sehr kleinen Mengen die Fähigkeit und die Macht hat diese Zersetzung aufzuhalten, indem sie diese Wesen selbst zerstört und vernichtet. —

Nachdem der arme Lister nach dieser Seite hin möglichst todt gemacht ist, musste Simpson dafür sorgen, dass er nicht etwa nach einer andern hin doch noch aufleben könnte. Lister hatte namentlich anfänglich seine Verbandweise hauptsächlich bei offenen Brüchen, Eiterungen und Wunden in Anwendung gebracht; auch dieser Ruhm durfte ihm nicht bleiben und Simpson giebt uns weiterhin dankenswerthe Beweise, dass auch schon vorher Karbolsäure in diesen Fällen zur Benutzung gelangt ist.

1) Bei offnen Brüchen haben Darrican und Petit in Bayonne bereits 1860 verseiften Steinkohlentheer gebraucht. In einem Falle waren vier Finger schwer zerschmettert worden, Ueberrieselungen mit kaltem Wasser, die zuerst in Anwendung gekommen waren, hatten fürchterliche Schmerzen verursacht, während eine Theeremulsion, die nach achtundvierzig Stunden übergelegt wurde, sofort die Schmerzen milderte — denn oft wirkt die Karbolsäure als schmerzstillendes Mittel — und eine schöne Heilung herbeiführte. „Dieser vorzügliche Erfolg, bemerkt Lemaire, fordert zur Anwendung dieses Mittels in solchen und ähnlichen Fällen auf, bevor man zur Gliedabnahme schreitet.“

2) Eiterungen und Abscesse. In frischen Wunden, bemerkt Lemaire, beugt verseifter Steinkohlentheer der Eiterung vor; in schon älteren hilft er die erkrankten Theile abstossen, reinigt sie durch Vernichtung der lebenden Keime und verringert sehr bald die Eiterung, indem er die Gewebe und ihre Absonderung vor neuer Gährung schützt. Mit Karbolsäure oder dem sie enthaltenden verseiften Steinkohlentheere „kann ich, meint Lemaire, die Eiterbildung aufhalten und befördern, weil ich durch dasselbe Mittel Gährung und Keimung zu unterdrücken oder zu begünstigen vermag“. Um die gute Wirkung bei Abscessen zu zeigen, erwähnt er einen Fall, in dem ein schlecht eiternder Hodensackabscess mit einer Harnröhrenerkrankung im Zusammenhange stand; innerhalb einer Stunde änderte sich die Beschaffen-

heit der Entleerung nach einer Einspritzung, nach achtundvierzig Stunden hörte die Eiterung auf und die Heilung ging sehr schnell vor sich. Mit gutem Erfolge benutzte Maisonneuve bei tiefsitzenden Abscessen mit zersetztem Eiter Einspritzungen einer Karbolsäurelösung.

3) Wunden. Die verschiedensten französischen, deutschen und spanischen Wundärzte haben die Karbolsäure zu Wundverbänden benutzt, theils in ihrer eignen Praxis, theils in Krankenhäusern; ein Gleiches ist aus Italien, Marokko, Mexiko zu berichten. Schon 1859 gebrauchten sie Cruveilhier, Fellet, Rigault; im Münchener Militärkrankenhause wurde sie gegen Durchliegen angewendet. Maisonneuve schrieb an Simpson, dass er die Karbolsäure zuerst 1861 bei Decubitus als Verbandmittel benutzte, seit der Zeit aber allgemein in Gebrauch nahm bei offnen Brüchen, Wunden, einfachen und krebsigen Geschwüren u. s. f. In seinem Werke bezeugt Lemaire die fortdauernde Zunahme der Anwendung dieses Mittels. „Tausende von wohlbeobachteten Fällen haben gezeigt, dass verseifter Steinkohlentheer sofort die fauligsten Geschwüre geruchlos macht; Karbolsäure hat zwar eine gleiche Wirkung, aber diese ist weniger andauernd, als beim Theer. Noch grösser ist der Vortheil, dass der fauligen Zersetzung vorgebeugt werden kann, dabei ist die Eitermenge geringer als bei andern Verbänden, die Verdünstung dieser Mittel macht die Luft in den Krankensälen rein und gesund, und dem Entstehen der Pyämie wird so der Boden entzogen."

Im Edinburger Krankenhause benutzte Spence die Karbolsäure zum Ueberspülen frischer Amputationswunden schon seit 1864, gab aber diesen Gebrauch bald auf, weil er nicht einen besonderen Vortheil dabei sah.

Aber Lemaire hat sich nicht nur auf diese drei Krankheitsklassen beschränkt, er fand in der Karbolsäure auch ein gutes Mittel bei skrophulösen Geschwüren, bei Verbrennungen, Giftbissen, Verletzungen bei Leichenöffnungen, Brand der Weichtheile, Knochenentzündung, Knochenfrass und Brand, bei Gelenksentzündung und Abscessen, bei Nagelgeschwüren, Karbunkeln, Lupus, Krebs, eitrigen Ausflüssen der Nase und der Ohren, syphilitischen Geschwüren, bei Tripper, Blasenkatarrh, Eitergängen und Kysten. Seine Untersuchungen erstreckten sich ferner auf Hautkrankheiten, namentlich solche, welche im Zusammenhange stehen mit der Gegenwart thierischer oder pflanzlicher Schmarotzer; er unterdrückte mit der Karbolsäure entstehende Kuh- und Menschenpocken. Innerlich wandte er sie in Dampfform oder als Lösung an bei Aphthen, Bräune, Diphtheritis, Keuchhusten, bei einigen Formen der Darmerkrankungen, Verdauungsbeschwerden, Dysenterien, Cholera; ferner bei Scharlach, Masern, einfachen oder bösartigen Wechselfiebern und verschiedenen andern Krankheiten, die man mit niederen pflanzlichen oder thierischen Lebensformen in Zusammenhang bringt.

Wie weit bleibt da Lister zurück! „In ein oder zwei Punkten, die aber sehr zweifelhaften Wesens sind, schreibt Simpson, geht Prof. Lister freilich noch weiter; denn er scheint in der That zu glauben, dass die Karbolsäure ein Stück todten Knochen oder eine seidne Unterbindungsschlinge, wenn sie nur kurz abgeschnitten in der Wunde zurückgelassen ist, zur Aufsaugung zu bringen vermag, eine Art wundärztlichen Aberglaubens, für den er wohl heut zu Tage keine Genossen finden wird, wenn auch solche physiologische Wunderdinge bei einigen alten Chirurgen nicht ohne Eindruck geblieben sein mögen."

In Deutschland scheint man früher als in Frankreich die Karbolsäure innerlich wie äusserlich benutzt zu haben. Hier war es Küchenmeister, der unter dem Namen Spirol die Karbolsäure als einen farblosen krystallisirten Körper beschrieb, der bei 34° C. schmilzt und bei 187° ins Kochen geräth; er wird aus dem Steinkohlentheeröl gewonnen oder durch Destillation des Salicins mit Kreide. Küchenmeister hat sie mit den günstigsten Erfolgen bei inneren und äusseren Krankheiten angewandt, namentlich als ein Mittel, die Zersetzung aufzuhalten, und der

Schimmelpilzentwicklung vorzubeugen. Diese Untersuchungen gehen noch den Pasteur'schen voraus. —

Der Leser mag entschuldigen, wenn ich diese Rückblicke vielleicht etwas ausdehnte, aber die genannten Thatsachen geben einem Theile der Gegner Handhaben, Lister's grosses Verdienst zu schmälern — aus Mangel eines klaren Unterscheidungsvermögens. Der Leser wird sich selbst die Ueberzeugung verschaffen, dass es etwas anders ist, wie Lister meint, dressed antiseptically or dressed with an antiseptic, d. h. ein „Antiseptikum" in geordneter Weise verwenden mit der ausgesprochenen Absicht der Zersetzung in dem betreffenden Theile vorzubeugen oder nur sich desselben als eines Verbandmittels zu bedienen. Nicht unbekannt mit all diesen Vorgängen ist er selbstständig vorgegangen; er hat sich nicht begnügen lassen an seinen ersten Erfolgen. Mit steter Festhaltung seines Grundgedankens hat er nach allen Seiten hin an seinem Verbande verbessert, bis er endlich einen fand, der auf der einen Seite die Wunde gegen die reizende Einwirkung des „Antiseptikums" schützte und auf der andern durch das „Antiseptikum" gegen den Reiz der Zersetzung. Das ist der Kernpunkt des ganzen Lister'schen Verbandes. Lister hat das Verdienst, einen durch und durch einheitlichen Verband geschaffen zu haben, der in allen seinen Einzelnheiten sich dem einen grossen Grundgedanken anschliesst. Nicht die Karbolsäure ist dabei die Hauptsache, die eine nur ihr eigne Einwirkung auf die Gewebe ausübte; „sie theilt ihre guten Eigenschaften mit verschiedenen andern Stoffen, mit denen man lange als desinficirenden Mitteln bekannt ist und mit denen man gleich gute Erfolge erzielen würde, wenn man sie nur nach gleichen Grundsätzen anwendete". Er benutzt aber gerade sie wegen ihrer vielen Vorzüge, die sie vor manchen andern ähnlichen Mitteln voraus hat. Sie tödtet die Keime, die nach ihm die Ursachen der Zersetzung abgeben, und das noch in einer Verdünnung, welche die menschlichen Gewebe nicht mehr zu reizen vermag; sie verbindet sich mit dem ergossenen Blute zu einer

Masse, die einen festen Schorf bildet; sie ist flüchtiger Natur und wirkt auch im gasförmigen Zustande besonders wohlthätig auf die den Kranken umgebende Luft; sie beruhigt und nimmt oft den schmerzhaftesten Wunden ihre Reizbarkeit sofort, löst sich ausserdem in verschiedenen Flüssigkeiten in verschiedenen Verhältnissen und jede Lösung hat ihre besonderen Vorzüge; dabei ist ihre reizende Einwirkung nur oberflächlich und vorübergehend. Nach Sanderson's Untersuchungen verhindert sie die Entwicklung der Bakterien noch bei einer Verdünnung von einem halben Prozente.

Aufmerksam wurde er besonders auf diese Säure durch Beobachtungen, die man auf den Berieselungsfeldern der Stadt Carlisle gemacht hatte. Weiterhin waren für seinen Ideengang Pasteur's Untersuchungen maassgebend, denen zufolge, entgegen der Gay-Lussac'schen Ansicht, die Zersetzung erregt wurde durch in der Luft schwebende Keime niederer Lebensformen. Diese fern zu halten musste die Hauptaufgabe bilden.

Diese Keimlehre hält er mit ausserordentlicher Zähigkeit fest; sie ist sein Grundbau, mit dem, seiner Ansicht nach, das Ganze steht und fällt; nur wer an sie glaubt, ist überhaupt im Stande, einen Erfolg zu haben, denn nur der kann die nöthige Um- und Vorsicht entwickeln, die der Verband erfordert. Und doch liegt gerade in dieser theoretischen Auffassung eine Schwäche Lister's, auf die ich noch ein Mal zurückkomme.

Gehen wir zum praktischen Theile über.

Der Verlauf, den die Heilung eines einfachen Bruches nimmt gegenüber einem offnen, giebt ihm die beste Gelegenheit, die Vorzüge seiner Behandlungsweise klar darzulegen. Dort heilen die schwersten Verletzungen und Zerreissungen, weil die Gewebe sich selbst überlassen durch die unverletzte Haut geschützt werden vor der durch die Keime eingeleiteten Zersetzung; „sie bedürfen zu ihrer Heilung keiner besonderen Anregung, keines geheimnissvollen Eigenmittels"; hier entspringen alle die örtlichen entzündlichen Erscheinungen und allgemeinen fieberhaften

Störungen, die solchen Verletzungen folgen, nur der reizenden und vergiftenden Einwirkung, welche die Zersetzung auf das Blut oder die Brandschorfe ausübt. Dort kommt die Heilung ohne Eiterung zu Stande, denn den einen Gewebsverlust ausfüllenden entzündlichen Neugebilden — Granulationen — wohnt die Neigung zur Eiterbildung nicht an und für sich inne; diese tritt nur ein, wenn jene dem Einflusse der Zersetzungsreize ausgesetzt sind, wie ja auch kleine Geschwüre ohne Eiterung unter einem Schorfe zu heilen vermögen. Will man also solche schwere Verletzungen in gleicher Weise zur Heilung bringen wie die einfachen Knochenbrüche, so stelle man sie eben unter dieselben natürlichen Verhältnisse und wandele sie gewisser Maassen in einfache um. Dass wir dies in Wirklichkeit vermögen, ist Lister's glänzendes Verdienst. Was aber von diesen gilt, gilt auch von jeder andern Verletzung oder äusserem Leiden; ich will nur noch die Knochenabscesse hervorheben, die bis jetzt eine recht dunkle Seite in der chirurgischen Praxis abgaben.

Im Folgenden sei es versucht ein Gesammtbild des Verbandes zu geben.

I) Die erste Aufgabe muss die Vernichtung der bei der Verletzung eingedrungenen Keime sein; man erreicht dies durch Ausspülen, Ausspritzen, Waschen der Wunde mit reiner oder verdünnter Karbolsäure. Anfänglich benutzte Lister die reine Säure oder sehr kräftige Lösungen, allmälig aber machte er die Erfahrung, dass je schwächer er, bis zu einer gewissen Grenze natürlich, einwirkte, um so geringer sei auch die Reizung und um so besser der Erfolg. Bei äussern Verletzungen nimmt er das Verhältniss 1 : 20, bei Operationen oder selbst gemachten Wunden und beim Zerstäuben 1 : 40. Das früher zur Erzeugung eines Dunstkegels benutzte Verhältniss 1 : 100 hat sich späteren Erfahrungen zufolge als zu schwach und zu wenig zuverlässig erwiesen und ist desshalb wieder aufgegeben worden — Nr. XII —. Da alle diese Lösungen nicht die Aufgabe haben, dauernd zu wirken, sondern nur die etwa eingeführten Keime tödten sollen, und desshalb ihr möglichst baldiges Verschwinden erwünscht ist, so benutzt man am besten hierzu die wässrigen. Zusätze von Spiritus oder Glycerin sind strengstens zu vermeiden.

II) Um im weiteren Verlaufe der Heilung, besonders bei Verbandwechseln das Eindringen der Keime zu verhüten, benutzte Lister anfänglich übergelegte Schutzlappen aus Lint, mit Karbolsäure getränkt, über die dann dünne Metallplatten gelegt wurden; später aber Pflaster mit Zusatz von Karbolsäure, oder Kitt aus Leinöl, Schlemmkreide und Karbolsäure, zuletzt besonders zubereitete Gaze. Während des Verbandes wurde die Wunde früher mit karbolsäurehaltigem Wasser oder Oele überrieselt, später wird hierfür der Zerstäuber benutzt. — Den Verband liess er ursprünglich, der Schorfheilung entsprechend, möglichst lange liegen; später machte er den Wechsel abhängig von der Menge der Entleerungen der Wunde; jedenfalls aber muss der erste bereits andern Tages abgenommen werden, weil hier die Absonderungen noch blutiger Natur sind, Gerinnung leicht eintreten kann und somit der Zersetzung Vorschub geleistet wird. Die einzelnen Decken müssen die Wunde recht weit überragen, damit die Flüssigkeiten einen möglichst langen Weg zu machen gezwungen sind, bevor sie an die Luft und dadurch in Berührung mit den Keimen kommen.

III) Damit nicht die Wunde unter dem reizenden Einflusse der Karbolsäure zu leiden hat, welche anhaltend gebraucht Eiterung hervorruft und die Vernarbung beeinträchtigt, so wird unmittelbar auf die Wunde ein „protective", eine Schutzhülle übergelegt, bestehend aus besonders zubereitetem Wachstaffet oder einer Mischung aus Kautschuk und Schellack. Früher vertrat der künstlich gebildete Schorf diese Hülle. Dies geschieht aber erst am andern Tage nach der Verletzung; denn in den ersten vierundzwanzig Stunden übt die Karbolsäure noch nicht einen so weitgehenden Einfluss aus, um Eiterung zu erregen, die Gefahr der Zersetzung ist aber, wie schon bemerkt, wegen der reichlichen, durch die Karbolsäure gesteigerten blutigen Entleerung in dieser

Zeit grösser, so dass also die volle Thätigkeit des die Zersetzung verhindernden Verbandtheiles d. h. der „antiseptischen“ Gaze nicht eingeschränkt werden darf. Unmittelbar auf die Wunde kommt erst ein Stückchen mit wässriger Lösung benetzte Gaze zu liegen — Nr. XII —. Watte, die mit Dämpfen der Säure durchsetzt ist, vermag in gleicher Weise günstig zu wirken, aber nur so lange sie trocken ist; von den Wundentleerungen durchzogen wird sie ein gefährlicher Zersetzungsheerd.

IV) Endlich muss besonders nach Amputationen für guten Abfluss der namentlich anfänglich gesteigerten Wundabsonderung gesorgt werden, sei es durch eingelegte Lintstreifen oder Gummiröhrchen, weil sonst die verursachte Spannung zu bedenklicher entzündlicher Reizung führt. —

Diese Vorausschickung habe ich namentlich den Lesern gegenüber, die bisher mit dieser Verbandweise nicht vertraut waren, für nothwendig gehalten, damit sie beim Lesen der einzelnen Abschnitte und der allmäligen Entwicklung des Verbandes das Bild des Ganzen nicht aus den Augen verlieren und unbeirrt den gegnerischen Einwürfen gegenüber bleiben; sie wird genügen, schon jetzt zu zeigen, dass von allen denen, die sich der Karbolsäure bedienen, Lister sie am wenigsten auf die Wunde selbst bringt, dass von der Benutzung dieser Säure als eines einfachen Verbandmittels keine Rede sein kann, dass endlich das ganze Verfahren ein einheitliches, wohl durchdachtes, von allen früheren Weisen weit abweichendes ist. Auch darüber giebt sie klaren Aufschluss, dass Lister nimmer gesagt haben kann: reichliches Auftragen der Säure verhindere die Eiterung, wie seine Gegner behaupten. — Vor allen waren es die offenen Brüche mit ihren unheilvollen Folgen, die er zuerst in dieser Weise behandelte und zwar mit Erfolgen, „die man selbst gesehen haben muss“, um sie zu glauben. Aber wer sie gesehen hat, der glaubt ihm gern und willig. Die von ihm beobachtete und hervorgehobene Aufsaugung ziemlich bedeutender Knochentheile habe ich bei einem offenen Bruche des Ober- und Unterschenkels — die von der Knochenhaut entblösste frei liegende Stelle betrug an jedem Knochen mindestens zehn Cm. bei fast halbem Umfange — in einer glänzenden Weise bestätigt gefunden. Die gelieferten Krankengeschichten sind ausserordentlich anregend. Gleich glückliche Erfolge hat er bei Abscessen, namentlich den mit Knochenerkrankungen im Zusammenhange stehenden, bei Unterbindungen, Eingeweidebrüchen, Altersbrande, operativen Eingriffen und Geschwüren aufzuweisen; geradezu wunderbar sind die Erfolge bei Gelenkleiden.

Ein anderer, besonders für die Krankenhäuser nicht hoch genug zu veranschlagender Vortheil liegt in dem Wegbleiben der Pyämie, des Hospitalbrandes, des Erysipelas, die jeder leitende Wundarzt einer solchen Anstalt bestätigen wird, der diesen Verband eingeführt hat „und in einem gegebenen Falle demselben die gleiche Sorge und Ueberlegung widmet, wie er es mit dem Planen und dem Ausführen einer Operation zu thun gewohnt ist, will er irgend dem Namen eines Wundarztes gerecht werden". —

Wie weit das Lister'sche Verfahren in den deutschen Krankenhäusern eingeführt ist, weiss ich nicht; ich weiss nur, dass das hiesige klinische unter R. Volkmann's bewährter Leitung stehende der Menge und der Beschaffenheit der behandelten und geheilten Fälle nach noch über dem Edinburger steht. Leider sind mir die genauen statistischen Angaben nicht zur Hand, was mir aber zu Gebote steht, liefert den Nachweis, dass in zwanzig Monaten siebenundzwanzig konservativ behandelte offne Brüche sämmtlich geheilt sind; darunter am Oberarme zwei — einer mit gleichzeitigem Bruche des Vorderarms derselben Seite — am Vorderarme sechs, am Oberschenkel einer, im Kniegelenk zwei —, einer mit voller Beweglichkeit trotz der Vereiterung des Gelenks, einer mit nur theilweiser —; am Unterschenkel funfzehn, am Wadenbein einer. Ebenso sind die Erfolge nach Operationen, darunter die kühnsten Osteomien, in gleicher Weise überraschend; Unterbindungen mit Catgut verlaufen durchweg gut ohne Nachblutung und Eiterung. — Die Entzündung nach oft schweren operativen Eingriffen, namentlich bei Gelenkleiden, ist meist gleich Null, wofür die Uebersichten über die Körperwärme recht anregende Anhalte geben. Doch genug; man hat volle Berechtigung zu sagen, dass, wenn Jemand mit diesem Verbande keinen Erfolg hat, der Fehler nicht im Verbande, sondern wo anders liegt. Wer mit der von Lister verlangten Sorgsamkeit und Umsicht, Genauigkeit und Vorsicht in jedem einzelnen Falle handelt, der muss Erfolg haben überall da, wo überhaupt die Verhältnisse ihn zulassen.

Aber es giebt noch eine Klasse von Gegnern, die sich desshalb gegen Lister erklären, weil sie die Anschauung nicht theilen, von der er ausgeht, auf die er seinen ganzen Bau stützt.

Es ist im Vorhergehenden schon gesagt worden, das Lister mit ausserordentlicher Zähigkeit an Pasteur's Keimlehre festhält, dass er die Zersetzung mit diesen Keimen in Verbindung bringt, ohne dabei zu behaupten, dass die Zersetzung ausschliesslich die Eiterung bedinge, wie die Gegner es ihm unterschieben. Er hängt so fest an der Pasteur'schen Anschauung, dass er ohne sie sich gar nicht seinen Verband denken kann. „Das ist der Verbreitung meines Verbandes hinderlich gewesen, dass manche angesehene Wundärzte die Zersetzung nicht mit den genannten Keimen in Verbindung bringen mögen und dadurch, dass sie die Wahrheit erfasst zu haben meinen und doch, wie ich glaube, auf Seiten des Irrthums stehen, unbewusst durch ihr Unterlassen viel Unglück über ihre Mitmenschen gebracht haben."

So leid es mir nun thut, mich unter die Zahl der Gegner in dieser Hinsicht rechnen zu müssen, weil ich diesen Punkt für den schwachen der Lister'schen Anschauung halte, so denk ich doch, es um so unbefangener thun zu können, weil nach meiner Ueberzeugung hier Theorie und Praxis nicht zusammenfallen, sondern sich recht wohl aus einander halten lassen, weil man ein inniger und überzeugungstreuer Verehrer des Verbandes und doch ein entschiedener Gegner der Keimlehre bezüglich der Zersetzung sein kann.

Zur besseren Umschau für den Leser will ich hier kurz die bezüglichen Ergebnisse der Billroth'schen prächtigen Arbeit über Bakterien einschalten. — Medic. Times and Gazette. 11. Juli 1874. — — — — — Was die faulige Zersetzung veranlasst, in wie weit niedere Lebensformen dabei betheiligt sind, ist noch nicht genügend festgestellt. Wir stehen eben nur am Anfange und dürfen auch noch nicht auf eine baldige Lösung rechnen. Neue Untersuchungen stellen die alten in Frage, aber wir können doch Mängel und Irrthümer früherer Anschauungen erkennen, was bisher schwierig war. Jedenfalls sind diese Verhältnisse nicht so einfach, wie man wohl anzunehmen geneigt war. Viele der früheren Untersucher haben versäumt, auf die einzelnen chemischen Vorgänge näher einzugehen, welche sich auf den Zerfall der organischen Masse beziehen, auf die botanischen Verhältnisse der damit in Zusammenhang gebrachten Pflänzchen. Desshalb können ihre Ansichten jetzt einer schärferen Beurtheilung und Untersuchung nicht Stand halten. Der Hauptvorzug des Billroth'schen Werkes liegt in der darin zu Tage tretenden Genauigkeit und Klarheit; es bringt nicht immer vorwärts, aber es eröffnet neue Fernsichten und giebt die Richtungen an, in denen die weiteren Untersuchungen angestellt werden müssen.

Alle die pflanzlichen Lebensformen, die sich in faulenden Geweben u. s. f. finden, sind nur verschiedene Gestaltungen ein und derselben Pflanzengattung, der Kokkobakterie, die zur Gruppe der Oscillarien gehört und somit den Algen einzureihen ist. Ihre wichtigsten Fortpflanzungstheile sind die Dauerkeimkörner.

Unter zweihundert frischen Leichen an den verschiedensten Krankheiten Verstorbener fand Billroth siebenundachtzig Mal im Herzbeutelwasser und, wenn auch nicht so häufig, im Blute Bakterien. — In fauligen Aufgüssen verschiedener Gewebe, fauligen Absonderungen, frischem Fleischaufgusse und im Milchwasser sind die Bakterien grösser und gelangen eher zur Entwicklung als in andern Flüssigkeiten, namentlich Blut und Eiter. — Auf heilenden Wundflächen und abgestorbenen Gewebstheilen kommen

Kokkobakterien nicht häufig vor, auch nicht in frischen Entleerungen vor Eintritt der Eiterung, mehr in zersetztem fauligen Eiter, aber nicht in jedem Falle; doch kann auch guter Eiter sie bergen. — Ferner hat Billroth Mikrobakterien in Abscessen gefunden, die mit der äusseren Luft nie im Zusammenhange gestanden haben konnten, dagegen nie im Blute lebender Menschen. — Sie entwickeln sich nicht leicht in frischen Absonderungen oder in Flüssigkeiten, in denen die Zersetzung beendet ist, aber häufig während einer gewissen Zeit der fauligen Zersetzung. — Diese Gebilde in dem lebenden Körper und seinen Absonderungen unterscheiden sich in nichts von denen, die während der Zersetzung todter Gewebe gefunden werden. — Mikrobakterien können nur in gewissen Flüssigkeiten leben und sterben im trocknen Zustande; ihre Dauerkeimkörner sind überall in der Luft verbreitet und nehmen unter günstigen Umständen wieder Leben an; sie sind wahrscheinlich in verschiedenen Geweben des lebenden Körpers vorhanden, wenn auch, wie es scheint, nicht im Blute und entwickeln sich erst unter bestimmten Voraussetzungen. —

Wenn Pflänzchen der Kokkobakterien, die ursprünglich in fauligen Flüssigkeiten oder solchen Stoffen leben, in andere derselben oder ähnlicher Natur aber frischen Zustandes übertragen werden, so wachsen sie nicht immer weiter oder leiten in dieser zweiten Flüssigkeit die Zersetzung nicht stetig ein. Oefter lässt sich die Ursache für ihren Untergang gar nicht nachweisen. Zuweilen entwickeln sie sich allerdings äusserst schnell in der zweiten Flüssigkeit und dann tritt auch in gleicher Weise die Zersetzung ein. Trockne faulige Stoffe verhalten sich ebenso. So wurde Harn durch getrockneten Eiter sehr schnell zersetzt, aber nicht durch eingetrockneten Aufguss von Fleisch. — Andererseits ist durch andere Forscher nachgewiesen, dass Zersetzung organischer Masse nicht immer von lebenden Wesen begleitet ist, sondern unabhängig von ihnen vor sich gehen kann. Woraus hervorgeht, dass diese niedern Lebensformen nicht als die wahre Ursache der Zersetzung anzusehen sind, sondern nur als mächtige Helfer.

Warum Mikrobakterien, deren Keime im lebenden Körper unzweifelhaft vorhanden sind, unter gewöhnlichen Verhältnissen sich nicht entwickeln, das mag darin seine Ursachen haben, dass die der Oberfläche anhängenden Keime nicht genug Ruhe und Wasser finden, was sie nothwendig zu ihrer weiteren Ausbildung brauchen und dass der Stoffwechsel in den lebendigen Geweben zu mächtig ist, um sie entwickeln und ihnen die entsprechende Nahrung zukommen zu lassen.

Untersuchungen haben gezeigt, dass Bakterien aus faulen Flüssigkeiten, in das Blut lebender Thiere eingespritzt, nicht weiter fortkommen, obwohl das Thier unter dem Einflusse der faulen Masse stirbt; es ist somit noch zweifelhaft, ob Bakterien Zersetzungskrankheiten und faule Zersetzung des Blutes zu erregen vermögen. — Da Eiter, der an und für sich keine entsprechende Flüssigkeit für Bakterien ist, dennoch ziemlich oft diese Gebilde enthält, so ist Billroth zu der Annahme geneigt, dass irgend ein Stoff aus den entzündeten Geweben in den Eiter übertragen ist, der gewisser Maassen für die Bakterien die Nahrung abgiebt. — Es trifft sich sehr häufig, dass Eiter, der Bakterien enthält, sich zersetzt, aber nicht fault; unter Bildung von Buttersäure verfällt er in einen Zustand der Gährung. Wenn die Entzündung in der unmittelbaren Nähe einer Wunde nachlässt, die Bildung der entzündlichen Neugebilde beginnt und der Eiter frei abfliessen kann, so hört auch die Zersetzung des Eiters und das Leben der Bakterien auf. — Eiter im Zustande der Zersetzung und mit Bakterien angefüllt ist unzweifelhaft ansteckend und verderblich, aber zweifelhaft ist es noch, ob auch die solche Keime enthaltende Luft in so hohem Grade diese Fähigkeit besitzt, wie man wohl annimmt. Luft kann oft recht lange in Höhlen bleiben, die mit Eiter angefüllt sind und noch dazu unter Bedingungen, welche die Zersetzung sehr begünstigen, und dennoch tritt diese nicht ein. — Es ist möglich, dass die Keime, in den Geweben schon liegend, zum Eiter gelangen, wenn diese entzündet werden und dass dann ihre weitere Entwicklung beginnt. Eine andere Erklärung giebt es nicht, wenn z. B. Bakterien in vollständig geschlossenen Höhlen vorkommen. Finden wir demnach in einer sonst gut sich verhaltenden Wunde, die von aussen gegen Ansteckung geschützt war, Zersetzung des Eiters und Bildung von Bakterien, so können diese Befunde die Folgen besonderer entzündlicher Vorgänge sein. Andrerseits, wenn guter Eiter mit schlechtem in Verbindung gebracht wird, sehen wir Zersetzung des ersteren und Bakterienbildung eintreten. — Billroth leugnet jeden Einfluss dieser Gebilde auf heftige fortschreitende Phlegmonen, die so oft bei frischen Wunden hinzukommen, weil man nie die leisesten Spuren von ihnen in den entzündeten Geweben auffinden konnte. Er sieht die Ursache dafür mehr in der Bildung eines chemischen Stoffes in den entzündeten Theilen, welcher denselben entzündlichen Vorgang in der Nachbarschaft hervorbringt und von irgend einer Stelle ausgeht, an welcher er in genügender Stärke angesammelt ist. Billroth nennt ihn phlogistisches Zymoid und sucht ihn mehr im Gewebssafte als in den Zellen; durch die krankhaften Ausschwitzungen wird er verdünnt, dann wieder aufgesaugt und ausgeschieden, auf welche Weise die Entzündung begrenzt werden kann. Alle diesen Stoff enthaltende Flüssigkeiten sieht Billroth als geeignet an, die Entwicklung der Kokkobakterien zu begünstigen und als fähig die Ansteckung anderer zu vermitteln. Freilich kann derselbe Vorgang auch ohne Bakterien vor sich gehen. Für Diphtheritis, Erysipelas, Phlebitis, Thrombosis soll sich ein ursächlicher Zusammenhang mit diesen Wesen nicht nachweisen lassen; auch bei der Pyämie und der Septicämie kommt Billroth zu ähnlichen Schlüssen. Er meint, dass in faulenden Absonderungen ein Stoff — „septisches Zymoid“ — gebildet werden kann, der in den Blutstrom gelangt, die sogenannte Sepsis erzeugt und eine innige Beziehung zum phlogistischen besitzt, vielleicht sogar gleichbedeutend ist; Billroth ist nicht abgeneigt, die chemischen Vorgänge in den entzündeten Geweben denen in faulenden nahezu gleich zu setzen. — Ob trockne Stoffe in lebendigen Körpern wahre Ansteckung zu erregen vermögen ist ungewiss, aber das scheint ziemlich sicher zu sein, dass Kokkobakterien den „zymoiden“ Stoff zu übertragen und zu vermehren im Stande sind und so Träger desselben werden; aber wesentlich für die Gegenwart dieser Stoffe sind sie nicht, weil viele sie enthaltende Flüssigkeiten keine Ansteckung hervorbringen.

Bezüglich der verschiedenen „antiseptischen“ Weisen der Wundbehandlung kommt Billroth zu dem allgemeinen Schlusse, dass entzündungs- und zersetzungswidriges Verfahren sehr innig neben einander stehen, weil Entzündung und Zersetzung zwei gleichartige Vorgänge sind. Offne Behandlungsweise kann eine bestimmte Menge der Ansteckungsgefahr vermindern, aber der Schutz ist nicht durchgängig, weil die Ursachen der Ansteckung oft genug gar nicht von aussen kommen, sondern mit örtlichen Vorgängen in der Wunde selbst im Zusammenhange stehen. Obwohl die Gefahr von Seiten der Bakterien weniger gross ist, als gewöhnlich angenommen wird, so empfiehlt Billroth doch die umfassendste Reinlichkeit und Lufterneuerung u. s. f. So weit Billroth. Die Lister'schen Untersuchungen heben weniger die faulige Zersetzung hervor; in dem Aufsatze Nr. XI beschäftigt er sich mehr mit den Bakterien der gewöhnlichen Gährungsflüssigkeiten: Milch, Pasteur's Lösung, künstliche Milch, Rübenaufguss, Harn. Seine Ergebnisse sind kurz zusammengefasst: die Bakterien erleiden nicht nur in verschiedenen Flüssigkeiten Veränderungen der Form und der Thätigkeit — erstere gehen mehr oder weniger schnell vorüber, wenn die Bakterien in die ursprüngliche Flüssigkeit zurückgebracht werden — auch ein und dieselbe Bakterie kann sich zu verschiedenen Zeiten in ihren Gährungswirkungen, die sie auf ein und dieselbe organische Masse ausübt, sehr verschieden zeigen z. B. Milchsäuregährung und Farbestoffbildung veranlassen, gleichviel ob diese Aenderungen mit ihrer Lebensthätigkeit unmittelbar zusammenhängen oder eine Folge der Ausscheidung des sogenannten chemischen Gährungsstoffes sind. Dann aber ist es auch leicht begreiflich, dass dieselbe Lebensform, die in dem einen Falle unter gewöhnlichen Umständen verhältnissmässig harmlos sein kann, zu andern Zeiten Erzeugnisse zu liefern im Stande ist, die für den menschlichen Körper den grössten Nachtheil bringen. So bedarf es demnach z. B. beim Hospitalbrande gar nicht der Annahme eines besonderen Eigengiftes. Denn Lebensformen, die allen Geschwüren in den Krankensälen eigen sind, nehmen in den Entleerungen, welche unter lange liegenden Verbänden faulige Zersetzungen eingegangen sind, besondere Eigenthümlichkeiten an. In gleicher Weise braucht der ungesunde Zustand eines alten verwahrlosten Krankenhauses nicht auf der Einführung neuer solcher Formen zu beruhen, sondern nur auf einer Veränderung derer, welche alten wie neuen Gebäuden dieser Art gemeinsam sind.

Dazu will ich noch bemerken, dass Lister in seinen spätern Arbeiten selbst nicht mehr so unbedingt fest an dem unumschränkten Einflusse dieser Gebilde zu hängen scheint. Während er früher ein Mal die Genauigkeit, mit der sein Verband angelegt werden muss, damit begründet, dass er sagt: könnten doch die Zweifler nur ein Mal die Menge von Keimen sehen, die nur in einem Kubikzolle der Luft eines Krankensales schweben — so meint er zuletzt: so arg könnte es doch nicht mit der Menge sein, da er in einem Gefässe mit Harn, das längere Zeit frei der Luft ausgesetzt gewesen war, nur drei Keime zur Entwicklung hätte kommen sehen.

Schliesslich will ich noch auf die Untersuchungen von H. R. Ranke aufmerksam machen — Centralbl. für Chirurgie Nr. 13. 1874 — der nach dreihundert Einzelnbeobachtungen an Wundabsonderungen, die funfzehn streng nach Lister behandelten Kranken entnommen waren, zu dem Schlusse gelangte: „mit derselben Sicherheit also, mit der der Lister'sche Verband in dieser Zeit vor accessorischen Wundkrankheiten schützte, lässt sich behaupten, dass nicht einfach mit der Vegetation der Coccobacteria septica die Aetiologie jener Krankheiten erschöpfend angegeben ist". — Auffallender Weise waren schon zwölf Stunden nach der Operation beim ersten Verbandwechsel Mikrokokken gefunden worden. Nach Lister's früherer strenger Anschauung hätten sich diese Keime unter seinem Verbande gar nicht entwickeln dürfen.

Fassen wir nun das bisher Gesagte zusammen, so lässt sich wohl unzweifelhaft sicher behaupten, I) dass die faulige Zersetzung mit und ohne Anwesenheit jener Lebensformen beobachtet wird; im ersteren Falle bleibt es noch ungewiss, ob ihre Wirkung einfach Folge ihrer Lebensthätigkeit oder der Ausscheidung eines Gährstoffes ist; II) während Billroth einen bestimmten chemischen, in den entzündeten Geweben gebildeten Stoff annimmt, der die Bakterien gewisser Maassen erst zu ihrem Dasein und ihrer Entwicklung befähigt, setzt auch Lister voraus, dass unter Umständen Bakterien erst in den zersetzten Entleerungen besondere, verhängnissvolle Eigenthümlichkeiten annehmen; dann aber kann III) die Rolle, die den Bakterien bei dem Zersetzungsvorgange obliegt, doch nur eine vermittelnde sein, man hat kein Recht sie als das Wesentliche, als die alleinige Ursache aufzufassen, sie können dann nur als Helfershelfer, wenn überhaupt nicht blos als Folgen in Betracht kommen. Sind sie aber nicht die alleinige Ursache, bedarf es immer erst noch eines besonderen Anstosses, dann sehe ich nicht ein, warum man nicht zu der alten Gay-Lussac'schen Anschauung zurückkehren, und in der Luft, bezüglich dem Sauerstoffe diesen Allzerstörer und Allerreger suchen soll, der diese Vorgänge einleitet. Worauf stützt denn Lister seine Gegnerschaft betreffs jener Annahme? Darauf dass Harn in einem Glase, dessen Hals winklig ausgezogen wurde, jahrelang sich rein und gut erhalten hat; die Luft habe freien Zutritt gehabt; schon durch das Heben und Senken der Flüssigkeit in Folge der äusseren Wärmeschwankungen wäre der Luftaustausch eingeleitet worden, während die Keime durch die winkligen Biegungen am Eintreten verhindert seien. Aber ist dieser Luftwechsel und Luftzutritt in der genügenden Ausdehnung erwiesen? Nach den neuesten Untersuchungen tritt überhaupt der Luftwechsel um so kräftiger ein, je grösser die Wärmeverschiedenheit der beiden betreffenden Räume ist; er ist um so schwächer, bezüglich gleich Null, je übereinstimmender die Wärmegrade sind. Im vorliegenden Falle muss nach der Abkühlung des gekochten Harns die Flüssigkeit die Wärme der umgebenden Luft stetig angenommen haben, das Steigen und Fallen jener ist dann zu unbedeutend, um den Luftaustausch besonders anzuregen und auch das Untermischungsvermögen der Gase hierbei anzurufen, hat bei der Gleichartigkeit der beiden Luftmengen gar keinen rechten Sinn. War aber der Luftaustausch ein so unzureichender, dann konnte eben der Sauerstoff wegen ungenügender Menge keine Wirksamkeit äussern und die Veränderungen, welche für die Zersetzung nothwendig sind, nicht einleiten. Nimmt man statt des Harns Pyrogallussäure, so liesse sich aus ihrer Verfärbung, bedingt durch Sauerstoffaufnahme, der Luftaustausch bestimmter nachweisen. Freilich ist der Versuch nicht ganz maassgebend, weil bei der grösseren Neigung der Pyrogallussäure zum Sauerstoffe die Verbindung kräftiger vor sich geht und dadurch ein gewisses gewaltsames Nachrücken der Luft in der Flasche unvermeidlich wird, was nicht mit dem gewöhnlichen Luftumtausche verwechselt werden darf.

Einen andern Beweis, dass nicht die Luft die Zersetzung bedinge, sieht Lister darin, dass man durch zweiunddreissig Lagen seiner Gaze ruhig Luft holen könne, wie durch einen Respirator, dass also die Luft freien Zutritt habe. Ja, aber er vergisst in dem Augenblicke, dass er wasserdichtes Zeug dazwischen legt, die Luft also wohl abgehalten wird.

Betrachten wir die Luft, bezüglich den Sauerstoff als den Erreger der fauligen Zersetzung, dann ist auch die vortreffliche Wirkung der Karbolsäure erklärlich. Der Umstand, dass wir im Terpentinöle ein Mittel besitzen, welches im Stande ist, den Sauerstoff in Ozon umzuwandeln, d. h. also ihn thatkräftiger zu machen, berechtigte schon von vornherein zu der Annahme, dass es auch

Mittel geben müsste, das Gegentheil zu bewirken, ihn in seiner Wirkung zu schwächen. Zu diesen Mitteln gehört in der That die Karbolsäure. So weit mir bekannt, hat man bis jetzt nur ihr Verhalten gegen Ozon in dieser Beziehung geprüft; was aber von diesem gilt, das wird auch für den Sauerstoff nicht ohne Geltung sein, wenn auch der Nachweis für den Fachmann vielleicht schwieriger zu führen ist. Wird nun dieser Stoff geschwächt in seiner Wirkung, dann vermag er eben nicht den ersten Anstoss zur Zersetzung zu geben, dann hat er eben nicht die Macht diese einzuleiten und hierin wäre der Nutzen der Karbolsäure zu suchen. Die Bakterien werden dadurch harmlos gehalten und die Entzündung bleibt fern. Jene kommen dann gar nicht in die Lage ihre Verderben bringende Thätigkeit zu entwickeln, wie Lister will und das „phlogistische Zymoid" kann sich nicht ausbilden, um auf Billroth's Anschauung einzugehen. Uebrigens scheint mir auch das Verhalten karbolisirter Eier — Seite 215 — für diese Anschauung zu sprechen.

Wenn Lister des Nutzens der Watte gedenkt, weil sie nach seiner Meinung die Luft gewisser Maassen durchseiht und so von ihren Keimen befreit, so lässt sich dieser Nutzen vielleicht auch noch in anderer Weise erklären, insofern die in der Watte eingeschlossene Luft nicht so ganz veränderungslos bleiben wird, da jene durch den Bindendruck verdichtet unter den Einfluss der Körperwärme zu stehen kommt.

Mag das sein, wie es will, ich wollte wenigstens versuchen den Standpunkt derer zu rechtfertigen, die bei treuer Anhänglichkeit an den segensreichen Verband Lister's seine strenge Auffassung jener Keime als Zersetzungserreger nicht zu theilen vermögen; ist die Luft, bezüglich ihr Sauerstoff der Anreger dieser chemischen Vorgänge, dann wird erst recht dieselbe Genauigkeit, dieselbe Sorgfalt, dieselbe Umsicht erforderlich sein, die unser Meister mit vollem Rechte verlangt.

Ein anderer Punkt mag hier noch eine kurze Erörterung finden, der mit der Lister'schen Auffassung im Zusammenhange steht, das ist sein Zurückweisen der Urzeugung, gegen die er folgerechter Weise verschiedene Male eifert. Freilich, einer Urzeugung der Fische und Vögel, wie sie noch in den vierziger Jahren hier und da wohl angenommen wurde, wird vernünftiger Weise Niemand das Wort reden; der Prometheusfunke kann nur noch in der Welt des Anfänglichen und Kleinsten seine lebenzündende Wirkung üben. Das dunkle Gefühl, was die Forscher seit langer Zeit schon zur Annahme der Urzeugung trieb, findet seinen lebendigen Ausdruck in der bestimmten Fassung: Uebergang der sogenannten todten Masse in die lebensfähige, Uebergang dieser in die lebendige, d. h. also Schluss der unendlichen Kette des Seins. Es ist noch gar nicht so lange her, dass die Annahme der Möglichkeit, den Nachweis des ersten Ueberganges führen zu können, für lächerlich gehalten wurde, bis Wöhler durch die unmittelbare Darstellung des Harnstoffes der Wissenschaft zu einem glänzenden Triumphe verhalf und die Zweifler schweigen hiess; andere glückliche Versuche folgten. Jetzt hält man sich noch krampfhaft an den Faden, den das zweite Siegel deckt; aber der nimmer rastende Menschengeist hat auch ihn bereits bedenklich zerfasert und sein Zerrissenwerden ist nur noch eine Frage der Zeit, da die Voruntersuchungen bereits herrlich weit gediehen, ja zum Abschlusse gebracht sind. So manche Schwierigkeit lässt sich dann ebnen. Wird dann auch die Lehre von den sogenannten Elementen, die so viel beiträgt zu einer unklaren Weltanschauung und die schon an manchen ihrer Pfeiler arge Risse zeigt, welche man einstweilen noch mit dem Mantel der „Modifikationen" verhüllt, einer richtigeren Auffassung weichen, dann wird die Gewissheit der Einheit des Stoffes und der Kraft und der stätigen Weiterentwicklung klar vor dem befriedigten Menschengeiste liegen.

Also auch mit dieser Fernsicht im Geiste und im Herzen kann man ein Verehrer des trefflichen Lister und seines Verbandes sein und braucht nicht an sich zu verzweifeln, wenn man im Folgenden an verschiedenen Stellen gegentheilige Aeusserungen findet. —

Was nun schliesslich die Uebersetzung selbst anbetrifft, so habe ich mich selbstverständlich keiner wörtlichen befleissigt; Lister sollte deutsch zu seinen deutschen Genossen reden und an sie schreiben, dabei sollten aber doch seine Eigenthümlichkeiten möglichst beibehalten werden. Abkürzungen habe ich mir hier und da erlaubt, wo ich es thun konnte, ohne das Ganze zu beeinträchtigen und vielfach aus gleichem Grunde auf frühere Seiten verwiesen. Englische Maasse, Gewichte und Wärmegrade sind in die uns gebräuchlichen umgesetzt und statt der bisher üblichen Bezeichnungen: „zusammengesetzte Brüche“ und „Fleischwärzchen“ — Granulationen — habe ich die neuerlich vorgeschlagenen „offne Brüche“ und „entzündliche Neubildungen“ benutzt. — Die deutsche Uebertragung hat übrigens den Vorzug, dass Lister so freundlich war, mir seine neuesten Erfahrungen und Beobachtungen — Nr. XII — als Manuskript zur Benutzung zu überlassen.

Habe ich etwas Gutes mit der Herausgabe erreicht, dann muss ich den grösseren Theil an Herrn Professor R. Volkmann zurückgeben, der so freundlich war meine Aufmerksamkeit auf dieses Werk zu lenken.

Halle d. 26. August 1874.

Der Uebersetzer.

Uebersicht des Inhaltes.

I. Ueber ein neues Verfahren, offne Knochenbrüche und Abscesse zu behandeln, mit Beobachtungen über Eiterung.

a) Ueber offne Brüche.

Die fast unbedingte Gefahrlosigkeit einfacher Knochenbrüche steht in einem scharfen Gegensatze zu den traurigen Ausgängen, die wir nach offnen zu beobachten Gelegenheit haben, und deren häufiges Vorkommen eine der auffallendsten aber auch betrübendsten Erscheinungen in der chirurgischen Praxis ist.

Sehen wir uns nach der nächsten Ursache um, durch welche eine mit der Bruchstelle in Verbindung stehende äussere Wunde so verhängnissvoll werden kann, so können wir als solche nur die durch den Luftzutritt angeregte Zersetzung des Blutes hinstellen, welches in grösserer oder geringerer Menge rings um die Bruchenden und in die Gewebszwischenräume hinein ergossen ist, seinen milden Charakter durch Fäulniss verliert, die Eigenschaft eines scharfen Reizes annimmt und so örtliche und allgemeine Störungen zu veranlassen im Stande ist.

Wenn wir bei der gewöhnlichen Körperwärme Blut in einem gläsernen oder sonst chemisch gleichgültigen Gefässe mit der Luft in Berührung treten lassen, so sehen wir, dass es sich bald zersetzt; dass nun die umgebenden lebenden Gewebe im Stande sein sollten, ergossenes Blut vor diesem Einflusse der Luft besser zu schützen, dafür liegt kein Grund vor. Im Gegentheile, die Beobachtung lehrt, dass bei einem offnen Bruche das der Wunde entsickernde gefärbte Wasser bereits vier und zwanzig Stunden nach dem Unfalle schon deutlich den Zersetzungsgeruch wahrnehmen lässt, nach zwei bis drei Tagen aber, und noch ehe Eiterung eingetreten ist, die Absonderung einen mehr oder weniger widrigen Geruch annimmt.

Dies erklärt hinlänglich all die traurigen Folgen, die nach solchen Verletzungen zur Beobachtung kommen.

Der verderbliche Einfluss zersetzter thierischer Masse auf die Gewebe ist jedenfalls aus dem Grunde so gering angeschlagen worden, weil man sah, dass trotz der reizenden Eigenschaft der Absonderungen die körnige Wundfläche ein gesundes Ansehen behalten konnte. Aber daraus folgern wollen, dass faulige Massen auch in einer frischen Wunde sich unschädlich verhalten werden, das könnte denn doch zu einem verhängnissvollen Irrthume führen. Die entzündlichen Neugebilde — Granulationen — sind aus einer unvollkommnen Gewebsform zusammengesetzt, sie sind unempfindlich und nicht zur Aufsaugung geneigt, wohl aber zu einer bemerkenswerthen kräftigen Zellenentwicklung; sie ersetzen sich ebenso schnell wieder, wie sie oberflächlich zerstört werden und bilden so ein wunderbares Schutzlager, eine Art lebenden Deckpflasters. Bevor aber eine wunde Oberfläche sich mit solchen Neugebilden bedeckt hat, wird jede scharfe Entleerung mit ungeschwächter Kraft auf sie einwirken, die Gefühlsnerven erregen, dadurch örtliche Entzündung und allgemeines Fieber veranlassen, und durch ihre ätzende Eigenschaft die Bildung eines grösseren oder kleineren Brandschorfes begünstigen, der durch entsprechende Eiterung abgehoben werden muss, während gleichzeitig die Gefahr der Aufnahme des Giftes in den Blutlauf vorhanden ist.

Diese Ansicht über die Berechtigung einer schlechten Vorhersage bei den offnen Knochenbrüchen findet eine recht bemerkenswerthe Unterstützung durch die Fälle, bei denen die äussere Wunde sehr klein ist. Lässt man hier das Gerinnsel ruhig eintrocknen und einen Schorf bilden, wie schon J. Hunter empfiehlt, so wird dadurch in der Mehrzahl der Fälle allen üblen Folgen vorgebeugt werden können, denn unter Abschluss der Luft wird das Blut theils weiter gebildet, theils aufgesaugt, genau wie bei einem einfachen Bruche. Hindert aber irgend ein Umstand die Bildung eines solchen Schorfes, dann liegt in der Kleinheit der Wunde nicht etwa ein Vortheil, sondern eine Gefahr, weil nun die Zersetzung vor sich gehen kann, ihre Erzeugnisse aber am freien Austritte behindert sind. Dies macht es erklärlich, dass viele Aerzte um dieser Möglichkeit willen, der Hunter'schen Vorschrift entgegen, in Fällen mit kleiner äusseren Oeffnung von vornherein zum Messer greifen, die Wunde erweitern und durch Umschläge die nun unvermeidliche Eiterung zu mässigen suchen.

Pasteurs geistreichen Untersuchungen haben wir es zu verdanken, dass wir jetzt mit mehr Klarheit die Verhältnisse zu durchschauen und zu erkennen vermögen, unter deren Einflusse überhaupt die Zersetzung organischer Massen durch die Luft zu Stande kommt. Nicht der Sauerstoff oder irgend ein anderer gasiger Bestandtheil derselben veranlasst diese eigenthümliche Einwirkung; überzeugend weist Pasteur nach, dass wir als die Anreger dieses Vorganges jene unendlich kleinen, in der Luft schwebenden Theilchen anzusehen haben, die, schon lange durch das Mikroskop bekannt, als Keime niederer Lebensformen bisher mehr wie Begleiter der Fäulniss betrachtet wurden, während sie doch die wesentlichen Veranlasser sind, zusammengesetztere organische Massen in solche von einer einfacheren chemischen Anordnung aufzulösen, genau so wie Hefenpilze Zucker in Alkohol und Kohlensäure zu zersetzen vermögen.

Eine recht hübsche Erläuterung für diese Lehre scheinen mir jene Lungenverletzungen durch Rippenbrüche abzugeben, in deren Verlaufe sich Pneumothorax und Emphysem ausbilden. Obwohl hier die äussere Luft fortwährend reichlich in die Brustfellhöhle eintritt, so begegnen wir doch keinen entzündlichen Störungen, die wohl unvermeidlich sind, wenn von aussen eindringende Wunden offen bleiben. Denn das in den Brustfellsack ergossene Blut wird hier durch die mit der äussern Luft eintretenden Keime zersetzt und dadurch zu einem heftigen Reize für das Brustfell, während in jenem Falle die Luft noch vor ihrem Eintritte in diesen Raum gewisser Maassen durchgeseiht und von den Keimen befreit wird. Die Luftröhrenverzweigungen mit ihrem gewundenen, engen Verlaufe, ihrem schleimigen Ueberzuge und ihrem Flimmerlager sind dazu ganz besonders geeignet, alle mit der Luft eingeführten Theilchen fest zu halten. So bleiben die ergossenen Flüssigkeiten unberührt in ihren Lebens-

Eigenthümlichkeiten und können von dem ungereizten Brustfelle leicht aufgesaugt werden.

Soll nun das bisher Gesagte bei der Behandlung der offnen Knochenbrüche am Krankenbette verwerthet werden können, so müssen wir vor allen für den Wundverband einen Stoff ausfindig zu machen versuchen, der im Stande ist die Urheber der traurigen Folgen, die genannten Fäulnisskeime zu zerstören und unschädlich zu machen, ohne aber als ein Aetzmittel auf die Gewebe einzuwirken.

Im Jahre 1864 wurde meine Aufmerksamkeit lebhaft durch einen Bericht angeregt, welcher auf die eigenthümliche Einwirkung der Karbolsäure aufmerksam machte, die man auf den Berieselungsfeldern der Stadt Carlisle kennen zu lernen Gelegenheit gehabt hatte, dass nämlich eine geringe Menge, den Abfuhrflüssigkeiten beigemengt, im Stande war, den Geruch von den Feldern zu verbannen, sowie die Eingeweidewürmer zu zerstören, welche gewöhnlich auf solchen Weidestellen dem Viehe verderblich werden.

Seit Jahren hatte ich mich mit dem Vorgange der Eiterung, namentlich mit seinen Beziehungen zur Zersetzung beschäftigt; ich musste mir sagen, dass ein solches mächtiges fäulnisswidriges Mittel ganz besonders geeignet wäre zu Untersuchungen über diese noch dunkeln Zustände und so kam ich dazu, die Verwerthbarkeit der Karbolsäure bei der Behandlung der offnen Knochenbrüche zu prüfen.

Meine ersten derartigen Versuche stellte ich im März 1865 im Glasgower Krankenhause mit einem offnen Bruche des Unterschenkels an. Der Fall verlief unglücklich, weil, wie ich anzunehmen berechtigt bin, die Behandlungsweise noch eine sehr unvollkommne war. Dafür haben die folgenden meine kühnsten Erwartungen übertroffen. Die Karbolsäure[1]) bewährte sich für den angedeuteten Zweck in verschiedener Hinsicht. Sie übt einen örtlichen beruhigenden Einfluss auf die Gefühlsnerven aus und verursacht bei der unmittelbaren Anwendung auf wunde Flächen so gut wie keine Empfindung, im Gegentheile, vorher gereizte und empfindliche werden frei von jeder Belästigung. Bei den offnen Knochenbrüchen werden ihre ätzenden Einwirkungen durch die Beimischung des Blutes aufgehoben; sie bildet mit diesem eine zähe, zu einem festen Schorfe werdende Masse, welche ihre gute fäulnisswidrige Wirkung lange beibehält und auch noch andere Vorzüge besitzt, die aus den mitgetheilten Fällen erhellen werden. Diese selbst sollen in der Reihenfolge ihres Vorkommens hier Aufnahme finden, wobei ich nur aufmerksam machen will, dass die Behandlungsweise immer mehr verbessert worden ist, so dass die ersten nicht etwa als mustergültige angesehen werden dürfen.

I. Fall. James G., elf Jahr alt, wurde am zwölften August 1865 mit einem offnen Bruche ein wenig unterhalb der Mitte des linken Unterschenkels aufgenommen; die Wunde war ungefähr vier Cm. lang und zwei Cm. breit und lag dicht an der Bruchstelle des Schienbeins, wenn auch nicht genau ihr entsprechond; mit einer Sonde vermochte man unter der Haut hin noch ein paar Zoll über diese hinaus zu dringen; in die Gewebe war wenig Blut ergossen. — Es wurde nun ein in flüssige Karbolsäure getauchtes Stück Lint über die Wunde gedeckt, ein Pappschienenverband, mit Watte gepolstert, seitlich angelegt und das Glied mit gebogenem Knie auf die äussere Seite gelagert. Dieser Verband blieb vier Tage ruhig liegen und wurde erst nach Ablauf dieser Zeit an der inneren Seite geöffnet, da der Knabe über eine unangenehme Empfindung klagte; von Eiterung war nichts zu spüren, nur die unmittelbar anliegende Haut zeigte einen leichten Anflug von Röthe. Die Wunde liess ich nun fünf Tage lang mit Lint überdecken, das in Wasser getaucht wurde, dem ein wenig Karbolsäure beigemischt war; während dieser Zeit schwanden die Röthe der Haut sowie die schmerzhafte Empfindung und die Geschwürsfläche lieferte keinen Eiter, obwohl einige durch die Einwirkung der Säure entstandene oberflächliche Brandschorfe sich ablösten. Da aber die Oberhaut unter diesem Verbande litt und wund wurde, so ersetzte ich die wässrige Lösung durch eine mit Olivenöl — eins zu zehn bis zwanzig — die ich nun vier Tage lang anwenden liess; die Geschwürsfläche lieferte eine kleine Menge einer eiterähnlichen Masse, unter der Haut aber war nichts davon zu bemerken. Die Gefahr einer tiefer sitzenden Eiterung war jetzt nicht mehr zu befürchten und es wurden desshalb einfache Wasserverbände angelegt, unter denen die Vernarbung wie bei einem gewöhnlich verheilenden Geschwüre erfolgte. Nach Ablauf der sechsten Woche zeigten sich die Knochen fest vernarbt, die Schienen wurden entfernt und zwei Tage später war auch die Wunde vollständig verheilt, so dass durch das Hinzutreten der äusseren Verletzung eine Verzögerung der Heilung nicht eintrat.

Dieser Fall war ja ohne Zweifel ein sehr günstiger und würde auch bei gewöhnlicher Behandlung zu einem guten Ende geführt haben. Aber die auffällige Verzögerung der Eiterung sowie die unmittelbare Umwandlung des offnen Bruches in einen einfachen konnten mich nur zu weiteren Untersuchungen ermuthigen.

II. Fall. P. F., ein gesunder Arbeiter von zwei und dreissig Jahren, erlitt am elften September 1865 einen rechten Unterschenkel bruch dadurch, dass ihn ein Pferd mit voller Kraft gegen die Mitte des vorderen Knochenrandes schlug. Die äussere reichlich blutende Wunde hatte ungefähr eine Länge von zwei und einem halben Cm. und eine Breite von zwei Drittel Cm. Das Glied wurde in Pappschienen gelegt, zwischen deren vorderen Rändern die Wunde frei blieb und diese selbst mit einem in Karbolsäure getauchten Stücke Lint bedeckt, das gross genug war allseitig auf die umgebende Haut noch ungefähr zwei Drittel Cm. breit über zu ragen. Abends wurde das Lint erneuert und darüber ein Stück geöltes Papier gelegt — ein durch M'Ghee eingeführtes billiges Ersatzmittel für Wachstaffet —. Andern Tages sah ich den Verletzten zuerst und rieth über das geölte Papier täglich ein frisches Stück getränktes Lint zu legen, was auch fünf Tage lang geschah. Am zweiten Tage sickerte etwas rothe Flüssigkeit unter dem Verbande hervor, die aber am dritten bereits gänzlich wegblieb. Am vierten Tage, an dem unter gewöhnlichen Verhältnissen die Eiterung eingetreten sein würde, hatte die Haut ein fast natürliches Aussehen, die Schwellung war nicht vermehrt und das frühere unbehagliche Gefühl fast ganz verschwunden; Puls vierundsechzig, Esslust gesteigert. Am siebenten Tage, an dem das sonstige Allgemeinbefinden ein durchaus erwünschtes war, klagte der Kranke wieder über örtliche Schmerzen, die davon herrührten, dass sich die Haut rings um den aus Blut, Karbolsäure und Lint gebildeten Schorf blasig abgehoben hatte, jedenfalls in Folge der durch die Säure bedingten Reizung. Erst am elften Tage hob ich den bis dahin unberührt gelassenen Schorf ab und fand unter ihm eine vertiefte, eiterfreie, körnige Geschwürsfläche, die nun mit einfachen Wasserverbänden behandelt wurde und am sechszehnten Tage mit Ausnahme einer kleinen Stelle, an welcher der Knochen frei lag, durchweg das Aussehen einer gesund heilenden Fläche hatte, mit einer Eiterbildung, die sich nur auf die Oberfläche der entzündlichen Neugebilde beschränkte.

Ich musste um diese Zeit Glasgow auf einige Wochen verlassen und that es in dem Gefühle, dass die Heilung gesichert sei. Um so mehr war ich bei meiner Rückkehr unangenehm berührt, als ich hörte, dass bald nach meinem Weggange das Geschwür vom Hospitalbrande befallen worden sei, der solche Zerstörungen anrichtete, dass die Abnahme des Gliedes unvermeidlich wurde. Mochte nun auch dieser Fall durch seinen unglücklichen Ausgang im Stande sein, das Vertrauen Anderer zu der wohlthätigen Wirkung der Karbolsäure abzuschwächen, ich blieb von der Wirksamkeit dieses Mittels für den angegebenen Zweck unerschütterlich fest überzeugt, sann aber gleichzeitig über Verbesserungen der Anwendungsweise nach. Ich hatte gelernt, dass Karbolsäure zur Entstehung einer wässrigen Ausschwitzung Veranlassung geben kann, die durch ihren Umfang eine Reizung hervorzurufen vermag, sowie dass feuchtwarme Umschläge mit Vortheil zu gebrauchen sein würden, den Theil zu beruhigen und den freien Austritt der ergossenen Massen zu erleichtern. Gleichzeitig musste es wünschenswerth erscheinen, den Schorf mit einem Stoffe bedecken zu können, welcher die flüchtige organische Säure besser zurückzuhalten im Stande war, als Oelpapier, Wachstaffet oder Gutta percha, durch welche sie mit der grössten Leichtigkeit hindurchgeht. Diesem Zwecke schien eine metallne Decke am ehesten zu entsprechen und da das gewöhnliche Staniol nicht dicht genug ist, benutzte ich dünnes Tafelblei und später Zinnblech, wie es auch zum Verschlusse anatomischer Gläser genommen wird; es hat vor dem Blei den Vorzug, dass man ihm leicht jede gewünschte Form geben kann.

Lange Zeit hatte ich keine Gelegenheit, diese Verbesserungen praktisch zu erproben, da im Laufe von acht Monaten nur zwei Fälle offner Knochenbrüche mit ganz kleinen Wunden vorkamen. In einem derselben war die Ellbogenröhre in das Gelenk hinein zerbrochen, die Verletzte so alt, dass eine hinzutretende Eiterung jedenfalls einen tödtlichen Ausgang genommen haben würde. Die äussere Wunde war ausserordentlich klein und der Erfolg wäre gewiss ein gleich guter gewesen, wenn statt des mit Karbolsäure getränkten Lints ein trocknes Stückchen zur Stillung der reichlichen Blutung übergelegt wurde. Es war dies eben nur eine erhöhte Vorsicht, welche der gewöhnlichen Schorfheilung keinen Abbruch that.

Im andern Falle war der Oberarm ein wenig über dem Ellbogengelenke durch einen Fall aus einer Höhe von fünfunddreissig Fuss gebrochen. Die kaum anderthalb Cm. lange Wunde sass so an der inneren Seite, dass sie unter die Schiene zu liegen kam. Sie wurde mit getränktem Lint bedeckt, darüber ein leicht ausgehöhltes Stück Tafelblei von der Grösse eines Markstückes gelegt und nun das Glied in einen Watte-Pappschienenverband gebettet. Am zehnten Tage sah ich zum ersten Male wieder nach der Wunde, von der Lint und Blei abfielen und die sich in ein oberflächlich granulirendes, kleines Geschwür umgewandelt hatte, das nicht die leiseste Spur von Eiterung zeigte und genau wie bei der gewöhnlichen Schorfheilung sich verhielt. Dieser Fall wurde dadurch bemerkenswerth, dass er uns in der Karbolsäure ein Mittel kennen lehrte, mit dem wir im Stande sind, nach Anlegung der Schienen die Wunde gewissermassen sich selbst überlassen zu dürfen, während uns die gewöhnliche Behandlungsweise zur täglichen Erneuerung des Verbandes und dadurch zu fortwährenden Störungen zwingt. Die Umwandlung des offnen Bruches in einen einfachen würde hier allerdings auch durch jene zu erreichen gewesen sein.

Endlich aber bot sich ein recht passender Fall dar, die treffliche Wirkung der Säure zu erproben.

III. Fall. J. H., 21 Jahr alt, Former in einer Eisengiesserei, hatte das Unglück den linken Unterschenkel sich dadurch zu brechen, dass ein grosser eiserner, mit Sand gefüllter, zwölf Ctr.

schwerer Kasten, den er mittelst eines Krahns in die Höhe winden wollte, in Folge Nachgebens einer Kette vier Fuss hoch herab stürzte und mit voller Kraft die innere Seite des Unterschenkels traf, der schräg unter ihn zu liegen kam. Beide Knochen waren ungefähr in der Mitte zerbrochen; an der inneren Seite, in gleicher Höhe mit der Bruchstelle und mit ihr in Verbindung fand sich eine vier Cm. lange und zwei Cm. breite Wunde, gleichzeitig eine bedeutende Quetschung der Weichtheile mit weit verbreitetem Blutaustritte. Da der Hauschirurg Dr. Cameron bemerkte, dass Luftbläschen in dem Blute sich zeigten, also jedenfalls in Folge der mit der Ueberführung des Kranken nothwendig verbundenen Bewegungen des Gliedes Luft eingetreten war, so hielt er es für das Beste nach mir zu schicken. Ich sah den Verwundeten drei Stunden nach dem geschehenen Unfalle und suchte nun, soweit als möglich, die eingedrungene Luft mit dem unter der Haut angesammelten flüssigen und geronnenen Blute durch Streichen zu entfernen, deckte die Wunde mit einem durch Karbolsäure getränkten Stückchen Lint, das sie etwas überragte, darüber Zinnblech von ungefähr zehn Cm. im Geviert, legte das Glied in Pappschienen und liess es mit gebogenem Knie auf seiner äusseren Seite ruhen. Fünf Stunden später wurde noch ein anderes Stück getränktes Lint übergelegt, so dass nun die durch Blutgerinnsel, Säure und Lint gebildete Deckschicht noch nicht ganz die Stärke eines Cms. erreichte; ein heisser nasser Flanelllappen kam auf die innere Seite des Gliedes zu liegen. Der Kranke hatte die Nacht einen guten Schlaf, der nur gelegentlich in Folge durchschiessender Schmerzen unterbrochen wurde, befand sich am Tage ganz nett, hatte einen Puls von neunzig und ass mit Lust. Die Oberfläche der Deckschicht wurde wieder mit Karbolsäure betupft, die heisse Bähung fortgesetzt, statt der innern Pappschiene aber vom Knie bis zum Knöchel ein grosses Stück Zinnblech über den Flanellumschlag gelegt und durch Schlingen befestigt, das vollständig den Zweck einer Schiene erfüllte und am besten die Feuchtigkeit des Flanells zurückhielt, welcher gleichzeitig ein treffliches Polster abgab. Die Bähung, früh und abends gewechselt, brachte dem Kranken grosse Erleichterung; täglich ein Mal wurde auch der Schorf leicht mit Karbolsäure getränkt.

Zwei Tage später fühlte der Verletzte sich an dem gebrochenen Gliede behaglicher, obwohl die Schwellung noch dieselbe und der Puls, wenn auch weich, auf sechs und neunzig gestiegen war. Am vierten Tage, der gewöhnlichen Eintrittszeit der Eiterung, war er frei von Schmerz, die Wade weniger gespannt und merklich dünner, der Puls auf achtzig gefallen und nach einer guten Nacht eine treffliche Esslust vorhanden. Von jetzt an ging die Schwellung immer mehr zurück, die Haut blieb, wie vom Anfange an, frei von jedem entzündlichen Anfluge und der Allgemeinzustand ein durchaus befriedigender. Am siebenten Tage fand sich etwas eiterförmige Masse auf den Hautstellen, auf welchen die Karbolsäure durch das kleinere Zinnstück zurückgehalten war und so zur Entstehung von Wundsein Anlass gegeben hatte. Um derartige nutzlose Reizungen zu vermeiden, wurde das Zinn um so viel verkleinert, dass von der Deckschicht ein flacher schmaler Rand frei blieb. Ungefähr vierzehn Tage nach der Verletzung konnte man über der Bruchstelle Flüssigkeit durchfühlen; da aber sonst Alles gut ging, so hoffte ich dieselbe mit dem Wasser des ergossenen Blutes in Zusammenhang bringen zu dürfen, vermochte auch nach wenigen Tagen nichts mehr zu bemerken, obwohl nicht ein Tropfen unter dem Deckschorfe hervorgekommen war. Um diese Zeit wurden auch die Ränder desselben in Folge der oberflächlichen Absonderung der umgebenden Theile erweicht und täglich mit der Scheere entfernt, so dass schliesslich der auf die Haut übergreifende Rand verschwand und auch der die ursprüngliche Wunde deckende Theil immer kleiner und kleiner wurde.

Am siebenten Juni, also ungefähr drei Wochen nach dem Unfalle, wurde eine hübsche Beobachtung gemacht. Ich war eben dabei ein Stückchen Schorf von der Oberfläche des gefässreichen Gewebes abzulösen, in welches sich das ergossene Blut im Laufe der Weiterentwicklung umgesetzt hatte, als ein kleiner runder Hohlraum von Erbsengrösse zum Vorscheine kam, der eine braune, wässrige Flüssigkeit enthielt und eine Art Tasche in den lebenden Geweben bildete, welche, mit dem Messer gestreift, bis an den Rand der Höhlung hin bluteten, ein Vorkommen, aus dem man deutlich erkennen konnte, dass selbst die tieferen Lagen der Kruste sich lebensvoll weiter entwickelt hatten und nicht abgestorben waren. Denn Höhlungen, die sich während der Zusammenfügung der Theilchen bilden, ähnlich den mit klarem Wasser gefüllten im Schweizerkäse, kommen in den geronnenen Massen vor, welche entstehen, wenn Karbolsäure auf Blut einwirkt. Die von mir gefundene gehörte entschieden zu diesen, wenn auch ihre Wände lebendig und gefässreich waren. Genug, wir lernen daraus, dass Blut durch die Einwirkung der Karbolsäure durchaus nichts von seiner Fähigkeit einbüsst, für neue Gewebsbildungen in seiner Nachbarschaft als Nahrung zu dienen, wenn es auch in physikalischer und chemischer Beziehung bedeutend umgeändert worden ist. Die Kenntniss dieser Thatsache ist desshalb nicht ohne Bedeutung, weil sie zeigt, dass wir je nach Erforderniss die Karbolsäure auch auf Blutmassen können einwirken lassen, die in die Tiefe ergossen sind, und dass wir dabei nicht zu befürchten brauchen, dass nicht Alles durch Aufsaugung entfernt wird. — Einige Tage später hatten entzündliche Neugebilde die kleine Höhle vollständig ausgefüllt.

Am Schlusse der dritten Woche wurde die Anwendung der Karbolsäure ausgesetzt und die zuerst gebrauchte Pappschiene an Stelle des Zinnblechs wieder angelegt, nachdem sie mit Watte ordentlich ausgepolstert war; der Rest der Kruste wurde immer noch durch die Zinnkappe geschützt, um zu sehen, wie lange er wohl noch festsitzen würde, bis ich ihn ungefähr acht Tage später von seiner gefässreichen Unterlage, die dabei zu bluten anfing, abhob. Ich will nicht unterlassen darauf aufmerksam zu machen, dass diese Kruste die unter ihr liegende Schicht vor allerlei Störungen geschützt hat, wesshalb auch die entzündlichen Neugebilde verhältnissmässig fest und kräftig waren und nichts von schlaffer Weichheit zeigten. Uebrigens roch das Stück Kruste immer noch nach Karbolsäure, obwohl es seit fünf Tagen nicht mehr damit betupft war.

Am Ende der sechsten Woche waren die Knochen in guter Lage verheilt, genau wie bei einem einfachen Bruche; die äussere Wunde schloss sich erst etwas später.

IV. Fall. J. W., zehn Jahr alt, in einer durch Dampf getriebenen Drechslerwerkstatt beschäftigt, kam am achten Juni mit seinem rechten Arme zwischen Rad und Treibriemen, der ungefähr zwei Minuten lang bis zum Stoppen der Maschine sich noch fortbewegte, in die innere Seite des Vorderarmes einschnitt, die Ellbogenröhre in der Mitte zerbrach, die Armspindel aber wie einen Sprenkel krumm bog. Bei seiner Aufnahme stellte es sich heraus, dass die Wunde vier Cm. tief war, mehr als die Hälfte des Gliedumfanges einnahm, besonders auf die Rückenfläche übergriff und sowohl dem obern zwei und einen halben Cm. langen Bruchstücke der Ellbogenröhre als auch zwei Muskelbündeln von zwei Drittel Cm. Dicke und fünf bis acht Cm. Länge herauszutreten gestattete. Ich sah ihn ungefähr zwei Stunden nach dem Unfalle, entfernte das vortretende Knochenstück — die Muskelfetzen waren schon vorher weggeschnitten — bestrich die ganze Wunde, die freie Knochenfläche nicht ausgenommen, reichlich mit Karbolsäure, streckte die Armspindel, die dabei vollständig zerbrach, bedeckte, ohne einen Versuch zu machen die Wundränder zu nähern, die Wundfläche einfach mit Zinnblech, welches noch die gesunde Haut ungefähr zwei Drittel Cm. breit überragte und befestigte das Glied mittelst Binden so auf eine hölzerne innere Schiene, dass die Entfernung des Zinnes keine Störungen verursachte. Ueber das Ganze wurden nun heisse Bähungen gelegt. Wenige Minuten nach Anwendung der Karbolsäure fühlte sich der Verwundete erleichtert; abends forderte er Nahrung und nahm sie; Puls vier und achtzig. Beim Abendbesuche legte ich unter das Zinn ein mit Karbolsäure getränktes Stück Lint vom Umfange der Wunde, wobei ich erst an einer Verdrehung des Oberarmes bemerkte, dass auch dieser im untern Drittel gebrochen war; er wurde in einen Pappschienenverband gebracht und durch ein Kissen in Unterstützung gehalten. Die Nacht ging, abgesehen von gelegentlichen Klagen und durchzuckenden Schmerzen, gut vorüber. Am andern Morgen war der Puls allerdings auf hundert acht gestiegen, aber der Knabe ass sein Frühstück mit gutem Behagen, hatte eine reine Zunge und klagte nur über etwas Empfindung dicht über dem Ellenbogen, was aber auch nach dem Wechsel des Bähungslappens schwand. Es wurde nun ein den ganzen Vorderarm und die Hand deckendes Stück Zinnblech mit Schnüren befestigt, wodurch das Glied mehr Festigkeit erhielt und auch die Bähungen wirksamer werden mussten.

Zwei Tage nach dem Unfalle hörte das bis dahin beträchtliche Aussickern von Blut und Wasser aus der Wunde fast ganz auf; die Umschläge thaten dem Knaben immer noch wohl, obwohl der ganze Schmerz, den er hatte, nur von dem einfachen Oberarmbruche ausging. Der Puls war auf acht und achtzig zurückgegangen, die Zunge rein, die Esslust gut, der Schlaf gesund, überhaupt blieb von dieser Zeit an der allgemeine Zustand ein befriedigender. Am vierten Tage kam an einer Stelle des Schorfes eine geringe Menge einer bleichgrauen, schleimigen Absonderung zum Vorschein und da ich vermuthete, dass dies im Zusammenhange stehen könnte mit einer mangelhaften Wirksamkeit der Karbolsäure, so bepinselte ich den ganzen Wundschorf ausserordentlich reichlich mit ihr, wiederholte dies abends und in gleicher Weise auch am nächsten Tage. Dennoch wurde der Ausfluss am sechsten Tage stärker und, wie es dem unbewaffneten Auge schien, eitriger, während das Mikroskop bereits am Tage vorher nur Faserstoffmassen mit körnigem und anderm Zerfalle, an diesem Tage aber neue Zellenbildung deutlich nachwies. Am siebenten Tage wurde die Entleerung noch reichlicher, ohne aber durch Druck auf den Schorf in grösserer Menge abzufliessen, was für ihre nur oberflächliche Bildung sprach, während das Glied selbst ganz frei blieb von Schmerz und auch die Schwellung sich stetig minderte.

Im Verlaufe der nächsten Tage stellte es sich heraus, dass dieser Ausfluss nicht Folge einer zu geringen Einwirkung der Karbolsäure, sondern im Gegentheile durch ihren reizenden Einfluss bedingt war, da sie ja reichlicher und auf einen dünneren Schorf gebracht wurde als z. B. im dritten Falle. Aber eine aus dieser Ursache entstehende Eiterung ist ohne nachtheilige Folgen, wie das Weitere besser ergeben wird. Als am vierzehnten Tage der ziemlich lockere Schorf entfernt wurde, bot sich mir ein wahrlich unerwarteter Anblick dar, denn anstatt der tiefen und zerrissenen Wunde fand ich eine körnige gleichmässige Fläche, ziemlich in gleicher Höhe mit der Haut, und nur in ihrer Mitte etwas mehr als einen Cm. vertieft, wo sich ein kleiner Theil der äusseren Oberfläche der entblössten, aber fleischfarbigen Ellbogenröhre wahrnehmen liess. Nicht nur die Mischung von Blut und

Karbolsäure in der Tiefe der ursprünglichen Wunde hatte sich organisirt, auch die durch die Quetschung abgestorbenen und durch die ätzende Wirkung der Karbolsäure zerstörten Theile entwickelten eine gleiche Thätigkeit, so dass das Ganze gewisser Maassen in eine lebendige Masse ohne alle tiefsitzende Eiterung umgewandelt war. Am neunzehnten Tage bedeckte sich der blosse Knochen mit entzündlichen Neugebilden, die vertiefte Stelle füllte sich und am vierzigsten Tage war die Wunde ganz verheilt. Der ausgedehnte Verlust an Knochen und Weichtheilen machte die knöcherne Vereinigung der Ellbogenröhre sehr schwierig; am fünften August wurde der Arm in einen Kleisterverband gelegt und der Knabe bald darauf entlassen.

Sechs Wochen später meldete er sich wieder, leider während meiner Abwesenheit. Da der Knochen fest zu sein schien, gestattete man ihm den Verband abzulegen, ohne ihm aufzutragen, sich wieder sehen zu lassen. Nach einigen Wochen kam er, aber mit beweglichen Bruchenden. Ein erneuter Kleisterverband hatte nach einiger Zeit noch keine Vereinigung herbeigeführt, wohl aber war die Knochenbildung so weit vorgeschritten, dass die Enden einander überragten; die Speiche war fest und die verletzten Fingerstrecker hatten ihre Kraft wieder erlangt, so dass die Hand recht brauchbar geworden war. Sollte bei der nächsten Untersuchung eine Vereinigung nicht erzielt sein, so würde die Anwendung des Bickersteth'schen Verfahrens angezeigt sein.

Dieser Fall hatte mir eine Anwendungsfähigkeit der Karbolsäure erkennen lassen, die grösser war, als ich je erwarten konnte und ermuthigte mich, sie unter den fast verzweifelnden Umständen des nächsten zu gebrauchen.

V. Fall. C. F., ein feiner, verständiger Junge von sieben Jahren war am 23. Juni 1866 von einem schwerbeladenen Omnibus überfahren worden; beide rechte Unterschenkelknochen waren zerbrochen, die Weichtheile in grauenvoller Weise zerrissen. Der Blutverlust war nach Aussage des Begleiters sehr stark gewesen, auch hatte ein zur Stelle befindlicher Arzt sofort einen Druckverband in der Weiche angelegt. Erst drei Stunden nach dem Unfalle sah ich das durch die Erschütterung und den Blutverlust arg geschwächte Kind, dessen Zustand eine Abnahme des Gliedes musste bedenklich erscheinen lassen, wenn sie auch auf den ersten Blick durch die Verletzung geboten schien. Das ungefähr in der Mitte zerbrochene Wadenbein lag frei in einer Wunde, die fast die ganze Länge und Breite der inneren Seite des Unterschenkels einnahm und vom inneren Knorren des Oberschenkels bis nahe zum inneren Knöchel hinreichte; die Haut war zurückgestreift, so dass der Schollenmuskel frei lag. Der grosse Hautlappen war gegenüber der Bruchstelle ungefähr fünf Cm. vom Rande durchbohrt, eine zweite Hautöffnung fand sich an der äusseren Seite, so dass also die einwirkende Gewalt in ihrer vollen Schwere die ganze Dicke des Gliedes getroffen hatte. Aber die Knochen waren nicht zertrümmert, auch die Muskeln nicht besonders zerrissen und die vordere Schienbeinschlagader war deutlich am Fusse zu fühlen. Da mir die gewöhnliche Behandlungsweise hoffnungslos zu sein schien, beschloss ich die Anwendung der Karbolsäure.

In der Chloroformbetäubung wurde die Säure reichlich aufgetragen und durch Streichen der gequetschten Theile Sorge genommen, dass sie sich überall hin, auch zwischen die Knochenbruchstücke, verbreiten konnte; der Hautlappen wurde in seine natürliche Lage zurückgebracht, mit getränktem Lint bedeckt und darüber Zinnblech gelegt; in gleicher Weise wurden die andern Wunden verbunden, die Knochenbruchstücke richtig gelagert und nun das ganze Glied mit gebogenem Knie auf die äussere Seite gelegt, unterstützt durch eine nach dem Schenkel und Fusse gemodelte Pappschiene und eine nur zeitweise benutzte hölzerne. Zum Aufsaugen des an dem Zinnrande austretenden Blutes und Wassers wurde noch ein lockeres Stück Zeug übergebreitet und der ganze Verband durch eine Rollbinde befestigt. Puls einhundertzwölf.

Obwohl der Verletzte zuweilen einschlummerte, war doch die Nacht im Ganzen schlaflos und der Puls hob sich auf hundert zwanzig. Ich durchschnitt morgens die Binde soweit, um das Zinn wegnehmen zu können und fand, dass die Wunde klaffte und nicht mehr in ihrer ganzen Fläche vom Linte bedeckt gehalten wurde. Mit dem ergossenen Blute getränkte Verbandstücke wurden nun auf die frei gewordenen Stellen sowie über das Lint gelegt, um den künstlichen Schorf fester zu machen und das Ganze nochmals reichlich mit Karbolsäure bestrichen; das Zinnblech wurde dann etwas gebaucht, damit es sich dem dickeren Schorfe besser anschmiegte, während es ein wenig noch auf die anliegende Haut überragte, und durch eine Binde festgehalten; ein heisser Umschlag kam auf die innere Schenkelfläche zu liegen und über das Ganze wurde ein das Glied einhüllendes Stück Zinn gebreitet, welches durch Schlingen festen Halt bekam.

Am Abend war der Puls einhundertsechsunddreissig, am andern Morgen einhundertachtundsechzig, der Kranke sehr matt, schwatzend und schwärmend, war nicht im Stande das zu ihm Gesprochene zu verstehen, war unruhig und hatte seit seiner Aufnahme noch nichts genossen. Im Laufe der nächsten Nacht jedoch wurde er ruhiger, nahm auch etwas Milch zu sich, war frühmorgens wieder klar und hatte einen hübsch kräftigen Puls von einhundertvierzig. Die der Wunde benachbarte Haut am Knie und Knöchel war frei von jeder Missfärbung und Schwellung, dagegen hatte ein Theil des Wadenhautlappens seine Lebensfähigkeit verloren. Um seine Zersetzung zu vermeiden, wurde er mit Karbolsäure bestrichen, so gewissermassen in einen die drunter liegenden Gewebe schützenden Schorf umgewandelt und mit Zinn überdeckt; unter diesem Schorfe kam später eine ziemliche Menge einer braunen, durchsichtigen Flüssigkeit hervor.

Am vierten Tage war der Puls einhundertzwanzig, der Knabe heiter, ruhig und schmerzlos; die Wunde verbreitete keinen andern Geruch als den nach der Säure und die entschieden wässrige Entleerung hatte sich wesentlich vermindert; am sechsten Tage war der Puls auf einhundertacht gefallen. Die Esslust entwickelte sich kräftig und mit förmlicher Gier verlangte der Kranke nach den einhundertachtzig Grammen Portwein, die ihm innerhalb vierundzwanzig Stunden gestattet waren. Die vorher trockene Zunge wurde feucht, auch der Schlaf gut, obwohl zuweilen durch Aufschrein unterbrochen. Die Entleerung blieb sich gleich.

Am achten Tage wurde die Schiene zum ersten Male entfernt und mit Zinn bedeckt, damit die Pappe nicht von den Absonderungen durchnässt würde. Wegen Nachgebens der Pappschiene hatte sich der Schenkel leicht nach einwärts gebogen, bei dem dadurch nothwendig gewordenen Streckversuche löste sich der obere Rand des Schorfes und legte eine tiefe körnige Aushöhlung blos, die mit einem Stück getränkten Lints ausgefüllt wurde, über welches dann die Zinndecke mit zu liegen kam. Druek in der Nachbarschaft, auf Knie, Wade, Knöchel angewandt, liess nirgends die Absonderung verstärkt hervortreten, so dass man es eben nur mit einer ganz oberflächlich sitzenden Wundfeuchtigkeit zu thun hatte, die noch dazu grösstentheils durchsichtig blieb.

Am Ende der zweiten Woche war der Zustand im Ganzen recht befriedigend; das Allgemeinbefinden hatte sich gebessert; auch die zuckenden Bewegungen des Gliedes, an denen der Knabe namentlich Nachts gelegentlich litt, wurden wesentlich gemildert durch eine neue Schiene, die den halben Oberschenkel mit umfasste. Die zwanzig Cm. lange und funfzehn Cm. breite Wunde fing an fast im ganzen Umfange zu heilen. Um die Vernarbung zu begünstigen, wurden die abgelösten Schorfränder mit der Scheere weggenommen und der schmale Saum mit einer Lösung von Kali sulfuric. — 0,30 auf dreissig Gramm — verbunden. Dabei wurde der Schorf nach wie vor täglich mit Säure betupft und mit dem Zinn bedeckt gehalten. So wurde die Vernarbung nicht gestört und doch andererseits der Zersetzung vorgebeugt, was, wenn auch nicht gänzlich gelang:

Aber ein ungünstiger Umstand war vorhanden. Das kleine Geschwür an der äusseren Seite war ohne Karbolsäure weiter behandelt worden, hatte sich eher etwas vergrössert als verkleinert, nahm jetzt unzweifelhaft die Beschaffenheit einer milden Form des Hospitalbrandes an und vereinigte sich mit dem Hauptgeschwüre. Zwei Tage lang versuchte ich durch Salpetersäure eine andere Wendung herbeizuführen, musste aber zu noch stärkeren Mitteln greifen, da die benachbarte Haut bereits in sehr bedenklicher Ausdehnung unterhöhlt war. In der Chloroformbetäubung schabte ich mit einem Löffel alle die weichen graulichen Brandschorfe ab, spaltete stellenweise die Haut oder nahm sie ganz weg, um besser zu jenen gelangen zu können und bestrich dann die blutende Fläche mit der stärksten Salpetersäure. Wegen der Ausdehnung der Erkrankung nach dem vorderen Schorfrande hin hielt ich es für besser die unter dem Schorfe liegenden Theile zu untersuchen, zumal da jener gelockert war. Vom Hospitalbrande war allerdings hier nichts zu sehen, im Gegentheil, die frischen Neugebilde hatten noch das beste Ansehen, aber das untere Bruchstück des Schienbeins lag beinahe sieben Cm. lang frei und entblösst, wie ein aufgeweichter Knochen in der Tiefe der Wunde; kein erfreulicher Anblick! Am obern Ende war er sichtlich in grösserer Ausdehnung im ganzen Umfange von der Beinhaut entblösst. Gestützt auf frühere Erfahrungen konnte ich nur annehmen, dass, wenn das Kind wirklich die bedeutende Eiterung überstehen sollte, dennoch der Verlust von ungefähr fünf und einem Drittel Cm. Knochen in seiner ganzen Dicke das Glied nothwendiger Weise nutzlos machen musste. Das obere Bruchstück war ebenfalls einen und einen halben Cm. lang entblösst, aber doch am Ende selbst mit entzündlichen Neugebilden bedeckt.

Wenn auch mit wenig Hoffnung auf eine günstigere Wendung, wollte ich doch eine Zeit lang die weitere Entwicklung abwarten, war aber jeden Augenblick zur Abnahme des Gliedes bereit, falls jene ausbleiben sollte, mich tröstend mit dem Gedanken, dass das Kind jedenfalls unter günstigeren Bedingungen operirt werden würde, als bei seiner Aufnahme. Zur Mässigung der Absonderung liess ich das Geschwür mit einer Lösung von Kali sulfuric. verbinden, über die geätzten Stellen aber einen Umschlag legen. Nach Abstossung des Brandschorfes heilten sie innerhalb zehn Tagen fast zu, auf der ursprünglichen Wundfläche aber zeigten sich gelegentlich grauliche Flecke, die nach Betupfung mit Karbolsäure ein besseres Aussehen annahmen, wesshalb diese Säure da, wo sie wirksam ist, jedem andern Aetzmittel wegen der Schmerzlosigkeit vorgezogen werden sollte. Aber es zeigten sich doch auch Flecke, für welche diese Behandlungsweise zu mild war und die ihrer schnellen Ausdehnung wegen am sechsundzwanzigsten Juli in gleicher Weise wie früher mit Salpetersäure behandelt werden mussten, wodurch dann das ganze Geschwür ein durchaus gesundes Ansehn erhielt und sehr grosse Neigung zur Heilung zeigte, so dass es am achten August zwei und einen halben Cm. kürzer und über fünf Cm. in der grössten Breite schmäler war, als zur Zeit der Entfernung des Schorfes.

Gleichzeitig mit der örtlichen Besserung gestaltete sich auch das Allgemeinbefinden erfreulicher, der Knabe nahm zu und die Eiterung war eine verhältnissmässig erstaunlich geringe, so dass die einzelnen Lintlagen kaum durchnässt wurden.

Eine Erklärung für diese günstige Wendung der Dinge fand sich in der folgenden eigenthümlichen Beobachtung, die in diese Zeit fiel. Seit der Entfernung des Schorfes waren die entzündlichen Neugebilde allseitig um den Knochen herum emporgewuchert, so dass die entblösste Stelle des obern Bruchstücks fast ganz bedeckt wurde, selbst das untere zum grossen Theile eingebettet lag, da auch aus dem Markkanale in gleicher Weise die Neugebilde entsprossten, der Knochen also nicht in seiner ganzen Dicke abgestorben war; auf die Abstossung eines dünnen Lagers musste man allerdings gefasst sein. Nichtsdestoweniger beobachtete ich, dass die Knochenoberfläche stellenweise ein fleischrothes Aussehen annahm, was nur dadurch seine Erklärung fand, dass die Neubildungen im Inneren einen Druck auf die abgestorbene Knochenlage, gleichviel wie dick sie ursprünglich gewesen sein mochte, ausübten, diese dadurch verdünnten und schliesslich durchscheinend machten. Beim Versuche das geöhrte Ende einer Sonde zwischen Knochen und den Neugebilden einführen zu wollen, war ich verwundert, dass mir dies nur auf eine ganz kurze Strecke gelang, indem letztere mit Ausnahme eines schmalen freien Randes überall fest ansassen. Nach vollständiger Aufsaugung des zwischenliegenden abgestorbenen Knochenlagers waren die entzündlichen Neugebilde aus dem Innern heraus und von der Oberfläche her mit einander verwachsen. Dies erklärt den auffälligen Eitermangel in der Umgebung des Knochens.

Während des folgenden Monats war ich nicht anwesend, erfuhr aber, dass die Heilung in gleicher Weise fortging, dass das obere Bruchende ohne alle Abstossung ganz, dass untere bis auf einen verhältnissmässig kleinen Theil von Fleischwärzchen bedeckt wurde und dass am zehnten September das abgestorbene Stückchen leicht entfernt werden konnte; es maass zwei und einen halben Cm. in der grössten Länge, war sehr unregelmässig in der Form und umfasste ungefähr ein Viertel des ganzen Knochenumfanges; an seinem obern Ende hatte es ziemlich die ganze Dicke des dichten Gewebes und sah missfarbig aus, nach hinten zu wurde es schliesslich so dünn wie Papier. Die äussere Oberfläche bot ein interessantes Aussehen, indem sie nahe dem Rande, selbst wo der Knochen ziemlich dick war, an verschiedenen Stellen ausgehöhlt und abgeschrägt sich zeigte und zwar in einer Art, dass man sich den Vorgang nicht gut anders denken konnte, als dass die Neugebilde von aussen her diese Aufsaugung bewirkt hatten. Unter der Lupe hatten diese Stellen ein sammtartiges Ansehen, ähnlich wie die innere Fläche des abgelösten Knochens es zeigte und unterschieden sich dadurch von der übrigen Oberfläche.

Eine übereinstimmende Beobachtung habe ich nur noch an den Elfenbeinnägeln gemacht, die, nach Dieffenbach zur Vereinigung ungeheilter Knochenbruchstücke eingetrieben, nach ihrer Entfernung kleiner als ursprünglich sind. Es war dies bisher als eine vereinzelte Thatsache betrachtet worden und es galt als ein Grundsatz in der Chirurgie, dass ein Knochenstück, das ein Mal abgestorben ist, nur auf dem Wege der Abstossung entfernt werden kann. Die Frage, warum in diesem Falle das durch äussere Gewalt zerstörte Knochengewebe unter Beihülfe der Karbolsäurewirkung so aussergewöhnlich von den umgebenden Theilen beeinflusst wurde, indem die Fleischwärzchen die Aufsaugung des dichten Knochens übernahmen, anstatt zu Eiterbildung beizutragen, wie es gewöhnlich in der Umgebung eines sich ablösenden Knochenstückes geschieht — will ich bei einer späteren Gelegenheit behandeln, wenn ich Veranlassung habe auf die pathologische und praktische Seite dieser Thatsache näher einzugehen. Ich will hier nur darauf aufmerksam machen, dass dieser Fall recht hübsch den Vorgang der Aufsaugung erläutert, die, selbst wenn es sich um feste Körper handelt, ohne alle besondere aufsaugende Gefässe vor sich geht, einfach durch Hülfe jenes einfachsten aller Gewebe, dessen einzelne Zellen von jedem passenden Stoffe in der Nachbarschaft sich nähren.

Andererseits lehrt uns dieser Fall, dass auch bei freiliegendem Knochen die Karbolsäure reichlich angewandt werden kann, dass selbst ein Absterben desselben eintritt, ohne dass nothwendig Abstossung damit verbunden sein muss.

Wir hatten also nun einen einfachen Bruch mit grosser körniger Geschwürsfläche vor uns, die sehr schnell verheilte, auch die Knochenverbindung wurde recht fest. So würden wir zweifellos bald die Freude einer vollständigen Heilung gehabt haben, wäre nicht die furchtbare Geissel des Hospitalbrandes gewesen, der sich zehn Tage vor der Abstossung des Knochens wieder einstellte und zwar in Form eines Eiterbläschens im Narbengewebe, zwei und einen halben Cm. vom Geschwürsrande entfernt, das nach seinem Bersten den unverkennbaren graulichen Brandschorf zeigte, welcher, die Narbenmasse zerstörend, sich weit ausdehnte, ohne aber auf die weiter gut verheilende Geschwürsfläche überzugreifen.

Ich will nicht näher eingehen auf den Verlauf dieser und anderer ähnlicher sich wiederholender Unterbrechungen; ich will nur bemerken, dass sie alle gleich verliefen, die Heilung des Geschwürs nicht störten und der Einwirkung der Salpetersäure nicht widerstanden, so dass wir Anfang Oktober endlich am Ziele zu sein hofften. Aber leider nahm jetzt die Krankheit ein unbändiges Wesen an, sie spottete auch der kräftigsten Anwendung der Salpetersäure, nahm nur scheinbar augenblicklich eine bessere Wendung und am sechsundzwanzigsten Oktober stand ich von Neuem vor der Amputationsfrage, denn die Zerstörung hatte fast ihre ursprünglichen Grenzen wieder erreicht, das Glied war in Folge des entzündlichen Reizes beträchtlich geschwollen und das Allgemeinbefinden durch die bedeutenden Absonderungen und die nervöse Erregtheit bedenklich verschlechtert. Aber noch ein Mal machte ich den Versuch das Glied zu erhalten, da mir glücklicher Weise ein luftiges gesundes Zimmer in einem andern Flügel des Hospitals zu Gebote stand.

Vor der Uebersiedlung ätzte ich noch ein Mal gründlich mit Salpetersäure und liess dann die Umschläge dreistündlich wechseln. Wein und stärkende Mittel wurden gereicht und hoben bald wesentlich das Allgemeinbefinden. Der Brandschorf stiess sich ab und wir hatten nun eine gesund aussehende Geschwürsfläche vor uns, die mit einer Lösung von schwefelsaurem Kupfer — 0,30 auf 30 Gramm Wasser — verbunden und mit einem Umschlage bedeckt wurde. Der Verband musste dreistündlich erneuert werden. Die Vernarbung ging sehr schnell vor sich; aber nachdem die Narbe bereits eine gewisse Breite erlangt hatte, trat wiederum eine Neigung zu Blasenbildung ein, die einen drohenden Rückfall in Aussicht stellte. Um die junge Oberhaut vor jedem schädlichen Einflusse zu wahren, liess ich den Verband auch auf die ganze Narbe legen und hatte nun endlich die Genugthuung am neunten Januar das Geschwür gänzlich geheilt zu sehen, so dass das Kind zum ersten Male auftreten durfte. Der Narbenzug, in welchen theilweise der Schollenmuskel mit verwickelt war, hatte eine geringe Beugung des Knies und Spitzenstellung des Fusses veranlasst; die erstere wurde nach und nach beseitigt, indem der Knabe mit gestreckten Schenkeln im Bette sitzen musste und auch die letztere verminderte sich, so dass die in Aussicht genommene Trennung der Achillessehne wohl nicht nöthig werden wird. Das Schienbein ist an Länge und Form durchaus nicht verändert, das Allgemeinbefinden vortrefflich und der Knabe wird nur noch wegen eines hartnäckigen Ekzems bis zum neunten März zurückgehalten, welches jedenfalls in Folge der anhaltend gebrauchten Umschläge entstanden war.

VI. Fall. J. C., 57 Jahr alt, hatte das Unglück, beim Arbeiten in einem Steinbruche durch Herabfallen eines überhängenden Stückes überschüttet zu werden, wobei das rechte Schlüsselbein und der Oberschenkel im untern Drittel so zerbrachen, dass das obere Bruchstück des letzteren ein wenig über dem Knie die Haut an der innern Seite durchbohrte. Viel Zeit war vergangen und viel Blut verloren worden, ehe der Verletzte zunächst nach Helensburgh geschafft wurde, wo man ihm merkwürdiger Weise „zur Stillung des Blutes" eine feuchtwarme Decke um das Glied legte, die doch die Blutung nur steigern musste; erst sechs Stunden nach dem Unfalle langte er in Glasgow an.

Der Hauschirurg Dr. Cameron sandte sofort nach mir, zögerte aber nicht, Karbolsäure in die Wunde zu bringen, die gross genug war die Fingerspitze aufzunehmen; nach jeder Richtung hin konnte das mit Karbolsäure getränkte und mit einer gewöhnlichen Verbandzange gehaltene Stück Lint zwei und zwei drittel Cm. weit unter der Haut herumgeführt werden, nachdem eine beträchtliche Menge ausgetretenen Blutes ausgedrückt war.

Ich fand den Verletzten eine Stunde später in einem Zustande äusserster Schwäche, die hinlänglich erklärt war durch die Schwere der Verletzung und den bedeutenden Blutverlust; der Bluterguss erstreckte sich nicht nur auf den Oberschenkel, sondern hatte auch die Wade straff gespannt, die sich dadurch auffällig von der andern schlaffen unterschied.

Unter diesen Umständen konnte eine Zersetzung des in die Gewebe ergossenen Blutes entschieden tödtlich endigen und doch musste ich mir sagen, dass Karbolsäure eine armselige Hoffnung bot bei der Länge der bereits verflossenen Zeit und bei dem Umstande, dass der in Helensburgh umgewickelte Flanell schon etwas vom Zersetzungsgeruche zeigte. Andererseits bot die Abnahme des Gliedes in dem mit Blut durchsetzten Oberschenkel bei dem Alter des Mannes und seinem allgemeinen Zustande ebenso wenig Aussicht auf Erfolg. Bei diesem Gleichstehen der Waage entschied ich mich für das Erstere, weil im Falle des Gelingens der Vortheil ein unendlich grösserer sein musste.

Nach Entfernung des von Dr. Cameron eingelegten Verbandstückes drückte ich noch ein Mal kräftig das ergossene Blut aus und legte nun Karbolsäure, Blut und Lint über, um einen beträchtlich dicken Deckschorf zu erhalten, der nach jeder Seite hin anderthalb Cm. breit die Haut überragte; darüber wurde eine ungefähr fünf Cm. breite Zinnkappe, die bis auf einen schmalen, die Haut deckenden Rand ausgebuckelt war, mit einer Binde befestigt.

Das untere Ende des oberen Bruchstückes war stark nach der Wunde zu abgewichen, lenkte aber bei der Streckung des Gliedes nach seiner richtigen Lage hin; vorn über der Bruchstelle blieb immer noch ein beträchtlicher Eindruck; doch schien das untere Bruchstück nicht so viel gegen den Schenkel hin vorzuspringen, dass die Benutzung einer langen Schiene dadurch verhindert wäre. Ich legte nun eine solche in Verbindung mit zwei inneren an, deren eine eine Gooch'sche war, während die innere, untere und obere Seite von einem langen Stück kräftigen Zinnblechs bis etwas unter das Knie herab umfasst wurde, welches gleichzeitig den Zweck hatte, das Bett vor den Wundentleerungen zu schützen; es war zunächst mit einem trocknen Handtuche ausgepolstert, sollte aber später einen heissen Umschlag aufnehmen, wenn eine Blutung nicht mehr zu fürchten wäre.

Die Nacht war unruhig, wenn auch nicht gänzlich schlaflos; die rechte Schulter und gequetschte Seite schmerzte mehr als der Oberschenkel. Am Morgen war das Aussehen des Kranken ganz befriedigend, der Puls sechsundsiebzig, die Zunge rein, die Esslust soweit vorhanden, dass zum Frühstück Thee, wenn auch nichts Festes genossen wurde. Die Oberfläche des Schorfes wurde wieder mit Karbolsäure bestrichen; ein heisser Umschlag über die innere und vordere Fläche des Oberschenkels brachte dem Kranken grosse Erleichterung, der sich nach vollendetem Verbande ganz wohl fühlte. Die inneren Schienen wurden mit Schleifen befestigt, die lange mit einem gewöhnlichen zusammengelegten Betttuche, das durch Nadeln, ein Band in der Dammgegend und ein um den Fuss gewickeltes Handtuch zusammengehalten wurde. Die Umschläge konnten ohne alle Störung des Gliedes früh und abends gewechselt werden.

Die folgende Nacht schlief der Kranke zum grossen Theil, klagte über keinerlei Schmerz in seinem Schenkel und nahm am dritten Tage feste Nahrung zu sich; der Puls zweiundsiebzig, die Zunge hielt sich meist feucht, obwohl etwas Durst vorhanden war. Der Schorf wurde wieder mit Säure bestrichen, und mit einem runden Stück Baumwolle bedeckt, um sein Ankleben an die Zinnkappe zu vermeiden. Die Umschläge brachten immer noch Erleichterung.

Am vierten Morgen frühstückte er nach einer gut durchschlafenen Nacht und klagte auch nicht mehr so stark über Durst; aber über der Bruchstelle zeigte sich an der vorderen Schenkelfläche ein leichter Anflug von Röthe, der sich am fünften Tage etwas vermehrte; zugleich waren Schenkel und Wade mehr geschwollen; die Zunge war an ihrem Grunde kleiig belegt und die Esslust nicht mehr so gut. So blieb es am sechsten Tage, dagegen waren am siebenten Röthe und Schwellung deutlich vermindert.

Am Ende der zweiten Woche war die Esslust wieder eine bessere, der Puls auf sechsundsiebzig gestiegen; unter dem Schorfe, der täglich mit Säure bestrichen wurde, war noch kein Tropfen hervorgekommen; die Umschläge liess ich noch nicht aussetzen.

Aber die Schwellung war noch vorhanden, ebenso erhielt sich die Röthe, wenn sie auch in der Ausdehnung und Entwicklung schwankte. An der Bruchstelle zeigte sich am funfzehnten Tage eine handflächengrosse, wellende Geschwulst, die ein wenig mehr weiter nach vorn sass als der Schorf. Abends bemerkte Dr. Cameron beim Wechsel des Umschlags mehr Eiter, als die oberflächliche wunde Stelle rings um den Schorf herum liefern konnte und am nächsten Morgen fand ich den übergelegten Flanelllappen eitrig durchtränkt, auch zwischen der Zinnschiene und der Haut eine beträchtliche Menge angesammelt und als ich nun die Zinnkappe entfernte, quoll unter dem vorderen Schorfrande der Eiter förmlich heraus, der aber frei von Geruch war und so meine Ansicht bestätigte, dass dieser Ausfluss nicht etwa durch eine Zersetzung unter atmosphärischen Einflüssen zu Stande gekommen war. Die lange Zeit, welche er zu seiner Ausbildung gebraucht hatte, sowie der gänzliche Mangel jeder ernsten allgemeinen Störung zeigten deutlich, dass die Karbolsäure dem beanspruchten Zwecke wesentlich genügt hatte, und war das beständige Aussickern des Blutes aus der kleinen Wunde dem Kranken zum Vortheile gewesen, indem es das Vordringen der Zersetzung nach innen bis zur Zeit seiner Aufnahme im Krankenhause verhindert hatte. Dass ergossenes Blut auch ohne äussere Verletzung eitrig werden kann, ist ja eine bekannte Erfahrung. Einen derartigen, Beachtung verdienenden Fall hatte ich neulich zu behandeln Gelegenheit. Ein Knabe war in einen Schiffsraum hinab auf seinen Kopf gefallen und ausser ernstlichen Gehirnerscheinungen zeigte sich mit einem Male ein auffälliges Hervortreten des rechten Augapfels, augenscheinlich von einem Blutaustritte in die Augenhöhle abhängig. Ich hoffte, das Blut würde sich aufsaugen, aber im Verlaufe weniger Tage nahm die Geschwulst eher zu als ab und der Knabe klagte über Schmerz oberhalb des Augenhöhlenrandes. Der Eiter machte sich auch dem Gefühl bemerkbar und nach seiner Entleerung durch einen Einschnitt nahm der Augapfel die natürliche Stellung wieder an.

Ich glaubte nun, dass der vorliegende Abscess gleicher Natur sein würde und auf früheren Erfahrungen fussend, dass eine etwa eintretende Zersetzung der Flüssigkeit sehr ernste Folgen dadurch nach sich ziehen kann, dass in dem noch geschwollenen Gliede die faulige Masse als Reiz wirkt, welcher in dem noch unvollendeten, wenig widerstandsfähigen Geweben eine sehr schnell sich ausdehnende Vereiterung veranlasst, hatte ich beabsichtigt mit Hülfe der Karbolsäure die Flüssigkeit so zu entleeren, dass einer Zersetzung vorgebeugt werden konnte. Allzu grosse Eile schien mir dabei nicht nöthig, weil der Abscess an seiner Zuspitzungsstelle der Oberfläche noch nicht nahe war; um so mehr musste die von selbst eintretende Entleerung mich unangenehm berühren.

Dennoch gab ich die Hoffnung nicht auf, da der Eiter keinen Geruch zeigte und der Schorf, unter dem er hervorquoll, mit Karbolsäure durchzogen war. Um letzteren an der Austrittsstelle des Eiters ungefähr um zwei Cm. zu verbreitern, legte ich ein entsprechendes, mit Säure gesättigtes Stück Lint über, das mit dem Eiter eine Art geronnene Masse bildete, die recht gut dem Schorfe entsprach. Nachdem noch aus dem Gliede eine ziemliche Masse grünlich weissen Eiters von mässiger Dicke ausgedrückt war, wurde eine neue, den ganzen Schorf deckende Zinnkappe übergelegt, und der Umschlag wie bisher fortgesetzt.

Am nächsten Tage liess sich die Wiederanfüllung des Abscesses nachweisen, eine weitere Entleerung war nicht erfolgt; nach Entfernung der Zinnkappe zeigte sich am oberen Schorfrande eine neue Austrittsstelle, welche wie die erstere behandelt wurde; dann durchtränkte ich den ganzen Deckschorf mit Säure, liess auch für diesen Zuwachs die Zinnkappe einrichten und mit den Bähungen fortfahren. Der ausgedrückte, sorgfältig gesammelte Eiter wog ungefähr neunzig Gramm, hatte eine gelblich weisse Farbe, mässige Dicke und nur den Geruch nach Karbolsäure.

Die genannte Behandlungsweise wurde nun im Laufe der Woche mit dem besten Erfolge beibehalten. Gewöhnlich bemerkte man früh und abends etwas Eiter am Flanell, etwas wurde auch aus der letzten Oeffnung herausgedrückt; die Masse selbst aber hatte sich doch sehr schnell vermindert, wurde dünner, durchsichtiger und blieb frei vom Geruche. Bemerkenswerth war die Art und das Maass dieser Verminderung: am Morgen des siebzehnten Tages wurden fünfundvierzig Gramm der Flüssigkeit gesammelt, die dünner als früher war; am achtzehnten ungefähr neun Gramm entschieden noch dünneren Eiters; am neunzehnten ein Gramm, fünfundachtzig Centigramm wieder viel dünner und durchscheinender; am zwanzigsten ungefähr neun Decigramm, funfzehn Centigramm von ähnlicher Beschaffenheit und endlich am einundzwanzigsten sechs Tropfen, die fast ganz hell waren. Abends zeigte der Flanell keinerlei Spuren, auch liess sich nichts aus der Wunde herausdrücken. Die Wade, die zur Zeit der Abscessöffnung merklich geschwollen war, nahm wieder an Umfang stetig ab und auch die Gegend der Bruchstelle verlor ihre frühere Geschwulst, so dass das obere Bruchstück wieder deutlich gefühlt werden konnte. Das Allgemeinbefinden besserte sich wesentlich, die Zunge wurde ganz rein, der Puls hielt sich auf zweiundsiebzig und zum ersten Male seit seiner Aufnahme zeigte der Kranke eine kräftige Esslust.

Ich vermuthe, diese Besserung machte uns etwas zu sorglos in unserer Ueberwachung der Zersetzung. Gleichviel, ob es so war, die weitere Erfahrung hat gezeigt, dass der eingeschlagene Weg nicht volles Vertrauen verdiente und wäre ich schon damals mit der Behandlungsweise vertraut gewesen, die ich in einem späteren Abschnitte mittheilen werde, wie verschieden würde das Ende dieses Falles gewesen sein.

Am zweiundzwanzigsten Tage war wieder Eiter am Flanell, beim Drucke entleerten sich zwei bis drei Tropfen mit deutlichem Zersetzungsgeruche und mit einigen Gasbläschen vermischt. Da jetzt das Festhalten des Schorfes ganz nutzlos gewesen wäre, entfernte ich ihn, und fand, dass der Eiter sich ganz neue Austrittsöffnungen in der Haut erbrochen hatte, während das ursprüngliche Gerinnsel noch die eigentliche Wunde deckte. Im weiteren Verlaufe des Tages befand sich der Kranke recht unwohl, abends konnten wieder funfzehn Gramm Eiter mit vielen Bläschen vermischt ausgedrückt werden; aber die Nacht war leidlich und am Morgen des dreiundzwanzigsten Tages hatten sich nur sieben und ein halbes Gramm Eiter angesammelt, der dicker und dunkler war, deutlich unangenehm roch und Gasbläschen enthielt; auch am Flanell klebte etwas Eiter und über der Bruchstelle hatte sich die Geschwulst wieder eingefunden.

War auch bei dieser Behandlungsweise des Abscesses nicht Alles erreicht worden, was angestrebt war, jedenfalls hatte ich doch das Wesentliche erlangt, dass während der Zeit, in welcher die Zersetzung verhindert wurde, die Kräftigung und Vereinigung des Oberschenkels so weit vorgeschritten war, dass an ernste Zwischenfälle kaum noch gedacht werden konnte. Die Eiterung griff nicht über das genannte bescheidene Maass hinaus und das Allgemeinbefinden wurde nicht weiter gestört. Die Anwendung der Karbolsäure war nun nicht mehr erforderlich, das Geschwür wurde einfach verbunden, so dass ein freier Abfluss stattfinden konnte, zu dessen grösserer Erleichterung später noch eine kleine durchlöcherte Gummiröhre eingelegt wurde; ein trockner Flanell vertrat die Stelle der Bähung. — Unter dieser Behandlung besserten sich die örtlichen Erscheinungen, der Eiter verminderte sich an Masse, wurde wieder dünner und durchsichtiger und auch die Wadenschwellung nahm stetig ab.

Da aber die Wunde sich immer noch nicht schliessen wollte, so führte ich nach vierzehn Tagen ruhigen Abwartens am zweiten Dezember die Sonde ein, welche mir die Gewissheit gab, dass wir es nun mit der langweiligen Abstossung des Knochens zu thun haben würden, denn ich fand beim Abwärtsgleiten der Sonde eine ziemlich umfangreich entblösste Knochenoberfläche des untern Bruchstückes. Wäre hier nicht die Zersetzung des Eiters hinzugekommen, so hätten gewiss wie im vorigen Falle die Fleischwärzchen den todten Knochen überwuchert und aufgesaugt und die Thatsache dieses Knochenbrandes wäre dann gar nicht zu unserer Kenntniss gekommen. Auch hierfür hoffe ich den Beweis im nächsten Abschnitte geben zu können.

So erhielt sich der Zustand des Kranken in zufriedenstellender Weise für eine lange Zeit, und Anfang Februar war der Knochen so fest, dass wir die Schienen abnehmen konnten und nur noch einen Kranken mit beschränkter Knochenabstossung vor uns hatten; das Kniegelenk war gut beweglich, an der Genesung mit brauchbarem Gliede war wohl kaum noch zu zweifeln.

Da trat mit einem Male eine Blutung aus der Höhlung des kranken Knochens ein, die wegen ihrer geringen Menge und ihrem freiwilligen Aufhören nicht von den Fleischwärzchen abhängig war, wie mein Gehülfe erst vermuthete; am elften Februar wiederholte sie sich so ausgiebig, dass das Blut durch das Bett drang und abtropfte, noch ehe sie überhaupt bemerkt wurde; der Kranke lag pulslos da, erholte sich zwar etwas, blieb aber äusserst schwach und unfähig die geringste Nahrung zu sich zu nehmen. Da die Kniekehlenschlagader am untern Ende des Schenkels zu fühlen war, so lag die Vermuthung nicht so fern, dass die Blutung vielleicht aus einem kleineren Zweige stammte, der sich schliessen könnte. Später klärte es sich indessen auf, dass die Blutung aus einer runden Oeffnung des Hauptgefässes kam, welches ohne Zweifel durch den Druck eines unregelmässigen Vorsprungs des untern Bruchstückes entstanden war. Diese Blutungen wiederholten sich; von meinen Versuchen der Unterbindung, den Vorbereitungen zur Transfusion will ich nicht weiter reden. Der Mann starb am fünfundzwanzigsten Februar.

Die folgenden vier Fälle (VII. VIII. IX. X.) verdanke ich freundlichen Mittheilungen meiner Genossen.

VII. Fall. M. M. zweiundsechzig Jahr alt, wurde am dreizehnten August 1866 Abends in Morton's Abtheilung aufgenommen, nachdem sie beim Fallen auf der Treppe einen zusamsammengesetzten Bruch des rechten Oberarmes sich zugezogen hatte. Ein hinzugerufener Arzt vermochte nicht die Blutung zu stillen, wesshalb die Kranke ihre Zuflucht zum Hospitale nahm. Beim Abnehmen des angelegten Verbandes fanden sich beide Knochen ein wenig über dem Handgelenke zerbrochen, in einer Wunde an der äusseren Seite lag ein losgelöstes Bruchstück der Speiche von der Grösse eines Zwanzigpfennigstückes, nach dessen Entfernung zur Stillung des Blutes Karbolsäure reichlich in die Wundhöhlung gebracht wurde, was aber die Blutung eher steigerte. Dagegen stand sie sofort, nachdem man die Oeffnung durch ein mit Karbolsäure getränktes Stück Lint verschlossen hatte. Darüber wurde eine Mischung von Blut und Karbolsäure gelegt, bedeckt mit trockenem Lint, und das Glied zwischen zwei wohlgepolsterte Gooch'sche Schienen gebettet, die eine Rollbinde in Lage hielt. Fünf Tage blieb der Verband ungestört liegen, dann nahm man ihn ab und überzeugte sich, dass das Stück Lint, obwohl mit Blut gesättigt, doch ganz trocken war und mit der unterliegenden Schicht sich fest vereinigt hatte. Nach Betupfung des Deckschorfes mit Karbolsäure wurde der Verband wieder angelegt, die Kranke hatte auch nicht die leiseste Klage. —

Am zwölften Tage wurde der Verband von Neuem entfernt, wobei sich fand, dass das in die Wunde eingelegte Lint theilweise herausgedrängt war; unter ihm lag eine eiterfreie heilende Fläche, die von jetzt ab mit Karbolsäure — ein Theil auf sieben Theile Olivenöl — verbunden wurde; die Schienen blieben bis zum achten September liegen, an welchem Tage die Wunde geheilt war und die Knochen sich fest vereinigt hatten. — Es mag nicht unbeachtet bleiben dass das mit Säure getränkte, zur Blutstillung eingelegte Stück Lint keine Eiterung veranlasste, die nie ausbleibt, wenn man ein trockenes Stück in eine Wunde bringt.

VIII. Fall. S. B. dreizehn Jahre alt, hatte beide Oberschenkel zerbrochen, indem er, von der einen Kugel eines Dampfregulators erfasst, gegen eine eiserne Säule geschleudert wurde. Der rechte Oberschenkel war einfach zerbrochen, der linke an der Verbindung zwischen dem oberen und mittleren Drittel insofern zusammengesetzt, als sich hier eine ungefähr acht Cm. lange, zerrissene Wunde vorfand, die, am oberen Theile sitzend, von der Mitte der inneren Fläche quer nach hinten verlief und in ihrem Grunde das obere etwas abgelenkte Bruchstück erblicken liess, das anfänglich, unmittelbar nach geschehenem Unfalle aus der Wunde herausgeragt haben soll, aber von einem herbeigerufenen Arzte zurückgebracht wurde, der auch sofort einen Nothverband anlegte. Die Blutung war nicht ernstlich; die Wunde wurde gründlich mit Karbolsäurelösung — ein Theil auf drei Theile Olivenöl — ausgewaschen und dann mit einer Mischung aus Blut und unverdünnter Karbolsäure, die auf Lint gebreitet war, bedeckt, welche noch eine durch Schlingen befestigte Zinnblechhülle erhielt. Nach der Einrichtung des Bruches und seitlicher Anlegung Gooch'scher Schienen wurde eine leichte Streckung durch Pflasterstreifen, die um den Unterschenkel angelegt waren, und durch Befestigung am Kopf- und Fussende des Bettes unterhalten. Der rechte Schenkel fand durch die gewöhnliche lange Schiene seine Unterstützung.

Am nächsten Tage wurde der Schorf mit Karbolsäure bestrichen und mit einer heissen Bähung bedeckt. Da er am dritten Tage irrthümlich entfernt worden war, so wurde nun die weitere Behandlung nach denselben Grundsätzen fortgesetzt, d. h. auf die Wunde täglich zweimal Lint gelegt, das mit der genannten öligen Säurelösung durchtränkt war und die frühere Zinndecke erhielt; auch die Bähungen wurden beibehalten. Das Glied blieb frei von Röthe, Schmerz und Schwellung, ebenso fehlte jede allgemeine Störung.

Am sechsten Tage jedoch stellte sich etwas Fieber ein, das ohne besondere örtliche Erscheinungen bis zum zwölften anhielt, an welchem Tage in der Mitte der Wunde, die sich mit einer weisslichen Kruste bedeckt hatte, eine geringe Hervorwölbung und deutliche Wellung der Flüssigkeit bemerkt wurde. Nach Entfernung der Kruste quollen zweihundertvierzig Gramm vollständig geruchlosen Eiters hervor; mit der Sonde war blosser Knochen nicht aufzufinden. Die Abscesshöhle wurde mit derselben Säurelösung ausgewaschen und der Verband wie bisher fortgesetzt. Das Fieber schwand und die Höhle zog sich schnell zusammen, so dass sie in wenig mehr als vierzehn Tagen sich gänzlich geschlossen hatte. Sechs Wochen nach dem Unfalle war die Wunde vollständig geheilt, beide Oberschenkelknochen hatten sich fest vereinigt und beide Glieder ihre normale Länge bewahrt; in der siebenten Woche vermochte der Kranke zu gehen.

Dieser Fall hat das besondere Interesse, dass sich ähnlich wie im sechsten ohne atmosphärischen Einfluss ein Abscess bildet, der in den ersten fünf Tagen keinerlei Allgemeinerscheinungen hervorruft, umschrieben bleibt und dessen Eiter ohne allen Geruch ist. Die Eiterung kommt hier eben zu Stande, wie nach einer heftigen Quetschung ohne Hautzerreissung. Die günstige Wirkung der mit Oel verdünnten Säure könnte die Frage anregen, ob überhaupt nicht dies Verfahren den Vorzug verdiente, da auch mein Gehülfe, Herr Dr. Cameron bei einem zusammengesetzten Bruche der Ellbogenröhre am Handgelenke und einer schweren Quetschung des Handrückens mit Bruch eines Mittelhandknochens gleich gute Erfolge erzielte.

Aber wenn man bedenkt, wie viel auf dem Spiele steht und wie des Kranken Leben von der gänzlichen Zerstörung der in die

Wunde gedrungenen Zersetzungs-Keime abhängt, so denke ich wird es doch vorsichtiger sein, wenn wir uns der gewissen kräftigen Wirkung der reinen Säure versichern, besonders da wir ja hinlängliche Beweise haben, dass ihre ätzende Wirkung von keiner ernsten Störung begleitet ist.

IX. Fall. W. C. dreiunddreissig Jahre alt, erhielt durch einen überfahrenden Omnibus einen zusammengesetzten Bruch des linken Schienbeins; die Bruchstelle lag siebzehn Cm. lang in der Wunde frei, die benachbarte Haut hatte sich gegen fünf Cm. weit von den unterliegenden Geweben abgehoben, die Blutunterlaufung ziemlich weit über den Schenkel hin verbreitet und ausserdem fehlten auch andere Zeichen einer schweren Quetschung nicht.

Anderthalb Stunden nach dem Ereigniss wusch Dr. Forsyth die Wunde mit unverdünnter Karbolsäure tüchtig aus, legte dann Lagen von Calico über, die mit dieser getränkt waren und, um einen genügend festen Schorf zu bekommen, darüber noch eine Schicht mit Säure untermischten Kleisters. Das Ganze schützte er durch ein Stück Zinnblech, das mit einer Binde befestigt wurde. Der Unterschenkel selbst erhielt einen entsprechenden Verband, nach dessen Anlegung der stumme Kranke seine Befriedigung, frei von irgend welchen Beschwerden zu sein, zu erkennen gab.

Am nächsten Tage wurde nach vorsichtiger Entfernung des Zinns der Schorf mit Säure bepinselt, dann mit dem Zinnblech wieder überdeckt und eine heisse Bähung über Schenkel und Fuss gelegt. Puls sechsundneunzig, Zunge rein, Esslust gut. Erst am dreizehnten Tage wurden die Umschläge weggelassen und die losen Schorfränder mit der Scheere entfernt; die dadurch frei gewordene gute Geschwürsfläche erhielt einen Wasserverband, der Schorfrest aber wurde mit Karbolsäure weiter behandelt. Eiterung und Störung des Allgemeinbefindens fehlten.

Am siebzehnten Tage wurde der ziemlich gelockerte Schorf entfernt, wodurch eine gesunde, körnig aussehende Fläche zum Vorschein kam, die den Knochen überall deckte, nur am untern Ende eine Spur von Eiter zeigte und bei der einfachsten Behandlung schnell heilte. Der Kranke wurde wegen eines Kopfleidens erst in der achten Woche entlassen; der Zustand seines Unterschenkels hätte eine frühere Entlassung ermöglicht.

Die hier benutzte Kleisterpaste zur Verstärkung des Schorfes habe ich selbst verschiedene Male da recht nützlich gefunden, wo die Blutung aus der Wunde nur gering war.

X. Fall. Thomas M'B., Arbeiter, zweiundfünfzig Jahre alt, aber älter aussehend, wurde am zweiten Januar 1867 im Krankenhause aufgenommen, mit einem offenen Bruche des linken Unterschenkels im unteren Drittel, der durch Ueberfahren eines Lastwagens entstanden war; mit der Bruchstelle stand eine äussere vier Cm. lange Wunde in Verbindung, die das Schienbein theilweise entblösst zeigte und viel Blut aussickern liess; ausserdem waren noch die umgebenden Gewebe schwer gequetscht. Zunächst wurde unverdünnte Karbolsäure mittelst eines Stückes Lint reichlich auf die ganze Wunde gebracht, dann ein Schorf von Blut und Säure gebildet, Lint darüber gedeckt und das Ganze mit einem Stücke wohlgebuckelten Zinnes geschützt, das gross genug war, mit einem kleinen Rande auf die benachbarte Haut noch überzugreifen. Die Bruchstücke wurden in passende Lagerung gebracht, durch zwei seitliche Schienen darin unterhalten und mit einer heissen Bähung bedeckt. Der Kranke sprach seine volle Zufriedenheit über seinen Zustand aus; der Puls fünfundsechzig.

Die Nacht verlief ruhig, andern Tages keine Spur von Schmerz, die Zunge rein und feucht, der Puls vierundsiebzig. Der Schorf wurde vierzehn Tage lang mit der Säure täglich bestrichen und ebenso lange der Umschlag beibehalten; während dieser ganzen Zeit zeigte sich im Gliede nicht der geringste Schmerz, noch Röthe oder Eiterung, das Allgemeinbefinden blieb ungestört, die Zunge rein und der Puls schwankte nur zwischen zweiundsiebzig und vierundachtzig.

Ich war zugegen als man am achtzehnten Tage den Schorf abnahm; auch nicht ein Tropfen Eiter war zu bemerken; im Gegentheile, die durch die erste Auftragung der Säure bewirkten oberflächlichen Hautschorfe hatten sich noch nicht ein Mal abgehoben. Die Fläche wurde mit einfachen Wasserverbänden bedeckt und nahm bald das Ansehen eines gewöhnlichen, gut heilenden

Geschwüres an, das ohne Unterbrechung zur Vernarbung kam. Sechs Wochen und drei Tage nach der Verletzung war der Kranke genesen, die Schienen wurden entfernt, die Knochen hatten sich genügend vereinigt.

Dieser Fall giebt ein treffliches Beispiel für die Behandlung eines offenen Bruches mit Karbolsäure; kein einfacher Bruch konnte weder örtlich noch allgemein mit weniger Störung verlaufen.

XI. Fall. Der folgende, allerdings nicht ganz vollständig mitgetheilte Fall hat durch ein begleitendes Hinzukommniss ein besonderes und allgemeines Interesse, nämlich durch das Emphysem des Gliedes, welches sich vor der Aufnahme des Kranken gebildet hatte, indem durch die äussere Wunde Luft eingetreten war, die sich durch gewisse pumpende Bewegungen der Bruchstücke in Folge der grossen Unruhe des Kranken oder der Sorglosigkeit der Begleiter immer mehr in die Gewebszwischenräume verbreitet hatte. Auf den ersten Blick kann es allerdings scheinen, als wenn unter solchen Umständen die Verhütung der Zersetzung des Blutergusses unmöglich sei, denn es würde ja sonst die Anwendbarkeit der Karbolsäure auf alle lufterfüllten Gewebe gar nicht mehr in Frage stehen. Der Fall aber wird zeigen, wie meine lang genährte Hoffnung nicht so unbegründet war, dass nämlich bei allmäligem und geringfügigem Eintreten der Luft die in ihr schwebenden Lebensformen durch das Blut, mit dem sie zuerst in Berührung kommen, aufgehalten werden und eine Zeit lang auf die Nachbarschaft der äusseren Wunde beschränkt bleiben möchten, in welchem Falle es dann möglich sein könnte, durch Herausdrücken des Blutes und Einführen der Karbolsäure die Ursachen der Zersetzung zu entfernen, da die blosse atmosphärische Luft, auch wenn noch so reichlich vorhanden, gänzlich unschädlich ist.

John S., fünfundfunfzig Jahr alt, war am vierten April 1867 im trunkenen Zustande aus einem Fenster funfzehn bis zwanzig Fuss herabgefallen und hatte beide Unterschenkelknochen zerbrochen. In seine Wohnung hinaufgebracht, schlug er wie ein Rasender um sich herum, für die Ruhe des Beines konnte in keiner Weise genügend gesorgt werden und als er endlich in das ziemlich entfernte Spital gebracht wurde, bewegte er in trunkner Sorglosigkeit unaufhörlich den gebrochenen Schenkel. Seine Freunde gaben an, dass der Blutverlust sehr reichlich gewesen sei, wofür auch der um das Glied gelegte durchtränkte Verband sprach. Eine ungefähr anderthalb Cm. lange Wunde sass grade über dem Schienbeinkamme, an der Vereinigung des mittleren und unteren Drittels und stand augenscheinlich mit der um so viel tiefer liegenden Bruchstelle in Verbindung. Sie blutete reichlich und das ganze Glied war durch ergossenes Blut beträchtlich geschwellt. Ueber der Bruchstelle waren die Gewebe lufthaltig, so dass zehn Cm. über und fünf Cm. unterhalb der Wunde das kennzeichnende Knistern deutlich vernommen werden konnte; ein Gleiches war an der entgegengesetzten Seite über dem Wadenbeine zu bemerken. Das aus der Wunde reichlich austretende Blut war mit grösseren und kleineren Luftbläschen untermischt und schaumig. Die Bruchstücke waren stark aus der Lage und der Fuss bedeutend nach auswärts gedreht.

Dr. Cameron führte nun, nachdem so viel Blut als möglich aus der Wunde gedrückt war, geschmolzene krystallisirte Karbolsäure nach allen Richtungen hin ein, soweit er nur einzudringen vermochte, ungefähr fünf Cm. unter der Haut hin und vier Cm. in die Tiefe und liess das letzte dazu verwandte Stückchen Calico als verschliessenden Pfropf in der Wunde liegen, um die durch das Aetzen gesteigerte Blutung zum Stehen zu bringen. Darüber legte er nun mehrere mit Karbolsäure und Blut getränkte Lagen Calico, bedeckte den reichlich dicken Schorf, der die Haut noch ungefähr anderthalb Cm. breit überragte, mit einer gut angepassten, ein wenig grösseren Zinnkappe und befestigte das Ganze mit einigen Bindenumgängen. Nach Einrichtung der Knochenbruchstücke kam eine Pappschiene, die zeitweise durch eine Gooch'sche verstärkt wurde, an die äussere Seite des Unterschenkels und Fusses zu liegen und das Glied selbst wurde mit gebogenem Knie auf die äussere Seite gelagert. Der Kranke äusserte seine Zufriedenheit über die bedeutende Erleichterung des Schmerzes; Puls hundert. Zwei Stunden später musste des noch immer aussickernden Blutes wegen die Zinnkappe mit einem zusammengefalteten Bausche fester angedrückt werden. Das Glied schwellte immer mehr an in Folge des inneren Blutergusses, der zweifellos mit den zuckenden schleudernden Bewegungen in Zusammenhang zu bringen war, an denen der Kranke in seinem bewusstlosen Zustande nicht hatte gehindert werden können. Der angewandte Druck stillte wohl ziemlich die äussere Blutung, vermochte aber nicht auf die innere einzuwirken. Zwei Stunden später bat Dr. C. um meinen Rath. Ich empfahl die Anlegung einer gut gepolsterten inneren Schiene, um den Bruchstücken mehr Ruhe zu geben und so die Reizung zu beseitigen, welche die Blutung unterhielt. Beim Entfernen des Bausches fand Dr. C., dass die Neigung zum Aussickern zwar gewichen war; aber der jetzt nüchterne Kranke zeigte sich immer noch so unruhig, dass die innere Schiene trotzdem angelegt und eine Morphiumlösung unterhautlich eingespritzt wurde, die indess ohne Wirkung blieb.

Am andern Morgen stellten sich die Folgen des Rausches ein; er klagte über allgemeine Müdigkeit und Unbehagen, nahm aber trotzdem mit Lust sein Frühstück; der Puls fiel auf sechsundsiebzig. Die Schorfoberfläche wurde zwei Mal mit Säure bestrichen und eine heisse Bähung auf die innere Schenkelfläche gelegt, darüber kräftiges Zinnblech, um als innere Schiene zu dienen und die Wirkung des Umschlags zu unterstützen. Im Gliede hatte der Kranke, abgesehen von gelegentlichem Zwicken, keinerlei Unbehagen und ass abends sehr gut; der Puls blieb derselbe. Der Schorf wurde wieder bestrichen, die Bähung erneuert und eine zweite Morphiumeinspritzung gemacht.

Die Nacht war wieder schlaflos, der Puls am Morgen neunzig, aber das Glied frei von Schmerz und entzündlichem Anfluge, auch schmeckte das Frühstück recht gut. Weil ich den Ausbruch des Säuferwahnsinns fürchtete, verordnete ich abends eine kräftige Gabe Morphium, die zwar einen fünfstündlichen Schlaf herbeiführte, aber keine weitere Nachwirkung hatte. Der Kranke wurde immer unruhiger und am Morgen mit vollständig gestrecktem, auf der Wade statt auf der äusseren Fläche ruhenden Schenkel liegend gefunden. Obwohl der Puls auf neunzig blieb, der Zustand des Gliedes sowohl wie die Esslust nur wünschenswerth erscheinen mussten, zeigten sich doch nachmittags die unzweideutigsten Zeichen des Wahnsinns. Ich verordnete ol. Ricini, dem sofort nach der Wirkung eine starke Gabe Morphium folgen sollte, die unter Umständen zu wiederholen wäre. Die Wirkung war eine gute, der Kranke schlief ziemlich die ganze Nacht und blieb von da an ruhig und vernünftig.

Der weitere Verlauf war ein durchgängig genügender. Am zehnten Tage war der Puls sechsundsiebzig, die Esslust trefflich und das Ansehn das eines gesunden Mannes; das Glied war frei von Schmerz, die Geschwulst geschwunden und die Haut von natürlichem Ansehen. Seit dem zweiten Tage hat sich auch nicht die geringste Entleerung unter dem Schorfe gezeigt, der täglich mit Karbolsäure weiter bestrichen wurde, auch die Umschläge wurden nicht ausgesetzt, da sie dem Kranken wohlthuend waren.

Ich glaube zu der Annahme berechtigt zu sein, dass alle Gefahr vorüber ist und dass der offene Bruch sich in einen einfachen verwandelt hat, eine Meinung, die ich auch neun Tage später noch festhalten kann, gestützt auf den guten Fortgang.

b) Vorläufige Bemerkungen über Abscesse.

Ohne einer eingehenden Arbeit über diesen Gegenstand, die hoffentlich recht bald in der Lancet erscheinen wird, vorgreifen zu wollen, halte ich es für meine Pflicht, ein neues Verfahren der Abscessbehandlung nicht länger den Aerzten vorzuenthalten, da recht gute Erfolge damit erzielt sind.

Sie beruht, wie die der offnen Brüche, auf dem antiseptischen Grundsatze, nur wird die Karbolsäure entsprechend den veränderten Verhältnissen etwas anders angewandt. Dort hat man es mit einer zerrissenen Wunde zu thun, die vielleicht stundenlang vor dem ersten Verbande der Luft ausgesetzt gewesen ist und bereits die Urheber der Zersetzung, die atmosphärischen Keime in sich aufgenommen hat, welche durch kräftige Anwendung der Karbolsäure gründlich zu zerstören Aufgabe der Behandlung sein muss. Im ungeöffneten Abscesse dagegen sind der allgemeinen Regel nach keine septischen Lebensformen zugegen, so dass die Einführung der Säure in das Innere zwecklos ist; hier gilt es dem Eindringen jener von aussen in derselben Zeit entgegenzutreten, in der für einen freien Austritt der Flüssigkeit Sorge getragen wird.

Zu dem Zwecke tränkt man ein Stück Zeug von zehn bis funfzehn Cm. im Geviert mit einer Lösung der krystallisirten Säure in gekochtem Leinöl — eins zu vier — und legt es da über die Haut, wo der Einschnitt gemacht werden soll; dann lässt man von einem Gehülfen die obere Hälfte dieser Ueberlage fest andrücken, damit sie nicht abgleitet, lüftet die untere etwas, stösst nun das Messer, dessen Spitze in die Lösung getaucht ist, in die Abscesshöhle hinein, so dass eine Oeffnung von vielleicht zwei Cm. Länge entsteht und deckt in demselben Augenblicke das abgehobene Zeugende als eine Art antiseptischen Vorhangs wieder zurück, in dem man das Messer herauszieht. Der Eiter fliesst nun unter der Decke hervor und wird durch derben Druck so früh wie möglich vollständig entleert; die frühere Furcht vor einer rauhen Behandlung des sogenannten Eiterpfropfens ist unbegründet. Bei starkem Blutausflusse oder dicker Abscesswand legt man lieber ein Stück getränkten Lints in die Oeffnung, um die Blutung zu stillen oder einer zu frühen Vereinigung der Wundränder entgegen zu treten, was natürlich möglichst schnell und unter dem Schutze der antiseptischen Decke geschehen muss. So wird nun allerdings der ursprüngliche Inhalt der Abscesshöhle mit vollständiger Sicherheit entleert, aber das kann noch nicht genügen; es kommt vielmehr darauf an, auch der Zersetzung der weiter abfliessenden Entleerungen vorzubeugen. Nach zahlreichen missglückten Versuchen habe ich endlich ein Verfahren aufgefunden, das unbedingtes Zutrauen verdient.

Ungefähr sechs Theelöffel der genannten Lösung werden mit so viel gewöhnlicher Schlemmkreide zusammengemischt, dass das Ganze die Dicke einer festen Paste annimmt und eigentlich nur Glaserkitt mit etwas Karbolsäurezusatz darstellt. Diese Masse breitet man mit einem Messer oder mit der Hand auf ein Stück Zinnblech von ungefähr fünfzehn Cm. im Geviert einen reichlichen Cm. dick, aus, kann aber auch gewöhnliches Staniol benutzen — was unter Umständen wegen seiner grösseren Schmiegsamkeit sogar den Vorzug verdient — wenn man es wegen der leichten Zerreisslichkeit mit Heftpflaster unterstützt. Diesen Kitt legt man nun, nachdem die frühere Schutzdecke unmittelbar vorher weggezogen ist, auf den Abscess auf, sorgt, dass die Mitte der Oeffnungsstelle genau entspricht, umgiebt ihn mit Heftpflasterstreifen, die nur den unteren Rand zum Eiterabflusse frei lassen, legt zur Eiteraufnahme ein zusammengelegtes Stück Zeug über und befestigt das Ganze mit einer Binde. Die Vorzüge dieses Verbandes bestehen darin, dass das Zinn die Verdampfung der Karbolsäure besser verhindert als irgend ein organisches Gewebe, z. B. Wachstaffet oder Guttapercha; die Paste enthält die Karbolsäure in einem hinlänglich verdünnten Zustande, um einem Wundwerden der Haut vorzubeugen und dient doch auch gleichzeitig in den Zwischenräumen des Verbandwechsels als Behälter für jene. Ihre fettige, zähe Beschaffenheit schützt sie vor dem Abheben durch die Absonderungen, die ungehindert abfliessen können, wie sie aus der Oeffnungswunde heraustreten und durch den Umfang der Decke vor Zersetzung sicher gestellt werden. Endlich darf auch die Reinlichkeit dieses Verbandes nicht gering angeschlagen werden, der leicht von der Umgebung des Kranken hergestellt werden kann. Die Paste hält sich auch, wenn man sie für mehrere Tage im voraus anfertigt, nur muss man sie dann in einer Zinndose aufbewahren. — Gewöhnlich wird der Verband ein Mal täglich gewechselt und nur bei grossen Abscessen mit starken Entleerungen empfiehlt es sich, nach den ersten zwölf Stunden eine neue Paste überzulegen, um nicht die zersetzungswidrige Kraft derselben auf eine zu scharfe Probe zu stellen. Bei dem Wechsel verfährt man streng planmässig; man hält ein ähnliches Stück Zinn, mit der Paste überlegt, vorräthig, ebenso ein mit Säure getränktes Verbandstück, das sofort über die Oeffnung gelegt wird, sobald die alte Paste entfernt ist und liegen bleibt, so lange mit einem trockenen Stück Zeug die Haut gereinigt und die Abscesshöhle durch Druck entleert wird. War nach Eröffnung des Abscesses ein Lintpfropf eingelegt worden, so wird er unter dem Schutze der antiseptischen Decke entfernt, die man wieder wegnimmt im Augenblicke, wo die neue Zinnkappe aufgesetzt wird.

Eine genaue Kenntniss der hier obwaltenden pathologischen Verhältnisse hätte uns diese Erfolge vorhersagen können. Die sogenannte „pyogene Membran“ hat keine ursprüngliche, ihr innewohnende Neigung Eiter zu bilden, sie thut es nur unter dem Einflusse eines widernatürlichen Reizes. In einem gewöhnlichen Abscesse, gleichviel ob er schnell oder langsam sich entwickelt, tritt die ursprüngliche Veranlassung, welche zur Eiterung führte, ausser Kraft und der Reiz, welcher die fortgesetzte Eiterbildung bestimmt, rührt nun von der Gegenwart des im Innern andrängenden Eiters her. Wird der Abscess in der gewöhnlichen Weise geöffnet, dann muss diese Ursache der Reizung verschwinden, aber an ihre Stelle tritt jetzt der mächtige Reiz der Zersetzung. Eröffnet man ihn dagegen in der geschilderten antiseptischen Weise, dann muss nach der Annahme die „pyogene Membran", von der Einwirkung des früheren Reizes befreit und ohne Hinzutreten eines neuen aufhören, Eiter abzusondern, während der Kranke in gleicher Weise Erleichterung fühlen wird von jeder örtlichen oder allgemeinen Beschwerde, die im Abscesse ihren Ausgangspunkt hatte und weder Reiz- noch Abzehr-Fieber zu fürchten braucht, was mit Recht bisher bei grossen Abscessen so gefahrdrohend dastand.

Und diese Annahme findet ihre vollständige thatsächliche Bestätigung. In grossen Abscessen wird nach der Entleerung des ursprünglich gebildeten Inhalts kein Eiter mehr gebildet, die Absonderung wird wässrig und kann nach einigen Tagen nur noch nach Tropfen innerhalb vierundzwanzig Stunden geschätzt werden. Ob der Abscess an einer abhängigen Stelle geöffnet ist oder nicht, kommt hierbei gar nicht in Betracht, denn die geringe Menge der reizlosen Absonderung entleert sich vollständig freiwillig in Folge der schnellen Zusammenziehung der Abscesswand. Gleichzeitig können wir sicher auf die Abwesenheit aller allgemeinen Störungen rechnen.

Als Erläuterung zu dem Gesagten kann ich den letzten von mir beobachteten Fall mittheilen, der eine junge fünfundzwanzig Jahr alte Frau betraf, die an einem Psoasabscesse litt, der sich in der letzten Zeit sehr schnell entwickelt hatte und unterhalb des Poupart'schen Bandes eine grosse Schwellung veranlasste; diese hing mit einer anderen zusammen, welche ziemlich beträchtlich am Unterleibe hinaufreichte und einen leeren Klopfton hören liess. Die Schenkelgefässe gingen zwischen beiden über der Verbindungsstelle herab. Vor sechs Tagen habe ich in der vorher geschilderten Weise den Abscess an der vorderen Oberschenkelfläche, wo er der Haut am nächsten lag, geöffnet und achthundertundzwanzig Gramm eines dünnen, mit zahlreichen geronnenen Massen untermischten Eiters entleert. Ich legte dann in die Oeffnung ein Stück mit der bekannten Lösung getränkten Lints, das auf vierundzwanzig Stunden jede weitere Entleerung hinderte und liess darauf weitere neunzig Gramm einer trüben wässrigen Flüssigkeit heraus, nachdem der Pfropf unter der antiseptischen Decke entfernt war. Innerhalb der nächsten drei Tage war kaum von einer Absonderung etwas zu spüren, da die unteren Theile der Einstichsöffnung sich geschlossen hatten; ein tieferer Druck dagegen liess noch funfzehn Gramm wässrige Masse heraustreten. Während der ganzen Zeit blieb der Allgemeinzustand durchaus befriedigend.

Obwohl eine Abweichung der Wirbelsäule in diesem Falle sich nicht nachweisen lässt, so ist es doch sehr wahrscheinlich, dass der Abscess mit einem Wirbelknochenfrasse zusammenhängt; aber trotzdem rechne ich auf einen günstigen Ausgang. Ich sehe in dem Knochenfrasse nichts weiter als die Zeit, den Zustand der Eiterung bei einer langwierigen Entzündung in einem kranken Gewebe und bin desshalb nicht erstaunt, wenn auch erfreut, hier die Neigung entzündlicher Erkrankungen im Allgemeinen zu finden: die Neigung zur freiwilligen Ausheilung nach Beseitigung des Reizes. Bei der Behandlung des Knochenfrasses hatte man bisher gegen die furchtbare Reizung anzukämpfen, welche durch den Zersetzungsstoff herbeigeführt wird, die unter Umständen bei schwächlichen Menschen oft genug ausreicht, selbst in Weichtheilen Verschwärung zu veranlassen. Trotzdem heilt er oft in dem kindlichen Körper aus, in welchem alle Gewebe eine regere Lebensthätigkeit zeigen. Kann also dieses hauptsächliche Hinzukommniss vermieden werden, dann liegt an und für sich kein Grund vor, auch bei Erwachsenen an einer Ausheilung des Knochenfrasses zu zweifeln. Und selbst wenn schon, wie es nicht selten geschieht, brandige Knochentheile vorhanden sind, braucht man die Hoffnung nicht aufzugeben, weil unsere Erfahrung bei der Behandlung offener Knochenbrüche mit Karbolsäure uns gezeigt hat, dass todter Knochen, falls nur die Zersetzung abgehalten wird, nicht nur keine Eiterung erzeugt, sondern sogar durch entzündliche Neugebilde aufgesaugt werden kann.

Seit jener Zeit nun habe ich die verschiedensten Knochenabscesse geöffnet, die mit der Wirbelsäule, der Hüfte, dem Knie, dem Knöchel und Ellbogen zusammenhingen und in allen Fällen habe ich gefunden, dass die Entleerung innerhalb weniger Tage sich minderte, in vielen schon nach vierundzwanzig Stunden ihr eiterartiges Kennzeichen verlor. Noch vor drei Tagen (am vierten Juli 1867) habe ich das Glück gehabt, bei einem Manne im mittleren Lebensalter, dem ich im Februar einen mit einer Knochenerkrankung zusammenhängenden Psoasabscess öffnete, den Eitergang ordentlich geschlossen zu finden. Obwohl die Entleerung innerhalb vierundzwanzig Stunden nur ein oder zwei Tropfen einer wässrigen Masse betrug, so war ich doch durch bittere Erfahrung nur allzusehr belehrt worden, dass, so lange ein Eitergang besteht, die schrecklichen Folgen der Zersetzung immer zu fürchten sind; um so grösser die Freude, dass in diesem Falle der Erfolg die Ausdauer krönte.

Aus diesen Gründen nehme ich auch keinen Anstand, die frühe Eröffnung solcher Abscesse zu empfehlen, weil, so lange sie ungeöffnet bleiben, die Knochenerkrankung nothwendig vorschreiten muss, während bei frühzeitiger antiseptischer Spaltung die Hoffnung einer stetig vorgehenden, wenn auch langsamen Genesung vorhanden ist.

Wenn auch selten, so kommt es doch wohl zuweilen vor, dass die Paste von der vorher genannten kräftigen Zusammensetzung die Haut wund macht, wenn sie zu lange gebraucht werden muss. Unter solchen Verhältnissen kann man bei sehr geringer Absonderung eine Mischung von eins zu fünf oder sechs nehmen.

Da die Auflegung der Paste die Vernarbung des kleinen Geschwürs verhindert, welches aus der Einstichsöffnung sich bildet und in Folge dessen immer Absonderung vorhanden ist, die es schwierig macht, zu entscheiden, ob der Eitergang sich geschlossen hat oder nicht, so thut man gut, zeitweise mit einer in das Oel eingetauchten und zwischen einer Falte der antiseptischen Schutzdecke eingeführten Sonde zu untersuchen. Es mag dies übertrieben erscheinen, aber wer nur ein Mal mit blossem Auge die Unmassen von Zersetzungskeimen erblicken würde, die in einem Kubikzolle der Luft eines Krankensaales schweben, der würde sich gewiss eher darüber wundern, dass überhaupt die antiseptische Behandlungsweise einen Erfolg haben kann, als irgend eine Vorsicht unterlassen.

Auf die Vereinfachung der Behandlung offener Knochenbrüche durch Anwendung der Paste ist schon früher hingewiesen worden; ihren weiteren Gebrauch bei antiseptischen Schnittwunden werde ich später zu berühren Veranlassung haben.

II. Ueber das Wesen der antiseptischen Behandlungsweise in der chirurgischen Praxis.

Vor mehreren Jahren mit einer Untersuchung über die Natur der Entzündung und die dabei in Betracht kommenden gesunden und krankhaften Blutzustände beschäftigt, hatte ich die Ueberzeugung gewonnen, dass als wesentliche Ursache der Wundeiterung die Zersetzung zu betrachten ist, welche entsteht, wenn äussere Luft auf das in den Wunden zurückgehaltene Blut oder Blutwasser oder, wie bei den Quetschwunden, auf die durch die veranlassende Gewalt zerstörten Gewebstheile einwirkt.

Die Eiterung mit allen ihren Folgen verhüten zu können, war eine dankenswerthe, hohe Aufgabe; ihre Lösung musste indess unerreichbar scheinen, so lange man im Sauerstoffe den zersetzenden Erreger vermuthete, dessen Abschluss hoffnungslos war. Aber seit Pasteur's schönen Untersuchungen über die wahre Natur dieses Vorganges brauchte man ja den Abschluss der Luft nicht mehr, wenn es nur gelang, mit irgend einem Stoffe die Zersetzungskeime derselben zu zerstören. Darauf gründete ich meinen Plan, den ich nun kurz auseinandersetzen will.

Der von mir benutzte Stoff ist die Karbolsäure, eine flüchtige organische Zusammensetzung mit einer eigenthümlichen, zerstörenden Einwirkung auf niedere Lebensformen und bis jetzt das kräftigste antiseptische Mittel, das wir kennen.

Die ersten Versuche machte ich mit offenen Knochenbrüchen, bei denen die Wirkung der Zersetzung eine ganz besonders heftige und verderbliche ist und erlangte Erfolge, die mich zu der

Behauptung berechtigten: dass alle die örtlichen entzündlichen Erscheinungen und allgemeinen fieberhaften Störungen, welche solchen schweren Verletzungen folgen, der reizenden und vergiftenden Einwirkung entspringen, welche die Zersetzung auf das Blut oder die Brandschorfe ausübt und dass andererseits solche Glieder, die sonst der Abnahme unrettbar verfallen müssen, erhalten werden können, weil man diesen Folgen durch die antiseptische Behandlungsweise entgegen zu treten im Stande ist.

Die erste Aufgabe der Behandlung muss demnach sein, die septischen Keime zu zerstören, die im Augenblicke des Unfalles oder später hineingekommen sein können. Dies geschieht, indem man ein Stückchen Zeug in die unverdünnte Säure eintaucht und mittelst einer gewöhnlichen Verbandzange in der ganzen Wunde herumführt und alle zugänglichen Nischen und Ausbuchtungen tüchtig damit bestreicht[2]). Anfänglich wagte ich ein so kräftiges Vorgehen nicht, bis mir die Erfahrung zeigte, dass, wenn man nur die Zersetzung fern hält, die Verbindungen der Karbolsäure mit dem Blute, den abgestorbenen Gewebstheilen, ja selbst mit den Knochen zur Aufsaugung und Umbildung verwendbar sind. Auch noch ziemlich spät nach der Verletzung sind wir noch im Stande, wirksam in dieser Weise vorzugehen, was bei einer anderen Behandlung nicht gut möglich sein würde. Ich habe in letzter Zeit einen Knaben mit einem offenen Unterschenkelbruche behandelt, der erst acht und eine halbe Stunde nach dem Unfalle aufgenommen wurde, trotzdem keinerlei örtliche oder allgemeine Störungen zeigte und nach fünf Wochen geheilt das Hospital verliess.

Die zweite Aufgabe der Behandlung muss darin bestehen, ängstlich darüber zu wachen, dass nicht etwa längs des noch mehrere Tage nach der Verletzung aussickernden Blutes oder Blutwassers die Zersetzung in die Wunde hineingelangt, denn die ursprünglich in Anwendung gekommene Säure kann ausgewaschen werden, oder sie wird aufgesaugt oder verdampft. Dieser Theil der Behandlung ist in den letzten Wochen wesentlich verbessert worden. Die von mir früher geübte Verbandweise: über die

Wunde ein Stück Lint, das in Karbolsäure getaucht wurde, so zu legen, dass es die umgebende Haut noch etwas überragt und darüber eine Zinnkappe zu decken, die täglich vorsichtig abgenommen wird, um die Oberfläche des Lints mit dem Antiseptikum zu bestreichen — ist bei kleineren Wunden sehr vortheilhaft und von mir stets mit glücklichem Erfolge benutzt worden. Bei grösseren dagegen mit starkem Blut- oder Wasserergusse, wie er namentlich in den ersten vierundzwanzig Stunden einzutreten pflegt, ist dieses Verfahren nicht gut verwendbar, weil hier die gesunde Haut in einer Breite mit überdeckt werden müsste, dass ein bedenkliches Absterben derselben in Folge der ätzenden Säurewirkung unausbleiblich wäre. Dieser Uebelstand wird leicht vermieden durch Benutzung einer Paste aus Schlemmkreide und gekochtem Leinöl, dem im Verhältniss wie eins zu vier Karbolsäure zugesetzt ist — Seite 38 —. Diese Paste muss, so lange der Ausfluss anhält, täglich gewechselt werden; damit aber in der kurzen Zeit ihrer Abnahme nichts von verderblichen Keimen zur Wunde gelangen kann, empfiehlt sich die Vorsicht, ein mit derselben Lösung getränktes Stück Zeug unmittelbar auf die Haut und Wunde aufzulegen und dauernd zu lassen und nur Sorge zu tragen, dass es bei der Wegnahme der Paste nicht emporgehoben wird. Dies lässt sich übrigens auch dadurch vermeiden, dass die letztere zwischen zwei ganz dünne Baumwollenstücken gelegt wird, die das Ankleben vermeiden und doch nicht hindern, dass die Paste das unter liegende Zeug fortwährend antiseptisch erhält. Hört der Ausfluss auf, dann kann man auch die Paste weglassen, nur das unmittelbar die Wunde deckende Stück Zeug bleibt so lange liegen, bis man annehmen kann, dass durch Schorfbildung die Heilung vollständig erzielt ist. Ich habe gegenwärtig einen Mann mit schwerem offenen Bruche beider linker Unterschenkelknochen in Behandlung, der, nachdem der Ausfluss unter dem Gebrauche der Paste aufgehört hat, ohne auch nur einen Tropfen Eiter zu verlieren, die letzten vierzehn Tage genau so behandelt ist, als wenn er einen einfachen Bruch hätte. Während der ganzen Zeit ist das die Wunde deckende und ihr anklebende Stück Zeug trocken geblieben und wird unberührt bleiben, bis die Schienen zur gewöhnlichen Zeit abgenommen werden.

Ein so günstiger Erfolg lässt sich nun freilich nicht immer erwarten; je grösser die Wunde, desto eher kann man darauf gefasst sein, nach Ablauf der ersten Woche mehr oder weniger Eiter anzutreffen; aber auch dann muss ich die Nothwendigkeit, mit der antiseptischen Behandlung ruhig fortzufahren, ernstlich betonen, so lange die anderen Erscheinungen günstig sind; ich muss dies um so mehr hervorheben, als die Wundärzte nur zu sehr geneigt sind anzunehmen, dass in einem solchen Falle nun zu Umschlägen und Wasserverbänden gegriffen werden muss, ein verhängnissvoller Missgriff, der zu leicht Glied und Leben kosten kann. Weil ich aber nicht verlangen kann, dass meine Genossen mir blindlings folgen und glauben sollen, so mag es mir gestattet sein, in aller Kürze einige pathologische Grundzüge hier zu geben, die sich nicht nur auf den vorliegenden Punkt, sondern auf den ganzen hier zu verhandelnden Gegenstand beziehen.

Wenn man auf einer vollkommen gesunden körnigen und gut ausgewaschenen Wundfläche eine reine Metallplatte, z. B. Zinn, deren Oberfläche genau passend gefertigt ist und die umgebende Haut ungefähr noch zwei und einen halben Cm. breit überdeckt, durch Heftstreifen und eine Binde befestigt, so wird man nach vierundzwanzig oder achtundvierzig Stunden bemerken, dass sich nur eine klare, durchsichtige Flüssigkeit, aber nichts eiterähnliches auf ihr findet und dass auch jener unangenehme Geruch nicht vorhanden ist, der sonst bei jedem Wasserverbandwechsel unveränderlich sich bemerklich macht. Natürlich; die glatte Metallfläche hat keinerlei Höhlungen und Buchten, in denen sich die septischen Keime entwickeln können, wie z. B. das lockere Lint; die ergossene Masse kann unzersetzt abfliessen und die nothwendige Folge davon ist Mangel an Eiterung. Dieser einfache Versuch lehrt also, dass entzündliche Neugebilde keine inwohnende Neigung zur Eiterbildung besitzen und dass nur die Gegenwart eines widernatürlichen Reizes sie dazu veranlasst; dass aber auch die blosse Berührung mit einem fremden Körper nicht genügend ist, jene hervorzurufen, wohl aber die Gegenwart sich zersetzender organischer Masse. Noch auffallender wird die Wahrheit des Gesagten bewiesen durch jenen schon vorher mitgetheilten Fall — Seite 19 —, in dem ein abgestorbenes Knochenstück bei fehlender

Zersetzung nicht nur nicht Eiter erzeugte, sondern sogar von den entzündlichen Neugebilden aufgesaugt wurde, während ein mit fauligem Eiter vollgesogenes unbedingt Eiterung in seiner Nachbarschaft veranlasst haben würde.

Ein anderer belehrender Versuch besteht darin, dass wir ein körniges Geschwür mit der vorher beschriebenen Paste bedecken und sie weit auf die gesunde Haut übergreifen lassen; nach vierundzwanzig Stunden werden wir auf der Fläche Eiter vorfinden, trotz des vollkommen antiseptischen Verschlusses und um so mehr, je stärker das Säureverhältniss in der Paste war, natürlich bis zu der Grenze, dass sie nicht ätzend wirken konnte. Trotz ihrer antiseptischen Wirkung veranlasst die Karbolsäure Eiterung, insofern sie als ein chemischer Reiz thätig auftritt und wir haben ein Recht zu schliessen, dass organische Zersetzungsmasse durch ihre Säurebildung in gleicher Weise wirkt.

Bezüglich der Eiterbildung durch chemische Reizung stehen also Karbolsäure und Zersetzungsmasse auf gleicher Stufe; dieser Eiterung kann man die sogenannte einfach entzündliche gegenüberstellen, wie sie bei gewöhnlichen Abscessen vorkommt, in denen der Eiter, unbeeinflusst von irgend einem anderen Reize; durch eine anregende Thätigkeit der Nerven gebildet zu werden scheint. Aber andererseits stehen sich die Wirkungen beider denn doch ganz und gar gegenüber; denn die Karbolsäure reizt nur die unmittelbar mit ihr in Berührung kommende Oberfläche und jeder Tropfen gebildeten Eiters verdünnt sie und vermindert die Wirkung; Zersetzung aber ist ein sich selbst fortzeugendes und sich selbst steigerndes Gift, das von der Oberfläche eines schwer verletzten Gliedes aus in allen Buchten und Höhlungen sich ausbreitet, soweit nur ein Tropfen ergossenen Blutes gedrungen ist oder wo nur ein Fetzen todten Gewebes liegt, von Stunde zu Stunde schärfer wird, bis es die Macht eines Aetzmittels erreicht, das genügend kräftig ist, die Lebensfähigkeit eines Gewebes zu zerstören, welches schon an und für sich geschwächt ist, sei es wegen mangelhafter Blutzufuhr, sei es durch die einwirkende äussere Gewalt.

So, denk' ich, wird es verständlich, wenn sich bei grossen

Wunden der Schorf, der sich unter dem unmittelbar aufliegenden geölten Schutzlappen bildet, hier und dort als ungenügend erweist, die wunde Fläche vor der reizenden Einwirkung der in dem Kitte befindlichen Karbolsäure zu schützen. Die nächste Folge wird sein, dass das so gereizte Gewebe sich in entzündliche Neugebilde umsetzt und dann, dass sich mehr oder weniger Eiter bildet. Doch bleibt dieser Vorgang immer ein nur oberflächlicher und wird in keinerlei Weise die Aufsaugung und Umbildung des tiefer liegenden ergossenen Blutes oder der abgestorbenen Gewebe beeinträchtigen, während andererseits die traurigsten Folgen nicht ausbleiben, wenn eine Zersetzung Platz greift, bevor die inneren Theile sich hinlänglich gefestigt haben.

Ich liess in Glasgow einen dreizehn Jahre alten Knaben zurück, der eine schwere Verletzung des linken Oberarmes durch eine Maschine erhalten hatte. Die Wunde war funfzehn und einen halben Cm. lang und acht Cm. breit, die Haut weithin abgehoben und die Weichtheile waren so zerrissen, dass eine gerade nach innen eingeführte Verbandzange an der entgegengesetzten Seite unter der Haut sichtbar wurde. Verschiedene Muskelfetzen hingen heraus, darunter ein acht Cm. langer, welcher fast der ganzen Dicke des dreiköpfigen Muskels angehörte. Das untere Bruchstück des hoch oben gebrochenen Knochens war ungefähr zwölf Cm. lang, vom Muskel entblösst, hervorgestossen und hatte die Haut unter sich zurückgestreift. Ohne die antiseptische Behandlungsweise würde ich nur an Abnahme in der Nähe des Schultergelenks gedacht haben; da aber die Armspindelschlagader gefühlt werden konnte, auch die Finger Gefühl hatten, so zweifelte ich nicht an der Erhaltung des Gliedes, bepinselte das ganze Wundinnere mitsammt dem Knochen reichlich mit kräftiger Karbolsäure und hüllte den ganzen Oberarm bis unter das Ellbogengelenk in den beschriebenen antiseptischen Verband. Ungefähr am zehnten Tage zeigte die bis dahin dünneitrige und wässrige Absonderung eine leichte Beimischung schleimigen Eiters, der sich etwas mehrte und einige Tage, bevor ich den Knaben verliess, ungefähr elf und ein Viertel Gramm innerhalb vierundzwanzig Stunden betrug. Das Glied blieb vom ersten Augenblicke an frei von Schmerz, Röthe und Schwellung; der Puls, die Esslust und der Schlaf waren gut und die Kräfte nahmen zu. Die Behandlung wurde fortgesetzt und als ich den Knaben verlassen musste, war der Knochen im Festwerden begriffen. Ich glaube, ich würde nichts weiter als ein oberflächliches Geschwür gefunden haben, hätte ich nach Ablauf von drei Wochen die unmittelbar aufliegenden antiseptischen Lappen entfernt, hielt es aber bei der Schwere der Verletzung für gerathener, anzuordnen, dass dies nicht vor Ende der vierten Woche geschehe. Nach meiner Ueberzeugung würde der Ausgang ein anderer gewesen sein, wäre beim ersten Erscheinen des Eiters die gewöhnliche Verbandweise beliebt worden.

Die nächste Klasse von Krankheitsfällen, in denen ich die antiseptische Behandlung benutzte, war die der Abscesse. Auch hier waren die Erfolge ausserordentlich genügend und standen in schöner Uebereinstimmung mit den vorher genannten pathologischen Grundsätzen — Seite 39 —.

In das Innere der Abscesse Karbolsäure einzuführen, ist zwecklos, weil mit sehr wenigen Ausnahmen[3]) septische Lebensformen hier nicht vorhanden sind, ja es würde geradezu schädlich sein und die Abscesswand ganz unnütz zur Eiterung veranlassen. Man hat eben nur seine ganze Aufmerksamkeit darauf zu richten, dass diese atmosphärischen Keime nicht von aussen eindringen können zu der Zeit, wo ihnen durch die von Innen abfliessenden Absonderungen eine freie Gelegenheit dazu gegeben wird.

Ueber die Art der Behandlung habe ich mich schon früher ausgesprochen, — Seite 38 — so dass ich nur einfach zu wiederholen brauche, dass die hier benutzten Mittel dieselben sind, wie für den oberflächlichen Verband bei den offenen Brüchen: ein Stück Zeug, das, mit der öligen Lösung der Karbolsäure durchtränkt, gewissermaassen als antiseptischer Vorhang dient, unter dessen Schutze der Abscess geöffnet wird und der antiseptische Kitt, welcher die Zersetzung des abfliessenden Eiters verhindern soll; der Verband wird täglich bis zum Verschlusse der Abscesshöhle erneuert.

Sehr auffällige Erfolge habe ich bei dieser Behandlung der Knochenabscesse aufzuweisen, die, anstatt der allgemeinen Regel zufolge sich durch hartnäckige Eiterung auszuzeichnen, oft schon innerhalb weniger Tage eine sehr geringe Absonderung zeigten und häufig genug von dem Augenblicke der Eröffnung an gar keinen Eiter mehr entleerten. So scheint es fast, als sollte der Knochenfrass, wenn er auf diese Weise dem reizenden Einflusse der Zersetzung entzogen wird, aufhören, ein Vorwurf für die Chirurgie zu sein und in gleicher Weise zur Heilung gebracht werden können, wie andere entzündliche Erkrankungen. Ich habe bereits früher einen Fall glücklicher Genesung nach einem Psoasabscesse bei einem Manne im mittleren Lebensalter erwähnt — Seite 42 —; seit dieser Zeit habe ich einen zweiten Knochenabscess mit demselben Ausgange behandelt, nur war hier der Verlauf sowohl wie die Genesung noch schneller. Der Kranke, ein Grobschmied, hatte seit vier und einem halben Monate an einem Knorpelgeschwür des linken Ellbogengelenkes gelitten; das Leiden steigerte sich immer mehr, so dass ihm die Nachtruhe genommen wurde; das Gelenk war bedeutend geschwellt und liess bei sorgfältiger Untersuchung an seiner äusseren Fläche eine wellende Stelle erkennen. Unter den erwähnten Vorsichtsmaassregeln eröffnete ich den Abscess, der ungefähr zwölf Gramm Eiter entleerte. Der behandelnde Arzt, Dr. Macgregor, überwachte die tägliche Erneuerung des Verbandes, bis die Ehefrau damit vertraut war und der Kranke zwei bis drei Wochen nach der Seeküste ging. Zwei Monate nach der Eröffnung des Abscesses sah ich den Mann wieder; die Absonderung war seit mindestens zwei Wochen so unbedeutend, dass der Kitt eben nur befeuchtet war, was sehr leicht von der kleinen Eröffnungswunde herrühren konnte. Eine unter dem Schutze der antiseptischen Decke eingeführte Sonde wies die vollständige Verheilung des Hohlgangs nach, während das Glied frei war von jeder Empfindlichkeit und Schwellung; und obwohl bis jetzt noch keine Uebungen mit dem Gelenke vorgenommen waren, vermochte er es doch bis zu einem beträchtlichen Winkel zu beugen. — In diesem Falle hatte die antiseptische Behandlung ein Gelenk erhalten, das nach der gewöhnlichen Behandlungsweise wahrscheinlich der Ausschälung hätte unterworfen werden müssen.

Gewöhnliche Quetschwunden können natürlich in gleicher Weise behandelt werden wie offene Brüche, die ja nur eine besondere Abart jener darstellen. Ich will hier nur einen bezüglichen Fall mittheilen.

Im April dieses Jahres hatte ein Freiwilliger das Unglück, dass ihm beim Abschiessen das Gewehr platzte, wobei der Daumen mit seinem Mittelhandknochen nach rückwärts gedrängt wurde, so dass er in seinem augenscheinlich geöffneten Gelenke wie in einer Thürangel nach hinten gebogen werden konnte, da auch die Weichtheile zwischen dem Mittelhandknochen des Daumens und Zeigefingers zerrissen waren. Ich brauche vor dieser Zuhörerschaft nicht auf die Schwere dieses Falles besonders aufmerksam zu machen. Er wurde wie ein offener Bruch behandelt; die Hand blieb frei von Röthe, Schwellung und Schmerz und die ganze Wunde heilte mit Ausnahme einer seichten Rinne ohne einen Tropfen Eiter, so dass, wenn es eine reine Schnittwunde gewesen wäre, man hätte glauben können, ein hübsches Beispiel einer ersten Vereinigung vor sich zu haben. Auch die seichte Geschwürsfläche heilte bald und gegenwärtig deutet nur noch eine schmale, streifförmige Narbe die frühere Verletzung an; dem Daumen ist seine volle Beweglichkeit geblieben.

Wenn man die schwersten Formen gequetschter und zerrissener Wunden bei dieser Behandlung so leicht und gefällig heilen sieht, so kann es sich bei der Frage, ob dieses Verfahren nicht auch bei Schnittwunden in Anwendung zu bringen ist, doch nur um die Art der Ausführung handeln. Obwohl ich mich viel damit beschäftigt habe, bin ich doch eigentlich noch mit keiner der gewählten Weisen so recht zufrieden, glaube aber trotzdem behaupten zu können, dass eine Lösung der Karbolsäure in zwanzig Theilen Wasser nicht nur ein reinliches und mildes Verbandwasser abgiebt, sondern auch im Stande ist, die septischen Keime zu zerstören, die z. B. während der Ausführung einer Operation auf die Wunde fallen können, während die schon vielfach erwähnte Paste das Eindringen jener in der nachfolgenden Zeit vortrefflich zu verhindern im Stande ist. So habe ich z. B. einen geöffneten eingeklemmten Leistenbruch ohne tiefe Eiterung, ohne irgend eine Empfindlichkeit des Sackes und ohne Fieber heilen sehen, obwohl ein halb Pfund verdicktes Netz weggenommen werden

musste; ebenso verliefen Amputationswunden gänzlich frei von allgemeinen Erscheinungen.

Ferner habe ich beobachtet, dass man unter der antiseptischen Behandlungsweise kurz abgeschnittene Unterbindungsfäden ruhig sich selbst überlassen kann, indem sie durch Aufsaugung oder sonstwie verschwinden. Wenn dieser besondere Zweig des antiseptischen Verfahrens das erfüllen sollte, was er zu versprechen scheint, sollten fortgesetzte Beobachtungen und Untersuchungen herausstellen, dass, wenn der Faden in der genannten Weise angelegt ist, wir sicher auf eine Heilung ohne tiefe Eiterung rechnen können, dann würde die Unterbindung einer Hauptschlagader ihrer beiden Hauptgefahren entkleidet sein: der Nachblutung und des krankhaften Verhaltens der Wunde. Weiter lassen sich vielleicht die früheren Bedenken gegen die Unterbindung der Schlagadern in der unmittelbaren Nähe eines grösseren Zweiges beseitigen und selbst die Unterbindung der ungenannten Schlagader, die jüngst ein Dubliner Chirurg wegen ihrer wohlbekannten Tödtlichkeit durch Nachblutungen zum Gegenstande einer bemerkenswerthen Untersuchung gemacht hat, kann vielleicht ihre unglückliche Bedeutung verlieren, wenn die dem Faden benachbarten Gewebe sich nach Gefallen und unbeschadet der Gegenwart eines fremden Körpers zu vereinigen vermögen, anstatt unter dem Einflusse der Zersetzung zu erweichen.

Es ist hier nicht der Ort, mich eines weiteren darüber zu verbreiten und über die Anwendbarkeit der antiseptischen Weise in den einzelnen Zweigen der Chirurgie zu sprechen; eins nur will ich nicht unerwähnt lassen, das ist der Einfluss dieses Verfahrens auf den allgemeinen Gesundheitszustand eines Krankenhauses. Früher gehörten die beiden grossen Säle, in denen meine Amputirten und Verunglückten liegen, jedenfalls wegen der ungünstigen Lage, welche der Zuführung frischer Luft nicht förderlich ist, zu den ungesundesten des königlichen Krankenhauses in Glasgow, so dass es für mich stets ein beschämendes Gefühl war, musste ich in meinen Berichten der vielen am Hospitalbrande und der Pyaemie Gestorbenen gedenken und ich schliesslich dahin kam, einfache Knochenbrüche willkommen zu heissen, wenn sie auch für mich und meine Schüler gerade nicht des Anregenden viel boten; denn ich konnte sicher sein, dass alle offenen Wunden und Geschwüre jener Pest unterlagen. Seit der Einführung des antiseptischen Verfahrens aber, seitdem Abscesse und Wunden nicht mehr ihre verderbenschwangeren Ausdünstungen entsenden können, hat sich der Ruf dieser Säle, obwohl sie noch unter den früheren Bedingungen stehen, wesentlich verändert, so dass ich in den letzten neun Monaten auch nicht einen Fall von Hospitalbrand, Pyaemie und Erysipelas zu verzeichnen gehabt habe.

Ueber die Wichtigkeit dieser Thatsache brauche ich mich wohl nicht weiter zu verbreiten.

III. Denkschrift über den geregelten Gebrauch der antiseptischen Behandlungsweise in der Chirurgie.

M. H. Soll die antiseptische Behandlungsweise im vollen Umfange segensreich wirken können, so ist dies nur unter drei Bedingungen möglich; jeder Wundarzt, der sich von den wirklichen Vortheilen jener überzeugt hat, muss in einem gegebenen Falle dem Verbande dieselbe Sorge und Ueberlegung widmen, wie er es mit dem Planen und Ausführen einer Operation zu thun gewohnt ist, will er irgend des Namens eines Wundarztes werth sein; er muss nach gesunden Grundsätzen verfahren und soll seine Weise nicht eher in die Oeffentlichkeit bringen, als bis er sich einen Schatz vertrauenswerther praktischer Erfahrungen gesammelt hat. Ich denke für jede dieser Bedingungen einige Anhalte Ihnen bringen zu können.

Wenn ich von einer geregelten antiseptischen Behandlung spreche, so *verstehe ich darunter die geordnete Anwendung eines bestimmten antiseptischen Stoffes mit der ausgesprochenen Absicht, in dem betreffenden Theile der Entstehung der Fäulniss vorzubeugen, und unterscheide hiervon wohl die einfache Verwendung dieses Stoffes als Verbandmittels*, die schon lange in den verschiedensten Ländern gebräuchlich ist, während jene seit etwas mehr als drei Jahren in dieser Stadt zuerst in Aufnahme kam. Der von mir gewöhnlich benutzte Stoff ist die Karbolsäure, die, als ich meine ersten Beobachtungen veröffentlichte, den meisten englischen Aerzten als äusseres Heilmittel fremd war, ein Umstand, der allerdings in so fern günstig wirkte, dass er die Aufmerksamkeit auf dies Mittel mehr hinlenkte, als sonst wohl der Fall gewesen sein würde, der aber doch auch andrerseits verhängnissvoll wurde, indem man darüber hier zu Lande das Wesentliche der von mir inngehaltenen Behandlung übersah und die Karbolsäure im Lichte eines geheimnissvollen Eigenmittels betrachtete. Aerzte vom Festlande, die unser Hospital besuchten und mit dem Gebrauche der Karbolsäure als eines antiseptischen Verbandmittels wohl vertraut waren, haben mir ihren ungetheilten Beifall über die von mir eingeführte Weise zu erkennen gegeben.

Weit entfernt ein Eigenmittel zu sein, theilt die Karbolsäure ihre guten Eigenschaften mit verschiedenen anderen Stoffen, mit denen man lange als desinficirenden Mitteln vertraut ist und mit denen man gleiche Erfolge erzielen würde, wenn man sie nur nach gleichen Grundsätzen anwendete, eine Behauptung, die nicht der blossen Annahme entsprungen ist. So hat Campbell de Morgan mit dem Zinkchlorid sehr befriedigende Erfolge erhalten, obwohl er von einem ganz verschiedenen Gesichtspunkte ausging (On the use of Chloride of Zink in Surgical Operations and Injuries). Er wandte es bei Krebs in der Hoffnung an, der Wiederkehr dadurch vorbeugen zu können, dass er die in der Operationswundfläche zerstreut liegenden Krebskeime mit einer kräftigen Lösung zerstörte, weil er diese als die Anreger der Neuwucherungen betrachtete. Er fand, dass so behandelte Wunden ungewöhnlich schnell und ohne allen thierischen Geruch heilten, so dass er ganz erstaunt war, so wenig „Aktion“ in dem Theile zu beobachten. Und doch ist es so natürlich, dass, wenn Zinkchlorid den „thierischen Geruch“ benimmt, d. h. die Zersetzung verhindert, die Wunde mit nur geringer entzündlicher Störung heilen muss, da sie vor der zerstörenden Wirkung der Zersetzungserzeugnisse geschützt ist. Nur nahm es mich Wunder, dass schon eine einmalige Benutzung des Zinkchlorids diese Wirkung hatte, während ich die Karbolsäure täglich anwenden musste, um einen gleichen Erfolg zu erhalten. So beschloss ich denn, bei der nächsten sich mir darbietenden Gelegenheit das Zinkchlorid zu versuchen, und diese Gelegenheit blieb nicht lange aus.

Einen Arbeiter hatte die Kurbel einer Winde so vor die Stirn geschlagen, dass der Knochen eingedrückt und gebrochen war. Ich brachte reichlich Zinkchloridlösung in das Wundinnere und legte ein wohlangepasstes Stück Zinn über, das auch noch beträchtlich auf die Haut übergriff und durch einen Gurt befestigt wurde. Ueber das Ganze liess ich einen feuchten Umschlag machen, der öfter gewechselt werden und die Absonderungen aufnehmen sollte. Das Zinn blieb eine volle Woche liegen, während welcher Zeit der Kranke nicht eine ungünstige Erscheinung zeigte, nicht einen Tropfen Eiter verlor. Die Wundfläche lag jetzt in gleicher Ebene mit der Stirn und war von einer chokoladenförmigen Masse bedeckt, die ich für ein ursprüngliches, durch das Zinkchlorid umgewandeltes Blutgerinnsel hielt, bis ich mich durch Abstreifen der Oberfläche überzeugte, dass ich es mit einem blutenden, lebendigen, gefässreichen Gebilde zu thun hatte. Dies Verhalten entsprach genau jenem, nach Anwendung der Karbolsäure beobachteten, dessen ich schon früher — Seite 10 — gedacht habe.

Das Zinkchlorid hatte sich in diesem Falle ausserordentlich bewährt, aber verschiedene weitere Versuche zeigten mir, dass es doch bezüglich seiner Verwendbarkeit hinter der Karbolsäure steht und nur für eine bestimmte Reihe von Fällen besondern Werth hat, nämlich für solche, in denen örtliche Verhältnisse es schwierig machen, einen wirksamen antiseptischen Verband zu unterhalten, so dass er ein für alle Mal unmittelbar nach der Operation angelegt werden muss. Diese lang anhaltende Nachwirkung des Zinkchlorids kommt ganz besonders bei theilweiser Wegnahme des Oberkieferknochens ausserordentlich zu statten. Jeder Wundarzt kennt den unangenehmen Geruch, den in den ersten Tagen nach solchen Operationen die Wundabsonderungen zeigen, welche, ganz abgesehen von der Unannehmlichkeit für Kranke und Umgebung, nicht ungefährlich sind. Diese üble Beigabe wird, wenn auch nicht gänzlich, doch zum grössten Theile durch das Zinkchlorid umgangen. In dem ersten so von mir behandelten Falle hatte ich eine beträchtliche Masse beider Oberkieferknochen wegnehmen müssen, wegen eines Epitelialkrebses, der vom Gesichte aus sich weiter nach Innen ausgebreitet hatte. Unmittelbar nach der Wegnahme trug ich reichlich die Lösung auf und habe vom Anfange bis zum Ende bei täglicher Prüfung des Athems nur gelegentlich einen tabaksähnlichen Geruch verspürt. Gleich guten Erfolg habe ich später beobachtet bei einer Zungenwegnahme nach Syme's Verfahren.

Für die gewöhnlichen Fälle aber verdient die Karbolsäure nach meinen Erfahrungen wenigstens nicht nur den Vorzug vor dem Zinkchloride, sondern überhaupt vor allen uns bekannten antiseptischen Mitteln, da sie eine Menge Vortheile in sich vereinigt. Vor allen besitzt sie tödtende Kraft den die Zersetzung erregenden niederen Lebensformen gegenüber und das selbst noch in einer Verdünnung, welche die menschlichen Gewebe nicht mehr zu reizen vermag. Sie ist ferner flüchtiger Natur und wirkt auch im gasförmigen Zustande gleich antiseptisch, so dass also nicht nur die von ihr unmittelbar berührte Fläche, sondern auch die umgebende Luft einen Schutz in ihr findet. Auch als ein örtlich beruhigendes Mittel wirkt sie und nimmt schmerzhaften Wunden ihre Empfindlichkeit; sie löst sich in den verschiedensten Flüssigkeiten z. B. Wasser und fetten Oelen und jede dieser Lösungen hat für besondere Fälle ihre besonderen Vorzüge, ein Punkt, auf den ich später zurück zu kommen Veranlassung haben werde.

Bevor ich nun auf die Behandlung einzelner Fälle übergehe, gestatten Sie, dass ich Ihre Aufmerksamkeit auf einen Versuch lenke, der die Keimlehre der Zersetzung etwas näher beleuchten soll, eine Lehre, auf welcher die ganze Behandlung beruht und ohne deren volle Anerkennung eigentlich Niemand einen glücklichen Erfolg haben kann. Wer die Ursache der Zersetzung in der Einwirkung der atmosphärischen Gase sieht, der wird fortwährend auf die unangenehmsten Enttäuschungen stossen und in der Praxis eine Menge Irrthümer begehen. Denn auf der einen Seite giebt der vollständige Abschluss der Luft keine Sicherheit der Zersetzung gegenüber und auf der andern Seite kann die Luft frei auf die zersetzungsfähigen Theile einer Wunde oder eines Abscesses ohne Nachtheil einwirken, wenn sie nur vorher gewisser Maassen durchgeseiht und von den Keimen befreit ist — z. B. bei Emphysem nach Rippenbrüchen ohne äussere Wunde, — Seite 3 — oder wenn die Keime ihrer Lebensfähigkeit beraubt sind. Würde die

Zeit es gestatten, so könnte ich Ihnen verschiedene hierher gehörige Fälle zur Mittheilung bringen, welche den Beweis liefern sollten.

Der Versuch, den ich anstellte, ist nur eine Umänderung und Erweiterung des Chevreuil-Pasteur'schen — Comptes rendus vol. I. pag. 306 — und so einfach und doch so überzeugend, dass er nach meiner Ansicht einem Jeden die Sachlage klar zurecht legen muss, der überhaupt Vertrauen zu ihm besitzt. Für mich hat Pasteur's Beweisführung volle Gültigkeit, wie ja auch die Kommission der französischen Akademie und Andere, die den Untersuchungen beiwohnten, in gleichem Sinne sich ausgesprochen haben. Nur hatte ich das eine Bedenken, ob das, was Pasteur für die Gährung einer Zuckerlösung als richtig gefunden hatte, ob das auch mit Berücksichtigung der antiseptischen Behandlungsweise auf die faulige Zersetzung Anwendung finden könnte. Die Untersuchung wurde in folgender Weise angestellt.

Am sechsundzwanzigsten Oktober, grade vor einem halben Jahre, goss ich in vier kleine Gefässe, von denen jedes ungefähr einhundertachtzig Gramm fasste, gleichen frischen Harn, der ein Drittel jedes Gefässes füllte. Nachdem die äussere Fläche wohl gereinigt und abgetrocknet war, zog ich mit Hülfe einer Spiritusflamme die Hälse röhrenförmig aus, bis sie ungefähr drei Mm. im Durchmesser hatten und bog bei Dreien derselben diese Verlängerungen in verschiedene spitze Winkel; am vierten liess ich den Hals kurz und senkrecht, machte aber die Oeffnung noch etwas kleiner als bei den übrigen. In sämmtlichen Gläsern wurde nun der Inhalt über der Spiritusflamme fünf Minuten lang im Kochen erhalten und dann nach Entfernung der Flamme der atmosphärischen Luft der Zutritt gestattet. Die Gläser blieben nun ungestört in demselben Raume stehen, die Luft konnte frei aus- und eintreten, je nachdem die wechselnde tägliche Wärme ein Ausdehnen oder Zusammenziehen veranlasste. Um diesen Wechsel recht nachdrücklich zu machen, heizte ich zuweilen abends tüchtig ein, liess darauf das Ofenfeuer ausgehen und öffnete dann die Fenster, um die kalte Luft voll einströmen zu lassen, so dass vielleicht zwei und ein halber Kubikcm. frische Luft in jedes Glas eintrat. Und welchen Einfluss hatte dies nun auf den Harn?

In dem Gefässe, dessen Hals gerade stand, aber enger und kürzer war, bemerkte ich am zehnten Tage auf dem Boden eine fadige Masse, die von Tag zu Tag wuchs, ähnlich kleinen Pflänzchen und unter der Lupe aus zarten, bläulichgrauen, verzweigten Faden bestand. Vier Tage später zeigte sich auf der Oberfläche ein anderer Gegenstand, dem Aeussern nach ebenfalls ein kleiner Pilz, der aber nach wenigen Tagen ein ganz anderes, von jenem verschiedenes Aussehen annahm und aus geraden, sternförmig auslaufenden, dichter stehenden Fasern bestand, die farblos waren. Auch im Wachsthume unterschieden sich beide wesentlich. Jene vom Boden entspringende Masse entwickelte sich ausserordentlich schnell, so dass sie einen Monat nach Beginn des Versuches bereits die Hälfte der Flüssigkeit einnahm, während die andere auf der Oberfläche schwimmende sich zwar auch stetig weiter entwickelte, aber doch nur die Grösse einer Erbse erreichte. Gleichzeitig hatte der Harn eine chemische Aenderung erfahren und seine vorher blass strohgelbe Farbe einen tiefen Ambraton angenommen. Dagegen blieb der Harn in den drei andern Gefässen mit winklig gebogenen Hälsen vollkommen klar und hell, frei von Wolken, Schaum oder Niederschlag, behielt seine strohgelbe Farbe und stellte sich in entschiedenen Gegensatz zu dem ambrafarbigen andern, kurz er hatte sich in nichts verändert. Ein fünftes, in gleicher Weise wie diese drei zubereitetes und mit demselben Harne gefülltes Gefäss verhielt sich in gleicher Weise*).

Es kann wohl kaum einem Zweifel unterliegen, dass dieses Gleichbleiben der Flüssigkeit nur mit der Abwesenheit der Zersetzung in Einklang zu bringen ist, und ich werde bald Gelegenheit nehmen, den Beweis hierfür zu bringen. Einstweilen nehmen wir an, es ist so.

[Nachdem dieser Vortrag gehalten war, am zweiten Mai 1868, goss ich ungefähr fünfzehn Gramm Harn aus einer der drei Flaschen in ein Weinglas und untersuchte ihn. Der Geruch war deutlich frisch, Lakmus-Papier wurde roth gefärbt, unter dem Mikroskope war nichts von lebenden Wesen zu entdecken. Dann

*) Noch vier Jahre später war der Harn unverändert geblieben.
D. Uebers.

bedeckte ich das Glas mit Gutta-percha, um die Verdunstung zu verhindern und liess es in einer Wärme von einundzwanzig Grad C. stehen. Schon nach drei Tagen hatte sich das glänzende Aussehen verloren und auch der Geruch sich deutlich geändert, insofern er dem ähnlich wurde, den der Harn annimmt, wenn er bis zum Eintrocknen verdunstet ist. Das Mikroskop zeigte eine Fülle von Organismen: bewegungslose, zarte, verlängerte Stäbchen — Bakterien — andere mit wedelnden Bewegungen, augenscheinlich vibrionaler Natur, noch andere ohne bestimmte Gestalt und schwach körnig gezeichnet. Nach sechs Tagen konnte das unbewaffnete Auge zwei kleine wollige Ballen erkennen, noch später waren Haufen von Pilzen zu sehen, die mindestens drei verschiedenen Arten angehörten und der Geruch wurde stechend. Abweichend von diesem Verhalten blieb der Harn in den Gefässen mit gebogenen Hälsen trotz der Hitze der beiden verflossenen Monate unverändert.]

Und welchen Schluss können wir denn nun aus diesem auffälligen Thatbestande ziehen? In den gekrümmten Rohren ist nicht das Geringste vorhanden gewesen, was irgend wie auf die durchgehenden Luftgase hätte einwirken können. Der anfänglich vorhandene unbedeutende Wasserdampf schwand nach einigen Tagen und die durchstreichende Luft trocknete die Rohre vom Anfang bis zum Ende vollständig aus. Es hat also jedes in der Atmosphäre enthaltene Gas ein- und austreten und seinen vollen Einfluss auf den zersetzungsfähigen Harn ausüben können: aber eine Zersetzung trat nicht ein und ist ein halbes Jahr lang ausgeblieben. Der einfache Schluss kann doch also nur der sein, dass die atmosphärischen Luftgase allein die Zersetzung nicht anzuregen vermögen. Was also ist denn der Erreger dieser Zersetzung, der durch die winklig gebogenen Rohre nicht zur Geltung kommen konnte? Sind es die Gasarten nicht, dann können es nur jene in ihnen enthaltenen Theilchen sein, jener Staub, der mechanisch am Eindringen durch die Winkel der Rohre verhindert wird. Und dieser Schluss, den die Betrachtung der Gläser mit gebogenen Hälsen aufzwingt, er erhält seine weitere Bestätigung durch das Verhalten derselben Flüssigkeit in dem Gefässe, dessen Hals absichtlich geeigneter gemacht wurde zur leichteren Aufnahme der Staubtheilchen; hier wurden die chemischen Veränderungen demgemäss sehr bald eingeleitet.

Dieser Versuch wirft auch ein Licht auf die Frage der Urzeugung, die wesentlich beeinflusst wird durch die Keimlehre der Zersetzung; er deutet darauf hin, was die Wahrheit zu sein scheint, d. h. dass selbst die niedrigsten und kleinsten Lebensformen, von denen wir Kenntniss haben, nicht von selbst in organischen Stoffen, nicht als Folge der Einwirkung der atmosphärischen Gasarten auf diese entstehen, sondern ihren Anfang nehmen von bestimmten Keimtheilchen, den Erzeugnissen früher vorhandener Wesen. Denn wir haben gesehen, dass diese Flüssigkeit, welche eine so beliebte Brutstätte für diese Lebensformen ist, eine Reihe von Monaten sich ohne alle Veränderungen gehalten hat, frei von einem Wechsel im Aeussern, den selbst mikroskopische Wesen hervorbringen würden, trotzdem die Luft frei und unverändert hinzutreten konnte, allerdings so, dass sie von diesen Keimen mechanisch befreit wurde. Und auf der anderen Seite sehen wir, wie für das blosse Auge sich zwei deutlich verschiedene Formen stetig entwickeln, jede von einem bestimmten Punkte aus, obwohl dieselbe Flüssigkeit unter denselben Einflüssen gehalten wurde wie jene andern, nur dass diese Keime hier leichter Zutritt hatten.

Ein Umstand bei diesem Versuche kann scheinbar dem Verständnisse schwierig sein. Zugegeben, dass die Winkel der gebogenen Rohre im Stande sind, das Eindringen des feinsten Luftstaubes bei sehr schwacher Strömung abzuhalten, ist es wohl denkbar, dass sie nicht sollten mit dem kräftigen Luftstrome eingeführt werden, der unmittelbar nach dem Zurückziehen der Lampe und dem Aufhören des Kochens sich seinen Eintritt sucht? Pasteur beschwichtigt dies Bedenken damit, dass er sagt, allerdings würden sie auf diese Weise mit hineingelangen, aber sie kämen mit einer Flüssigkeit in Berührung, die heiss genug wäre, ihre Lebenskraft zu zerstören. Mit dieser Antwort aber kann ich mich um so weniger begnügen, als Pasteur selbst anderswo die Erfahrung gemacht hat, dass eine Erhitzung des Harns auf hundert Grad C. nicht genügt, diese zählebigen Keime zu zerstören, sondern dass dazu ein mehrminutliches Erhalten auf dem Siedepunkte gehört — (Comptes rendus, vol. I, p. 306.). — Ich erkläre mir das Freibleiben dieses Harns trotz der im gegebenen Augenblicke scharf eintretenden Luft dadurch, dass die Wasserdämpfe sich an die innere Fläche anschlagen und Tropfen bilden, die namentlich an den Winkeln den Durchtritt der Keime verhindern. Anders bei dem Gefässe mit geradem kurzen Halse, der nicht durch Wassertropfen verschlossen war. Hier konnten diese Keime mit dem ersten kräftigen Luftstrome in das Innere gelangen, und nun in dem zwar heissen aber immer kühler werdenden Harne sich weiter entwickeln, wie auch die beiden erwähnten Wucherungen es thaten, die bereits nach wenigen Tagen eine dem blossen Auge sichtbare Grösse erreichten; dass sich ausser diesen keine anderen weiter entwickelten, trotz des verhältnissmässig grossen Zeitraums, das möchte wohl dafür sprechen, dass die späteren langsamer vor sich gehenden Luftaustausche, welche durch die täglichen Wärmeschwankungen bedingt sind, nicht im Stande waren die Keime einzuführen, die somit ausgeschlossen blieben.

Da ich wohl annehmen durfte, dass im Innern des engen Halses nahe der Oeffnung die Keime verschiedener Formen sich würden angesetzt haben, die vielleicht, nach Verschluss der Oeffnung, durch vorsichtiges Annähern der Flüssigkeit hinunter gespült und dann weiter entwickelt werden könnten, so schloss ich einen Monat nach dem Beginne der Untersuchung mit dem Löthrohre die Oeffnung, schützte die nächste Umgebung, so weit ich es vermochte, mittelst eines umgelegten Stückchens feuchter Leinwand gegen den Einfluss der Flamme und hielt nun das Glas so weit schräg, dass die Flüssigkeit bis zur Spitze dringen und dann wieder abfliessen konnte. Nach einigen Tagen glaubte ich meine Absicht erreicht zu haben, denn ich konnte verschiedene kleine Punkte auf der Oberfläche erkennen, die sich von der ursprünglichen Wucherung deutlich unterschieden; diese selbst hatte ein ganz hübsches Aussehen angenommen, bildete auf der Oberfläche einen Kreis von vielleicht zwei Cm. Durchmesser und war aus bläulichen konzentrischen Ringen zusammengesetzt. Aber schon ein Paar Tage später stellte es sich heraus, dass diese neuen Wucherungen derselben Art angehörten und dass der beim Schräghalten des Glases in der Spitze zurückgebliebene Tropfen vollständig durchscheinend blieb, also nicht, wie ich erst erwartet, neuen Pilzbildungen Anhalt gegeben hatte. Jedenfalls kann man hieraus schliessen, dass die gewiss unzweifelhaft in der Nähe der Oeffnung abgesetzten Keime so dicht anlagen, dass die Löthrohrflamme sie vernichtete und dass die Neubildungen nicht von aussen hinzugekommenen Keimen angehörten, sondern von der ursprünglichen Wucherung selbst ausgingen, die mit Tausenden von Pilzsporen bedeckt war und nur einer Erschütterung harrte, sich ihrer zu entledigen. Dies geschah bei dem Schräghalten des Glases, denn bis dahin waren die Gläser vor jeder Störung geschützt worden. Vier Wochen später, nachdem die Halsspitze durch das Löthrohr geschlossen war, hörte jede weitere Entwicklung auf, es trat ein vollständiger Stillstand ein, und die Pilzmasse erhielt ein eingeschrumpftes, ungesundes Ansehen, das ich dem Abschlusse des Sauerstoffs zuschrieb und das sich sofort wieder besserte und frisch wurde, als ich später die Halsöffnung von neuem frei machte.

Blicken wir nun auf die Gesammterfolge dieses Versuches, so können wir zwei Punkte als zuverlässig aufstellen: dass die atmosphärische Luft ihre Eigenthümlichkeit verlor, in jenem Harne Zersetzung oder Bildung der niedrigsten und kleinsten uns bekannten Lebensformen zu veranlassen, sobald sie von den in ihr enthaltenen Keimen befreit war und dass somit dieser „Luftstaub“ der wesentliche Erreger dieser beiden Vorgänge in einer solchen Flüssigkeit ist. Weiterhin kann man folgern, was ein allgemeines Gesetz zu sein scheint, dass diese niedern Lebensformen, soweit wir sie zu beobachten im Stande waren, darin den höher entwickelten gleichen, dass sie ihren Ursprung nur von vorher vorhandenen nehmen. Wer diese Ergebnisse fest hält, der kann sich der Wahrheit der Keimlehre bezüglich der fauligen Zersetzung nicht verschliessen, alle gegentheiligen Ansichten müssen diesen klaren Thatsachen gegenüber zurücktreten.

Für mich hatten diese Untersuchungen noch etwas ganz besonderes Fesselndes, weil ich mir bereits ganz nach demselben Grundsatze eine früher gemachte Beobachtung erklärt hatte, für die ich nun die Bestätigung fand, dass bei Rippenbrüchen mit Lungenverletzungen ohne Hautwunden, trotz des ungehinderten Ein- und

Austrittes der Luft zu dem im Brustfellsacke ergossenen Blute, dennoch eine Zersetzung nicht eintritt — Seite 3 —. Der Unterschied zwischen dem Verlaufe solcher Fälle mit und ohne äussere Wunde war mir immer unerklärlich geblieben, bis ich von der Keimlehre der Zersetzung hörte und mir sagen musste, dass eine chemische Veränderung der Luft auf ihrem Wege zum Brustfelle nicht anzunehmen sei, man also nur an eine Art Durchseihung denken könne, die sie von diesen Keimen befreite.

Ein anderes bemerkenswerthes Beispiel mag hier seinen Platz finden. — Am ersten Oktober vorigen Jahres wurde ein achtzehnjähriger Fleischer mit einer linksseitigen, schweren Brustwunde aufgenommen, die ihm von einem Kameraden beigebracht war, der, ärgerlich von jenem mit einer schmutzigen Blase geworfen worden zu sein, sein Messer mit zweiundzwanzig Cm. langer Klinge und scharfer Schneide gezogen und es ihm zwischen neunter und zehnter Rippe in die Brust gestossen hatte. Der Verletzte hatte sich selbst das Messer herausgezogen und ein mächtiger Blutstrom war unmittelbar gefolgt. Er war sofort nach dem Krankenhause gebracht worden, wo ihn mein Gehülfe bleich, mit blutigen Kleidern und immer noch blutender Wunde vorfand; das Blut hatte venöses Aussehen und beim Einathmen die Neigung zurückzufliessen, was ebenso wie der blutige Auswurf auf eine Lungenverletzung deutete. Ferner hing aus der Wunde ein dreizehn Cm. langes Stück Netz heraus, es musste also das Messer auch das Zwerchfell durchbohrt haben. Zeit war nicht viel zu verlieren, da der Tod durch Verblutung drohte. Bevor aber Dr. Cameron die Wunde fest schloss, reinigte er sie erst wiederholt mit einem Stücke Lint, das in Karbolsäure getaucht war — eins zu vier gekochten Leinöls — soweit er mit einer Verbandzange einzudringen im Stande war, führte dann zwei in derselben Lösung getränkte Lintstreifen von einundzwanzig Cm. Länge und zwei und einen halben Cm. Breite in die Wunde ein, eins nach oben, das andere soweit wie möglich nach unten drängend, aber die Enden aussen festhaltend, und legte nun äusserlich die vorher beschriebene Paste auf — Seite 38 —, die mehrere Cm. breit noch die umgebende Haut deckte und durch Binden befestigt wurde. Vielleicht wird der Eine oder der Andere von Ihnen denken, ob es nicht weniger heroisch und weniger reizend gewesen sei, die Wunde mit trockenem Linte auszustopfen! Aber was würde die Folge gewesen sein? Gewiss nur die Zersetzung des im Brustfellsacke angesammelten Blutes, eingeleitet durch die in dem trocknen Linte sitzenden Keime. Der Umfang der Zersetzung würde von Tag zu Tag ein grösserer, die Beschaffenheit immer schärfer geworden sein und der Tod schliesslich der Enderfolg in dem ohnehin so heruntergekommenen Kranken. Andererseits wirkt die Karbolsäure als ein örtlich beruhigendes Mittel und jedenfalls weniger reizend als die Erzeugnisse der Zersetzung; sie verbreitet sich bald ringsum und wird dadurch gewisser Maassen verdünnt und durch den umgebenden Blutumlauf entfernt; das mit ihr vermischte Blut verliert die Fähigkeit zur Umbildung oder Aufsaugung nicht und die ganze Wunde mit ihrer Umgebung kommt somit unter ähnliche günstige Verhältnisse, als wenn die äussere Verletzung nicht vorhanden wäre. Anderen Tages sah ich den Kranken zum ersten Male, entfernte vorsichtig unter dem Schutze der antiseptischen Decke — Seite 38 — das in die Wunde eingelegte Lint und liess die Paste weiter gebrauchen. Im Laufe von zehn Tagen machte der Kranke bewundernswerthe Fortschritte, der Puls fiel, das Athmen wurde weniger mühsam und schnell und er fühlte sich so behaglich, dass er am Aufsitzen im Bette nicht gehindert werden konnte, sogar sang und sich sehr albern benahm. Eine genaue Untersuchung der Brust wies die Zeichen der Gegenwart von Blut und Luft in dem Brustfellsacke nach, dumpfen Ton am Lungengrunde, unnatürlichen Widerklang am oberen und vorderen Theile der Brustseite und wohl ausgeprägtes metallisches Klingen; das Herz war so nach rechts gedrängt, dass der Herzschlag unter der rechten Brustwarze gefühlt wurde. Aber eine Zersetzung trat nicht ein. Der Kranke blieb frei von jeder Reizungserscheinung, litt nur an den Folgen des Blutverlustes und an durch die mechanischen Verhältnisse verursachten Athembeschwerden. Am dreizehnten Tage jedoch trat ein heftiges Blutspucken ein, das sich mehrere Tage lang wiederholte, den Kranken zu erschöpfen schien und jedenfalls bedingt war durch Zerreissen der Lungenwunde in Folge des unvernünftigen Benehmens. Das ausgeworfene Blut nahm auch einen fauligen Geruch an wie bei Lungenbrand und ich fürchtete schon, dass die Zersetzung sich weiter auf den Brustfellraum verbreiten möchte; aber glücklicher Weise trat diese ungünstige Wendung nicht ein, der Auswurf wurde allmälig eitrig, geringer an Masse und hörte endlich ganz auf. Die äussere Wunde eiterte so lange nicht, als der ursprüngliche Verband beibehalten wurde. In den ersten vierundzwanzig Stunden hatte sich reichlich blutiges Wasser entleert, dessen Menge indess immer weniger wurde, so dass nach sechs Tagen in achtundvierzig Stunden nur eine unbedeutende Kleinigkeit bemerkt werden konnte. Zwischen der dritten und vierten Woche wurde das Stück Lint entfernt, was vom Anfange an unmittelbar auf der Wunde gelegen hatte und wir fanden nun ein oberflächliches Geschwür, was sehr schnell vernarbte. Sieben Wochen nach der Verletzung schlug das Herz wieder an der richtigen Stelle, die Gesichtsfarbe blieb noch lange Zeit bleich, aber die frische, kräftige Stimme liess an dem gesunden Zustande der Lunge nicht zweifeln.

Ich komme nun zu dem Einflusse, den eine antiseptisch angelegte Unterbindungsschlinge an einer Schlagader ausübt. Die allgemeine Betrachtung ist einfach. Ein in die Gewebe gebrachter fremder Körper wird so lange keinen störenden Einfluss auszuüben im Stande sein, als er nicht eine mechanisch oder chemisch reizende Wirkung äussert; so ist es ja bekannt, dass eine Nadel oder ein Glassplitter ganz unbestimmte Zeit lang in den Geweben eingebettet liegen kann, ohne Eiterung zu veranlassen und dass jede von ihnen ausgehende Störung eben nur mit ihrer Steifigkeit und äusseren Form zusammenhängt. Ein seidener oder Linnenfaden besteht aus einem weichen Stoffe, der in chemischer Beziehung ebenso wie Glas und Stahl unschädlich ist und an und für sich in keiner Weise eine Reizung herbeiführen wird. Aber er unterscheidet sich dadurch bedenklich von diesen beiden, dass er locker ist und in seinen Zwischenräumen Keime aufgenommen haben kann, die in dem ihn umspülenden Wundwasser sich weiter ausbilden, die Entwicklung scharfer Zersetzungserzeugnisse veranlassen und so zur Wucherung entzündlicher Neugebilde und zur Eiterung führen. Bedient man sich aber bei der Unterbindung eines Fadens, der in eine diese Keime vernichtende Lösung ge-

5*

taucht ist, schneidet man die Enden kurz ab und verbindet die äussere Wunde antiseptisch, dann kann man den Faden ruhig seinem Schicksale überlassen und braucht nicht zu fürchten, dass seine Gegenwart die erste Vereinigung hindern oder irgend eine Störung in den umgebenden Theilen veranlassen wird. Bevor ich diese leitenden Gedanken bei einer Unterbindung am Menschen in Anwendung brachte, prüfte ich sie zunächst an Thieren.

Am zwölften Dezember vorigen Jahres unterband ich einem Pferde die linke äussere Kopfschlagader in der Mitte des Halses und benutzte dabei feine aber feste sogenannte Börsenseide, die ungewichst einige Zeit in einer wässerigen, gesättigten Karbolsäurelösung gelegen hatte. Die Schlinge wurde sehr fest angezogen, um die innere und mittlere Haut zu zerreissen, die Enden schnitt ich kurz ab, behandelte die Wunde reichlich mit wässriger Karbolsäurelösung — eins zu vierzig — und schloss sie dann mit sieben Nähten, zu denen ich den groben weichen Draht benutzte, dessen sich die Thierärzte bedienen. Der abhängigste Theil blieb offen, um den Abfluss der Absonderungen zu erleichtern, das um die Wunde stehende Haar wurde tüchtig mit öliger Karbolsäurelösung abgerieben — eins zu vier —, ein in gleicher Lösung getränktes, die Haut weit übergreifendes Verbandstück übergelegt und befestigt, und sechs Tage lang dieselbe Lösung täglich auf den Verband aufgegossen. Am zehnten Tage entfernte ich den letzteren und fand die Wunde vollständig geheilt, abgesehen von der absichtlich offen gelassenen Stelle, die mit einer Art käsiger Masse bedeckt war und nun in wenig Tagen unter Schorfbildung heilte; an den einzelnen Stichstellen zeigte sich nicht die geringste Spur einer wässrigen Ausschwitzung; ebenso fehlten die Schwellungen und Verhärtungen, die man sonst nach Unterbindung eines Gefässes bei Pferden beobachtet und das Thier zeigte nichts von Unbequemlichkeiten, wenn es seinen Hals bewegte.

Fünf Wochen und vier Tage nach der Operation starb das Thier und ich hatte Gelegenheit, mich von dem Zustande der betreffenden Theile zu überzeugen. Die Narbe war vollkommen gesund und deutlich unter dem Haare linienförmig zu verfolgen; die Schlagader, aufgeschlitzt, um das Innere besser untersuchen zu können, zeigte an der Unterbindungsstelle nach der Herzseite zu ein anhängendes Gerinnsel von vier Cm. Länge, das an der anderen Seite fehlte, wahrscheinlich weil ganz dicht am Sitze der Unterbindung ein Zweig abging von der Grösse der menschlichen Wirbelarterie. Der Blindsack dieser Seite war vollständig vernarbt und zeigte die Spuren der Zerreissung der inneren und mittleren Haut in einer Faltenbildung der Oberfläche, über welche die Epitelialhaut im vollen Zusammenhange glatt herüberging. Dass trotz der unmittelbaren Nachbarschaft eines so bedeutenden Zweiges keine Nachblutung eingetreten war, erhellte aus dem Umstande, dass die Unterbindungsstelle von einem festen, fasrigen Gewebe umgeben war, welches weder Spuren von Eiterung, noch von entzündlichen Neugebilden oder Erweichung entdecken liess. Der in der Schlinge sitzende Theil der äusseren Haut, obwohl zweifellos durch die kräftige Zusammenziehung getödtet, war dennoch nicht schorfartig abgestossen, sondern frei von Zersetzung durch die benachbarten lebenden Theile aufgesaugt und wiedererzeugt. Die Schlinge selbst war überbrückt von dichtem Fasergewebe, so dass äusserlich das Gefäss sich nur wenig eingezogen zeigte und an dieser Stelle ebenso kräftig erschien wie sonstwo.

So schien meine im Herbste vorigen Jahres in der British medical Association — Seite 53 — ausgesprochene Hoffnung in Erfüllung gehen zu sollen, dass die Unterbindung eines grossen Gefässes in seinem Zusammenhange hinfort von den beiden Hauptgefahren befreit sein würde: von der Nachblutung und der Eiterung der Wunde und ich wagte nun einen Versuch am Menschen selbst.

Am neunundzwanzigsten Januar dieses Jahres wurde ich vom Dr. Fergus zu einer Dame von einundfünfzig Jahren gerufen, die seit vier Jahren an einer Pulsadergeschwulst der linken Weiche litt; dieselbe hatte in der letzten Zeit stark am Umfange zugenommen, verursachte furchtbare Schmerzen und fesselte die bedeutend heruntergekommene Kranke seit vier Wochen ans Bett. Bei näherer Untersuchung fand ich eine Geschwulst vom Umfange einer grossen Orange, die den obersten Theil der Schenkelschlagader einnahm und sich ein wenig über Poupart's Band hinauferstreckte. Da mir Gefahr im Verzuge erschien, beschloss ich nächsten Tags die äussere Darmbeinarterie in Gegenwart der Herren Dr. Fergus, Cameron, Appletou und J. Coats zu unterbinden. Der Einschnitt musste etwas weiter nach aussen als gewöhnlich gemacht werden, um den oberen Theil der Geschwulst zu vermeiden; ein kleines blutendes Gefäss wurde zusammengedreht. Der zur Unterbindung benutzte Seidenfaden war zwei Stunden lang in eine kräftige Karbolsäurelösung gelegt worden, die durch wenig Wasserzusatz zu der krystallisirten Säure hergestellt war; er bedurfte wegen seines festen Gespinnstes dieser längeren Zeit, um ordentlich durchtränkt zu werden und verlor dabei durchaus nichts von seiner Zähigkeit. Bevor er aber benutzt wurde, spülte ich die überflüssige Säure erst dadurch ab, dass ich ihn durch eine Lösung in dreissig Theilen Wassers zog, welche Lösung auch für die Schwämme und die Aneurysmanadel zu Benutzung kam. Nach der Unterbindung schnitt ich die Fadenenden kurz ab, wusch die Wunde mit der genannten Lösung, deren einen Theil ich über sie ausgoss, ordentlich aus und heftete dann die Wundränder mit Silberdraht, nur die Mitte frei lassend, in die ich ein Stück Lint tief einführte, das mit einer anderen Lösung in Olivenöl — eins zu fünf — getränkt war, und dessen eines Ende heraushängen blieb, um dem Blute und Wasser einen Ausweg zu geben. Darüber kam dann der gewöhnliche antiseptische Verband. Vorsichtig entfernte ich anderen Tages unter dem Schutze einer antiseptischen Decke das eingelegte Lint und legte den äusseren Verband wieder über, dessen Wechsel abhängig gemacht wurde von der Menge der Absonderung, welche nach vierzehn Tagen ausserordentlich gering war. Nach Entfernung des Verbandes zeigte sich jetzt die Wunde da, wo sie genäht war, vollkommen vernarbt, in der Mitte dagegen machte sich ein oberflächliches Geschwür ohne alle entzündliche Neugebilde bemerkbar. Der frühere Schmerz war verschwunden, fieberhafte Erscheinungen oder Störungen als Folgen der Unterbindung waren nicht eingetreten, abgesehen von etwas Unbehagen in der Wunde innerhalb der ersten zwei Tage und Würgen als Folgen des Chloroforms. Die Zunge blieb rein, der Puls stieg nur an einem Tage auf neunzig, hielt sich sonst stets zwischen zweiundsiebzig und vierundachtzig und die vor der Operation gänzlich gewichene

Esslust stellte sich zwei Tage nach ihr, nach dem Verschwinden der Chloroformnachwirkung, genügend ein. Am vierzehnten Tage vermochte sich die Kranke ohne Unbequemlichkeit aufzusetzen; vier Wochen nach der Unterbindung, als die Wunde vollständig vernarbt war, ging sie in ihrem Zimmer auf und ab und noch vierzehn Tage später stieg sie die drei ziemlich hohen Treppen ihres Hauses herab, erging sich auf der Strasse, stieg dann ohne Beschwerde jene wieder hinauf, fühlte sich zwar oben etwas ermüdet, anderen Tages aber um so viel besser. Die Beine behielten noch die Neigung zu schwellen, besonders das linke; die Pulsadergeschwulst fühlte sich wie eine leichte Drüsenschwellung an.

Der gute Erfolg dieser Unterbindungen hängt nur von dem Umstande ab, dass nicht nur ein neutraler fremder Körper, sondern auch jeder Theil abgestorbenen Gewebes fern davon ist, reizende Wirkungen auszuüben, sobald nur beide von der Zersetzung frei gehalten werden. Ein gutes Beispiel hierfür steht gegenwärtig in meiner Behandlung.

Ein acht Jahr alter Knabe wurde am fünfundzwanzigsten Januar 1868 aufgenommen, nachdem er vor fünf Tagen einen starken Schlag mit einer schweren Schmiedezange gegen den linken Unterschenkel erhalten hatte, in dessen Folge eine heftige Entzündung des Gliedes mit Röthe und Schwellung vom Knie bis zum Knöchel sich einstellte, die weiter am oberen Theile des Schienbeins zur Bildung eines Abscesses führte, welcher antiseptisch geöffnet wurde. Nach vollständiger Entleerung wurde der früher beschriebene Verband angelegt und täglich erneuert. In gleicher Weise kamen noch vier andere Abscesse zur Behandlung, die sich nach einander weiter abwärts bildeten und sämmtlich die vorsichtig eingeführte Sonde auf blossen Knochen stossen liessen. Angesichts dieser Sachlage konnte es scheinen, als wenn ein fortgesetzter, auf die Haut gelegter antiseptischer Verband ganz nutzlos sein müsse, da er unmöglich im Stande sein könnte, die langsame Abstossung des Knochens zu beschleunigen. Aber sowohl die Erfahrung, die ich bei offenen Brüchen gemacht hatte — Seite 9 — als auch Leichenbefunde bei einem Hüftgelenksleiden hatten mir gezeigt, dass dieser Vorgang durch frische Wucherung entzündlicher Neugebilde mit Aufsaugung des abgestorbenen Knochens eine ganz andere Wendung nehmen und ohne alle Eiterung verlaufen kann und ich behielt deshalb die eingeschlagene Behandlung bei. Und siehe da, die einzelnen Einstichswunden heilten allmälig und am sechsten April, elf Wochen nach der Verletzung, hatte sich die letzte gut und fest geschlossen, ohne Abstossung irgend eines Knochenstückes. Anstatt einer Vermehrung der Geschwulst, wie sie ja in den gewöhnlich behandelten Fällen wegen Neubildung des Knochens unvermeidlich ist, trat eine Verminderung ein, die in dem oberen zuerst befallenen Theile fast vollständig war, in dem übrigen sehr schnell vor sich ging. Dieser Verlauf unterschied sich gewiss vortheilhaft von dem gewöhnlichen so langweilig sich abwickelnden. Zugegeben auch, dass Manche an der wirklichen Aufsaugung der abgestorbenen Knochenmasse zweifeln und meinen könnten, dass jene sich noch unverändert im Innern des Knochen liegend finden würde, so muss selbst bei dieser Auffassung der vorliegende Fall einen Beweis für die Wahrheit abgeben, dass abgestorbenes, aber von Zersetzung frei gehaltenes Knochengewebe an und für sich keinen störenden Einfluss auf die Nachbargewebe auszuüben im Stande ist.

Ich komme nun zu dem Verbande selbst.

Karbolsäure ist, wie schon bekannt, in Flüssigkeiten der verschiedensten Art löslich, z. B. im Wasser und fetten Oelen und jede dieser Lösungen hat ihren besonderen Werth. Wasser mit seiner geringen Verwandtschaft zur Karbolsäure nimmt nur einen kleinen Theil auf[4]), ungefähr ein Zwanzigstel des reinen Krystalls und tritt mit diesem in keine zu innige Verbindung, so dass die Säure kräftig auf den Stoff einzuwirken vermag, zu dem sie eine grössere Zuneigung hat, aber auch sich um so leichter verflüchtigt. So wird die wässrige Lösung ein zwar kräftiges, aber doch nur vorübergehend wirkendes Mittel abgeben und dadurch geeignet werden zur Anwendung da, wo es sich darum handelt; im Innern einer Wunde irgend welche Keime zu zerstören. Hat es diese Wirkung geübt, hat es die Lebensfähigkeit dieser septischen Theilchen vernichtet, gut, dann wird sein Verschwinden nur wünschenswerth sein, die umgebenden Gewebe nicht unnütz zu reizen. Auf der anderen Seite stehen die fetten Oele mit ihrer innigeren

Verwandtschaft zur Karbolsäure, mit der sie sich in jedem Verhältnisse mischen und die sie so festhalten, dass diese Mischung weniger energisch auf die Gewebe einwirkt und sich nicht so leicht verflüchtigt; eine solche Lösung wird also milder in der Wirkung und dauernder, was sie für die äussere Anwendung bevorzugt. So wird das Oel gewisser Maassen der Behälter der Säure, der sie mindestens vierundzwanzig Stunden festhält und seine antiseptische Wirkung auf die Absonderungen ebenso lange ausübt, ohne die Wundfläche irgend wie zu reizen.

Um die beste Form der Anwendung öliger Lösungen herauszufinden, habe ich die verschiedensten Untersuchungen angestellt, blieb aber schliesslich bei einer Paste stehen aus Glaserkitt mit Karbolsäurezusatz, die sich mir als die tauglichste erwies — Seite 38 —. Die freilich etwas plumpe und immerhin umständliche Form liess mich trotz der günstigen Wirkung immer wieder nach anderen Arten umsehen und so habe ich in den letzten beiden Monaten vielfach Leinwand benutzt, die mit einer Olivenöllösung getränkt war, aber dies Verfahren nicht zweckmässig gefunden, wenn es auch durch seine Einfachheit besticht. Von einigen so behandelten Fällen sei der folgende erwähnt.

Am einunddreissigsten Januar 1868 wurde eine vierunddreissigjährige Frau ins Krankenhaus gebracht, die von einem schwer beladenen Omnibus überfahren war. Beide rechte Unterschenkelknochen waren oberhalb des Knöchels gebrochen; die Bruchstelle des Wadenbeins stand mit einer Wunde an der äusseren Seite in Verbindung; eine solche an der inneren hatte keinen unmittelbaren Zusammenhang mit der Knochenverletzung; der linke Fuss war stark gequetscht; eine zehn Cm. lange und fünf Cm. breite Wunde lag an der inneren Seite; die umgebende Haut war weithin abgehoben, so dass eine auf die Wunde gebrachte wässrige Karbolsäurelösung nach dem äusseren Rande darunter wegfliessen und durch Gegendruck an dieser Stelle wieder zum Abfluss gebracht werden konnte. Eine fünf Cm. lange Wunde legte auch das Stirnbein frei. Dazu kamen noch Quetschungen verschiedener anderer Theile und ein bedeutender Blutverlust. Ueber sämmtliche Wunden wurden nun Lintstücke gelegt, die in einer öligen Lösung getränkt waren, deren grösstes, überragendes täglich gewechselt wurde, während die anderen liegen blieben. Die Stirnwunde heilte ohne einen Tropfen Eiter, die an der Bruchstelle verwandelte sich in ein oberflächliches, heilendes Geschwür, ohne irgend welche örtliche oder allgemeine Störungen hervorgerufen zu haben, wie wenn der Bruch ein einfacher gewesen wäre. Die Bruchenden vereinigten sich in einem Pappschienenverbande in der gewöhnlichen Zeit. Am Fussrücken hatte nach drei Tagen ein grosser Theil der abgelösten Haut seine Lebensfähigkeit eingebüsst; die anfänglich sehr reichliche Wundentleerung war unter gleichem Verbande innerhalb der ersten vierundzwanzig Stunden fast ganz zurückgetreten, es war keine deutliche Eiterbildung zu bemerken, und der Fuss erlitt nicht die leiseste Beschwerde, so dass ihn die Kranke ohne allen Umstand leicht bewegen konnte. Die untern Verbandschichten blieben sieben Wochen unberührt liegen, um nicht durch ihre Wegnahme eine nachträgliche Eiterung zu veranlassen, die entschieden der ohnehin geschwächten alten Dame hätte gefährlich werden können und lösten sich nach Ablauf dieser Zeit von selbst. Von der ganzen schweren Verletzung war auf dem Fussrücken eine kleine offene Stelle von der Grösse eines Zwanzigpfennigstückes übrig geblieben, sonst war alles schön und fest vernarbt und das abgestorbene Gewebe jedenfalls aufgesaugt, wenigstens liess sich keine Spur am Verbandzeuge nachweisen. Die oberflächliche, täglich erneute Verbandschicht hatte einer Verbreitung der Zersetzung nach innen vorgebeugt, der liegen gebliebene Theil aber die von aussen zugeführte Säure aufgenommen, die dann von hier aus in den Blutumlauf drang; so war ein aus der oberflächlichen Wundschicht und der untersten Verbandlage bestehender neutraler Boden zu Stande gekommen, noch ehe Eiterung und Entwicklung entzündlicher Neugebilde möglich gewesen war, unter dem die abgestorbenen Gewebe ebenso aufsaugungsfähig blieben wie die äussere Gefässhaut in der Unterbindungsschlinge oder der abgestorbene Knochen bei offenen Brüchen, da ja jeder Zersetzungsreiz ängstlich abgehalten wurde.

Trotz dieses günstigen Ausganges empfehle ich das hierbei angewandte Verfahren nicht, da unangenehme Erfahrungen mir gezeigt haben, wie wenig zuverlässig es ist. Denn das lockere

Lint nimmt die Wundentleerung auf, wodurch das antiseptische Oel verdrängt wird, und lässt so die Bildung einer Art Kanal zu, in dem entweder die Luftkeime zu der Wunde gelangen, oder aber die Entleerungen treten nach aussen, schwängern sich zwar auf ihrem Wege mit Karbolsäure, geben aber diese an der Luft ab, werden dadurch zur Zersetzung geeignet, faulen, stecken so das Verbandzeug an und berauben es seiner antiseptischen Kraft. Denn Karbolsäure und Zersetzungserzeugnisse stehen in einer mächtigen chemischen Wechselwirkung. So erinnere ich mich eines Falles, in dem der Verband aus verschiedenen Lagen geölten Lints bestand, der innerhalb vierundzwanzig Stunden den Geruch nach Karbolsäure verlor, dafür aber den der Zersetzung annahm [5]. Dahingegen ist der Kitt den Wundabsonderungen nicht durchgänglich, er hält im Inneren die Karbolsäure sicher fest und übt dadurch eine anhaltende antiseptische Wirkung auf Blut, Blutwasser oder Eiter aus, die sich unter ihm befinden.

Da die Undurchdringlichkeit des Kitts für wässerige Flüssigkeiten seinen Hauptwerth abgiebt, die Kreide, welche seine Masse bildet, nur den Nutzen hat, ihm die nöthige Festigkeit zu verleihn, so liess sich der Vortheil vielleicht in weniger plumper Form gewinnen und die Kreide ganz entbehren, wenn es möglich war, dem die Säure aufnehmenden Oele sonstwie eine festere Form zu geben. Ich versuchte verschiedene Pflasterarten, die sich aber wegen ihrer, durch die beigemengte Karbolsäure gesteigerten Klebrigkeit unbrauchbar erwiesen. Dann benutzte ich Paraffin, dem etwas Wachs und Olivenöl beigemengt war, um es weicher und zäher zu machen; es klebte nicht an, reichte schon in dünnen Lagen aus antiseptisch zu wirken und erwies sich unter gewöhnlichen Umständen als ein schmuckes Ersatzmittel. Aber an Stellen, die vielfacher Bewegung ausgesetzt sind, bringt das Paraffincerat den grossen Nachtheil, dass es sich sehr leicht abhebt und dadurch nutzlos wird. Da ich hörte, dass Whatson in Edinburg Seifenpflaster mit Karbolsäure gemischt mit Vortheil anwendete, das zwar klebte, aber doch den Wundentleerungen den Abfluss gestattete, so griff ich wieder zu den Pflastern zurück und glaube endlich im Bleipflaster das gefunden zu haben, was in trefflicher Weise allen Anforderungen entspricht. Ich lasse noch etwas

Wachs darunter mischen — ein Viertel des Ganzen — um den nöthigen Halt herauszubekommen, sowie Karbolsäure im Verhältnisse wie eins zu zehn und die Masse auf Calico noch nicht zwei Mm. stark aufstreichen [6]). Ein mit diesem empfehlenswerthen Material augenblicklich von mir behandelter Fall mag hier seine Mittheilung finden.

Ein junger neunundzwanzigjähriger Mann wurde beim Ankern eines Schiffes von einem abgleitenden Seile so an die äussere hintere Knöchelgegend geschlagen, dass das Wadenbein fünf Cm. über dem Gelenke und der innere Knöchel an seinem Grunde abbrach und der Fuss nach hinten und aussen sich verrenkte. Vier Monate später kam er in meine Behandlung, die Hacke ragte stark nach hinten, der bedeutend verdrehte Fuss war durch knöcherne Vereinigung der Bruchstücke in seiner widernatürlichen Lage befestigt. Ehe etwas für die Herstellung der Form gethan werden konnte, musste der deutlich fühlbare Kallus durchbrochen, d. h. ein künstlich offener Bruch im Knöchelgelenke hergestellt werden, ein Unternehmen, an das ich mit der gewöhnlichen Behandlungsweise wegen den bekannten traurigen Folgen nicht so zutrauensvoll herangetreten wäre. In der Chloroformbetäubung machte ich hinter und unter dem vorragenden Schienbeinende einen halbmondförmigen Schnitt, liess während des weiteren Fortgangs der Operation eine ölige Lösung von Karbolsäure — eins zu vier — in die Wunde einträpfeln, löste die Weichtheile von den Knochen ausgiebig genug ab, um hinter den Kallus das in dieselbe Lösung getauchte eine Blatt einer Knochenscheere zu bringen, legte rings um die Scheerenblätter getränkte Lintstücke, um im Augenblicke der Gelenkseröffnung nach der Knochendurchschneidung dem Eintritte septischer Luft vorzubeugen, trennte den Kallus und bedeckte die Wunde sofort antiseptisch. Dann wurde über der Bruchstelle des Wadenbeins ein Längsschnitt geführt und unter gleicher Vorsicht auch hier die Trennung vollzogen. Nach Ueberwindung dieser Hindernisse suchte ich nun dem Fusse seine natürliche Stellung wieder zu geben, was auch mit Hülfe eines kräftigen Flaschenzuges gelang. Die Wunden wurden sofort mit Lagen von Lint, das in eine schwache ölige Lösung getaucht war, und mit dem antiseptischen Pflaster bedeckt, an die innere Seite zur Verhütung einer Abweichung des Fusses nach aussen eine Dupuytren'-sche, und auf die vordere eine Syme'sche Hufeisenschiene gelegt, damit nicht der Fuss nach hinten ablenkte. Das Pflaster wurde täglich erneuert. Der Fuss behielt seine natürliche Lage, der Kranke hatte nicht die geringste, weder örtliche noch allgemeine Störung innerhalb der ersten sechs Tage nach der Operation zu erleiden, der Puls blieb achtundsechzig bis siebzig, der Schlaf fehlte nicht, die Zunge hielt sich rein, die Esslust gut, ja wurde noch besser als vorher, weil der Mann, befreit von der früheren trüben Aussicht auf hoffnungslose Lahmheit, jetzt einer glücklicheren Zukunft entgegensah. Die gegebene Versicherung, dass er frei sei von Gefahr, fand ihre Bestätigung im Erfolge, im Freibleiben von Schmerz oder irgend einer Unbequemlichkeit. — Die anfänglich eiterartige reichliche Absonderung betrug später innerhalb vierundzwanzig Stunden nur wenige Tropfen einer wässerigen Flüssigkeit und gestützt auf meine früheren Erfahrungen glaubte ich annehmen zu können, dass sie bald ganz schwinden und eine Heilung durch Verschorfung eintreten würde. Der Verlauf wurde aber ein anderer. Die Absonderung zeigte sich wieder reichlicher und eiterförmiger und ich hielt es für besser, die Wunde frei zu legen, sobald ein genügender Zeitraum verflossen wäre, dass man der Verheilung der tieferen Theile sicher sein könnte. Am zwanzigsten Tage entfernte ich die Verbandstücke und fand zwei oberflächlich eiternde Wundflächen mit kräftigen Neugebilden, welche die mangelnde Neigung zur Vernarbung erklärten und trotz zusammenziehender Mittel sich träge verhielten. Bis zum vierten Juni waren sie noch nicht vernarbt, während die Knochen bereits vierzehn Tage früher sich vollkommen vereinigt hatten. Als dem Kranken gestattet wurde herumzugehen, machte ihm eine Zusammenziehung der Wadenmuskeln Unbequemlichkeit, obwohl er den Fuss voll aufzusetzen vermochte; sie war zurückzuführen auf die lang anhaltende Verrenkung des Fusses nach hinten und die folgende Abwärtsrichtung der Zehen; das Knöchelgelenk konnte nicht über einen rechten Winkel hinaus gebogen werden, in welchem es seit der Operation gehalten war. Ich hoffte auf eine Besserung durch Uebung, täuschte mich aber, denn wenn auch die Gehkraft sich hob, das Leiden selbst minderte sich in ungenügender Weise. Es schien auch, dass die naturwidrige frühere Stellung des Fusses die Rückenwölbung bedeutend gesteigert hatte, denn die Verkürzung betrug fast anderthalb Cm., die Sohlenbinde war als ein festes hartes Band durchzufühlen. Am sechsundzwanzigsten Juli trennte ich sie nebst der Achillessehne, und gab so dem Fusse die Möglichkeit wieder, sich bis zum spitzen Winkel beugen zu können. — In einem ähnlich wiederkehrenden Falle würde ich keinen Anstand nehmen die Sehnendurchschneidung zugleich mit der Operation vorzunehmen. — Abgesehen vom Zeitverluste war der Erfolg ein durchaus befriedigender; unter der Benutzung eines Scarpa'schen Schuhes schritt die Besserung stetig vor und im September, wo ich den Kranken zum letzten Male sah, klagte er nur noch über etwas zurückgebliebene Steifheit im Knöchelgelenke, vermochte aber sonst kräftig und gut zu gehen.

Bei offenen Knochenbrüchen ist die Schorfheilung natürlich die erwünschteste, denn sie wandelt die Verletzung in einen einfachen Bruch um und bewahrt den Kranken vor den Folgen der Eiterung. Um diese Heilung zu erreichen, muss man die tieferen Verbandlagen als solchen Schorf betrachten, darf sie nicht abheben, und muss das Antiseptikum eben nur mit der Oberfläche in Berührung bringen, damit es nicht zur Wunde selbst dringt, weil es hier nur zur Eiterung und Wucherung entzündlicher Neugebilde anreizen würde, allerdings ohne Zersetzung.

Da kann nun freilich eingewandt werden: sollte das fortwährende Bedeckthalten der Wunde wirklich frei von einem Vorwurfe sein? wäre es nicht wünschenswerth, sich zeitweise von dem Zustande derselben zu überzeugen? Darauf kann ich nur mit einer andern Frage antworten: hält es der Wundarzt für zweckdienlich, bei einem einfachen Bruche einen Einschnitt zu machen und sich über den Zustand des gebrochenen Knochens, der zerrissenen Muskeln und Sehnen und aller andern Theile einer Quetschwunde zu unterrichten, die doch hier ebenfalls so gut vorhanden sind, wie bei einem offenen? Genau nach diesem Grundsatze können wir auch im ersteren Falle verfahren, vorausgesetzt, dass nicht ernste Erscheinungen das Gegentheil bedingen.

Allerdings ist das Abheben der obern Verbandschichten ohne

Störungen der untern zuweilen mit Schwierigkeiten verbunden und doch macht das Eindringen der Luft zur Wundfläche die ganze Verbandweise zum Blendwerk. Denn da der ganze Verband so angelegt wird, dass die unmittelbar mit der Wunde in Berührung kommenden Schichten ihren Karbolsäuregehalt verlieren, indem sie den ursprünglichen an die Wunde abgeben, ohne neuen von aussen zu empfangen, so verliert nach zwei bis drei Tagen diese Schicht ihre antiseptische Kraft und die nun eindringende, mit Keimen geschwängerte Luft fände passenden Boden, das Werk der Zersetzung in dem ausgetretenen Blute oder in abgestorbenen, noch nicht aufgesaugten Gewebstheilen anzuregen. Unter solchen Umständen würde es freilich sich mehr empfehlen, lieber den ganzen Verband tagtäglich zu wechseln; allerdings würden Eiterung und Wucherung entzündlicher Neugebilde die Folgen sein, aber die wesentliche Absicht des Verfahrens, Zersetzung fern zu halten, würde doch erreicht. Diesen wichtigen Unterschied darf man nicht aus den Augen setzen, was leider zu häufig geschieht, wenn man sich nicht über die die Eiterung bedingenden Verhältnisse und Zustände klar ist. Ein an einem offenen Bruche Daniederliegender kann an Vergiftung sterben, noch ehe sich Eiter gebildet hat, und er kann trotz der Eiterung leben bleiben, wenn diese bedingt ist, entweder durch den Reiz des Antiseptikums oder durch Bildung eines Abscesses, der nicht von atmosphärischen Einflüssen abhängig war, vorausgesetzt immer, dass die antiseptische Behandlung beibehalten wurde.

Nichtsdestoweniger bietet die Schorfheilung solche grosse Vorzüge, dass man sie stets anstreben sollte und ich habe mich bemüht, den Verband so weit zu verbessern, dass er den vorher erwähnten Uebelstand möglichst ausschliesst. Wenn man die Kittmasse gebraucht, so empfiehlt es sich in den meisten Fällen zwei oder drei Stücke Lint, die etwas grösser sind als die Wunde, und die, nachdem sie in die schon oft genannte Lösung — eins zu vier Olivenöl — getaucht waren, wieder ausgedrückt wurden, über einander zu legen und mit einem geölten Stücke Calico oder Lint zu bedecken, das aber die andern Schichten nach allen Seiten ungefähr drei Cm. breit überragen muss; es soll das Ankleben des drüber liegenden Kittes verhindern, der täglich oder ein Mal in zwei Tagen, je nach der Wundentleerung gewechselt wird. Das in die Lintdecken sich einsaugende Blut der Wunde wird durch die Einwirkung der Karbolsäure zu einem festen Stoffe, der dann die tiefer liegenden Lagen zu einer Schorfdecke umwandelt, genügend dick zu verhindern, dass die in der Kittmasse enthaltene Karbolsäure zur wunden Fläche dringt, dabei aber doch an ihrem Rande so dünn, dass sie durch und durch antiseptisch gehalten wird. Entfernt man dann den Kitt, so sieht man zunächst den Rand des Baumwollenlappens, dessen zufälliges leichtes Aufheben ohne Nachtheil bleibt. Um das Trockenwerden des Kittes zu vermeiden, legt man noch Zinn- oder Tafelblei über oder auch Gutta-percha, das zwar an und für sich die Karbolsäure nicht am Durchgehen verhindert, aber in Verbindung mit dem Kitte genügt, den angedeuteten Zweck zu erfüllen. Das Kittlager, dessen Grösse sich nach der Menge der Wundentleerung richtet, muss den dauernden Verband nach allen Seiten hin überdecken, so dass die Absonderung schon eine Strecke geflossen sein kann, bevor sie mit der Luft in Berührung kommt; bei starker Entleerung muss das Ueberragen des Kittes zehn bis zwölf Cm. betragen. Dieser wichtige Pnnkt sollte doch ja nicht übersehen werden.

Obwohl bei sorgsamer Anlegung dieser Verband im Allgemeinen immer erfolgreich sein wird [7]), so verkenne ich doch nicht die Berechtigung des Wunsches, ihn in einen dauernden umgewandelt zu sehen, um des öfteren Wechsels der oberen Schichten ledig zu sein. Ich hoffte eine Zeit lang, durch das vorher erwähnte Pflaster zum Ziele zu kommen, welches den obern Theil vertreten und durch sein Ankleben den unteren fest an die Haut anlegen sollte mit Ausnahme einer kleinen, für den Abfluss bestimmten Stelle; darüber wurde ein zweites gedeckt, aber beide durch ein zwischen liegendes Stück Calico geschieden, welches mit einer wässerigen Lösung der Karbolsäure getränkt war und das Verkleben beider zu verhindern hatte. Aber leider erfüllten sich meine Hoffnungen nicht, weil der Verband neben allerdings grossen Vorzügen doch den grossen Nachtheil besass, dass die wässerige Lösung das Pflaster erweichte und nun in das drunter liegende Lint sich einsaugen konnte, so dass es schliesslich die Wundfläche erreichte und hier Eiterung und Entwicklung entzündlicher Neugebilde anregte, wie in dem kurz vorher erwähnten Falle der gleichzeitigen Verrenkung und des Bruches am Fussgelenke. Auch darin liegt eine grosse Gefahr, dass das Lint anstatt einen trocknen Schorf zu bilden, der fest liegt, wegen seiner Feuchtigkeit sich leicht verschiebt und dadurch der genaue Verschluss der Wunde beeinträchtigt wird. In zwei Fällen offener Brüche habe ich dies beobachten können: bei einer fünfundsiebzig Jahr alten Dame, die den Oberarm dicht über dem Ellbogen so zerbrochen hatte, dass sechs lose Stücke aus der Wunde entfernt werden mussten und bei einem Knaben, dem der rechte Oberschenkel durch eine Maschine zerschmettert wurde. Der Erfolg war ja in beiden Fällen genügend, aber die Heilung kam nur unter Entwicklung entzündlicher Neugebilde zu Stande.

Da habe ich nun weiter versucht, ob es nicht gelingen sollte eine Art antiseptischen Cements herstellen zu können, der einen Theil des Verbandes fest mit der Haut vereinigte und habe unter andern mit Schelllack Versuche angestellt, der das Bleipflaster zu übertreffen scheint. In der Wärme verbindet er sich mit der Karbolsäure in jedem Verhältnisse und zeigt beim Erkalten je nach der Menge der zugesetzten Säure die verschiedensten Formveränderungen, vom Zerbrechlichen bis zum Flüssigen; die mittleren Stufen geben eine feste, aber schmiegsame, elastische Masse, welche dem Kautschuk nicht unähnlich ist; dabei hält er die aufgenommene Karbolsäure mit grosser Zähigkeit fest, zum Unterschiede vom Gummi, der sich auch mit ihr vermischt, sie aber ebenso schnell wieder ausscheidet. So war also ein Mittel gefunden, das, auf Calico gestrichen, im Stande ist, eine grosse Menge der Säure festzuhalten, bei der Körperwärme auf Tage hin seine gute Wirkung behält, die Haut nicht reizt und weder durch Wasser noch durch Oel erweicht wird. Der einzige Nachtheil liegt nur darin, dass der Lack bei längerem Liegenbleiben an die Haut fest anklebt, während es wünschenswerth ist, dass diese Verbindung nur leicht stattfindet. Um diesem Nachtheile zu begegnen, strich ich die Masse auf Gutta-perchazeug, das unlöslich in Karbolsäure ist, aber ihren Durchtritt gestattet. Dadurch benahm ich der Schelllackmischung keinen ihrer Vorzüge, vermied aber die glatte

Oberfläche und das Ankleben und ermöglichte den freien, ungehinderten Austritt der Absonderungen. Aber noch konnte ich nicht ruhen, denn an stark gekrümmten Stellen, wie an den Gelenkfalten, zerknickte das Gutta-percha leicht, so dass die Absonderungen sich allmälig zwischen beide Stoffe in einer mehr weniger grösseren Ausdehnung verbreiteten, was nicht unbedenklich war. Diesem Uebelstande begegnete ich nun dadurch, dass ich auf die Schelllackmasse eine schwache Lösung des Gutta-percha in Schwefelalkohol aufpinselte; nach dem sehr schnellen Verflüchtigen des Sulfids blieb nur ein mikroskopisch dünnes Häutchen, das immerhin stark genug war, das Aufkleben zu vermeiden. Mit diesem Pflaster[8]) habe ich nun die verschiedensten Versuche bei Wunden und Abscessen angestellt und kann es aus voller Ueberzeugung empfehlen, da es beiden Verbandarten vollkommen entspricht. Denn wo man den Verband öfter zu wechseln hat, da ist es eine schätzenswerthe Eigenschaft, wenn es in keiner Weise anklebt, weil dann alle Absonderungen frei austreten können und jeder Zug an den tieferen Schichten und an der Haut beim Wechseln mit dem sonst unausbleiblichen Zutritte der Luft vermieden wird. Bei offenen Brüchen aber, wo der Verband bestimmt ist, einen Schorf zu bilden und sich innig an die drunter liegenden Schichten oder die Haut anzuschmiegen, wird man das Pflaster sofort zweckentsprechend machen, wenn man durch Reiben mit einem Tuche die dünne Gutta-perchaschicht leicht entfernt und so die gewünschte Klebfähigkeit wiederherstellt.

Um eine Heilung ohne Eiterung zu erzielen, muss man nicht nur, wie schon bemerkt, die Ausbreitung der Zersetzung auf die Wunde zu verhüten suchen, sondern auch die fortwährende Reizung derselben durch die Karbolsäure. Diesem Zwecke sollten bei dem Kittverbande die Lintschichten dienen und auch bei dem Lackpflaster würde ein gleiches Verfahren mit Erfolg zu verwerthen sein. Aber der Dicke einer solchen durchdringbaren Decke allein zu vertrauen, ist doch bedenklich; ich glaubte daher, dass eine dünne Metallplatte dem angedeuteten Zwecke am Besten entsprechen würde, namentlich in der schmiegsamen Form der Blei- und Zinnbleche. Nur in zwei Fällen habe ich bis jetzt

Gelegenheit gehabt so zu verfahren und beide Fälle sind der Mittheilung werth.

Der erste Fall betraf eine bald acht Cm. grosse Quetschwunde am untern Schienbeine mit geringer Abhebung der umgebenden Haut; sie wurde mit einer gesättigten wässerigen Säurelösung gründlich ausgewaschen und ausgespült und dann mit einer gut angepassten, in derselben Lösung abgewaschenen Zinnplatte belegt, die ich mit einem nach allen Seiten überragenden und seines Gutta-perchahäutchens beraubten Stücke Lackpflasters überdeckte. Ueber das Pflaster kam etwas Calico zu liegen, damit es nicht an ein trockenes, um den Fuss gewickeltes und zur Aufnahme der Wundentleerungen bestimmtes Verbandstück anklebte, welches gewechselt werden sollte. Nächsten Tages fand sich dieses ziemlich durchtränkt mit einer wässerig blutigen Flüssigkeit und wurde nun täglich durch ein anderes, das mit einer öligen Lösung — eins zu vier — befeuchtet war, ersetzt. Die Entleerungen verminderten sich ausserordentlich schnell, Schmerz oder Schwellung blieben ganz aus, ebenso allgemeine Störungen, bis es am vierten Tage dem einfältigen Jungen beliebte, sich vom Zustande seiner Wunde zu überzeugen und zu dem Zwecke den Verband abmachte. Diese Albernheit gab uns indess Gelegenheit eine anregende Beobachtung zu machen. Die Wunde hatte gleiche Ebene mit der umliegenden Haut, eine dem glatten Zinne entsprechende glatte Gerinnseldecke und blasse, natürlich aussehende Ränder. Sie wurde in gleicher Weise verbunden, nachdem sie noch oberflächlich mit Karbolsäurelösung bespült war und zeigte nach zwei Tagen, nachdem der Kranke die gleiche Dummheit gemacht hatte, das gleiche Aussehen wie früher, nur auf der Oberfläche hie und da einige weissliche kleine Flecke, die wahrscheinlich Folgen der Karbolsäurewirkung waren: der gleiche Verband wurde zum dritten Male angelegt. Nach zwei Tagen, also am sechsten nach der Verletzung, ersparte uns der Knabe wieder die Mühe, den Verband selbst abzunehmen; die Wundfläche war frei vom Eiter, aber mit rothen und gelben Flecken bedeckt und nicht mehr eben. Noch ein Mal versuchte ich es mit dem Verbande, musste ihn aber andern Tages mit einem Wasserverbande vertauschen, da der Knabe nicht dahin gebracht werden konnte, ihn ruhig liegen zu lassen. Die Fläche nahm das Aussehen eines gesund heilenden körnigen Geschwüres an. Zwei Tage später musste der Junge wegen ungebührlichen Benehmens entlassen werden.

Im nächsten Falle wurde der Versuch zu Ende geführt.

Am dritten Oktober 1868 war ein fünfundzwanzig Jahr alter Arbeitsmann damit beschäftigt, in einem Speicher Waaren abzuladen, als eine Kiste von vier Centner Schwere abrutschte und ihm auf den linken Unterschenkel fiel, wodurch allerdings verhindert wurde, dass der Verletzte durch eine Oeffnung im Fussboden in den darunter liegenden Raum stürzte. Er wurde sofort ins Krankenhaus gebracht und von meinem Gehülfen untersucht, der ein durch ausgetretenes Blut bedeutend angeschwelltes Glied fand und an der inneren Seite ungefähr in der Mitte eine kleine, reichlich blutende Oeffnung, die zu einem queren Bruche des Schienbeins führte. Eine vorher in ölige Karbolsäurelösung getauchte Sonde konnte, ausgenommen nach unten, in jeder Richtung ungefähr neun Cm. weit unter der abgehobenen Unterschenkelbinde herumgeführt werden und drang eben so weit grade nach aussen hinter das Schienbein, das sich von der Knochenhaut entblösst zeigte. In die Wunde wurden nun ungefähr hundert Gramm einer gesättigten wässerigen Karbolsäurelösung eingespritzt und durch Druck allseitig hin verbreitet, um sich mit dem ausgetretenen Blute zu mischen. Nachdem so viel wie möglich Blut und Säure vorsichtig wieder ausgedrückt war, wurde ein Stückchen Zinnblech, ungefähr drei Cm. im Geviert, über die Wunde gelegt, und mit einem Lackpflaster, dem man durch Abreiben die Gutta-perchadecke genommen hatte, bedeckt, das allseitig weit überragte. Darüber kam ein zusammengefaltetes Verbandstück zu liegen, das mit der bekannten öligen Lösung — eins zu vier — durchtränkt war. Seitliche Pappschienen sicherten dem Knochen die Lage. Der vorher heftige Schmerz beruhigte sich augenblicklich, kehrte aber nach einigen Stunden zurück, als eine reichliche Blutung eintrat. Am nächsten Tage wurde die Entleerung bedeutend geringer und hörte am dritten ganz auf. Ebenso verlor sich der Schmerz bald ganz und kam nicht wieder. Die geölte Ueberlage wurde in den ersten zwei Tagen ein Mal in vierundzwanzig Stunden erneuert, dann blieb sie vom dritten Tage an liegen und wurde nur mit einer Mischung aus gleichen Theilen Olivenöl und Säure überstrichen, wozu die innere Schiene entfernt werden musste, was aber ohne Störung des Gliedes geschah, da dies mit gebogenem Knie auf seiner äusseren Seite lag. Nach dem sechsten Tage wurde das Oel nur ein Mal in achtundvierzig Stunden aufgestrichen. Die am dritten Tage sehr gesteigerte Schwellung des Gliedes fiel sehr schnell und am elften hatte die Wade ihren natürlichen Umfang und war unter den Schienen beträchtlich geschwunden. Der Puls stieg nie über zweiundachtzig, welche Höhe er am Tage nach dem Unfalle zeigte; nach dieser Zeit blieb das Allgemeinbefinden ungestört.

Am zehnten Tage zeigte sich der Oellappen, der seit einer Woche keinerlei Absonderungen hatte bemerken lassen, durch ein Paar Tropfen röthlichen Wassers befleckt, die jedenfalls durch eine Verdickung des Blutes rund um den Rand des Pflasters unter diesem eingeschlossen gehalten und nun frei geworden waren, indem durch Abmagerung des Gliedes ein Platzen der Kruste erfolgte. Da ich zur Feststellung dieses Thatbestandes den Verband in ziemlicher Ausdehnung hätte stören müssen, so hielt ich es für am besten ihn ganz zu entfernen und im Augenblicke der Wegnahme die Wunde mit einem antiseptischen Stücke Lint zu bedecken. Die untere Fläche des Lackpflasters roch noch deutlich nach Karbolsäure. Die Wunde hatte ein bemerkenswerthes Aussehen; sie war bedeutend verkleinert, ihre Wundränder sahen wie frische aus und aus der Oeffnung ragte ein Gerinnsel, das sich dem blossen Auge wie ein eben gebildetes zeigte. Diese Beschaffenheit der Wunde liess mich hoffen, dass doch vielleicht noch eine Heilung ohne Eiter möglich sei. Ich erneuerte also den Verband und nahm dem Lackpflaster nur an einer Stelle seinen Guttaperchaüberzug, damit es hier nicht klebte und den Absonderungen einen Ausweg liess. Ein trockner Ueberschlag und die Schiene vollendeten den Verband. Um das Pflaster recht antiseptisch zu erhalten, ersetzte ich die trockne Ueberlage durch zwei geölte Calicostücke, die alle zwei oder drei Tage frisch bestrichen wurden. Sechs Tage lang machte sich eine gelbliche wässerige Entleerung bemerkbar, die sich indess langsam verminderte, so dass am sechsten Tage nichts mehr nachzuweisen war. Am dreissigsten Oktober, also siebzehn Tage nach der zweiten Anlegung des Pflasters, nahm ich den Verband weg; das Pflaster klebte noch fest der Haut an; an der Stelle, wo die Absonderungen ihren Ausfluss fanden, hatte die Haut eine rothgelbliche Färbung angenommen, die von einer Mischung des Blutwassers mit verändertem Hämatin herrührte und war feucht mit Ausnahme der dem Pflasterrande nahe liegenden Stellen. Unter dem Zinne fand sich eine gleiche Verfärbung. Die Wunde selbst sah auf den ersten Blick schlecht aus, sie hatte ebenfalls eine gelblichrothe Färbung, erwies sich aber bald als vollständig vernarbt, nachdem die Stelle mit einem Stückchen Lint abgetupft war. Die gelblichrothe Färbung war durch Ueberbleibsel des Gerinnsels veranlasst, dessen bei der ersten Abnahme des Verbandes Erwähnung geschah. Ein Stück trocknen Lints wurde über die Narbe gebreitet und der Schienenverband wieder in Ordnung gebracht. Man hatte es also jetzt mit einem einfachen Bruche zu thun.

Dieser Fall bietet uns verschiedene bemerkenswerthe Gesichtspunkte. Das Aussehen der Wunde am zehnten Tage giebt uns wiederholt den Beweis für die Richtigkeit der schon öfter gemachten Bemerkung, dass die Gegenwart eines fremden Körpers, sobald er nur nicht chemisch reizende Wirkungen ausübt, keine Eiterung veranlasst. Die auf das Zinn gebrachte oder in die Wunde eingespritzte Karbolsäure war bereits in den örtlichen Blutlauf getreten, noch ehe sie die Veränderungen hervorzubringen im Stande gewesen war, welche die wesentlichen Vorläufer der Eiterung sind, zu der die frisch verletzten Gewebe nicht neigen. Diese werden dazu erst durch anhaltende Reize veranlasst, mögen sie durch die Nerven — Entzündung —, oder durch chemische Stoffe unterhalten werden — Zersetzung oder scharfe Antiseptika —, unter deren Einflusse eine Umwandlung in weniger entwickelte Formen, die wir entzündliche Neugebilde nennen und, wenn der Reiz immer noch weiter anhält, in die noch tiefer stehenden der Eiterkörperchen vor sich geht. Hierauf beruht also die Möglichkeit durch antiseptisches Verfahren eine erste Vereinigung zu erzielen. Das auf die Wunde gebrachte Antiseptikum ist zwar ein mächtiges Reizmittel, aber es wird aufgesaugt, bevor entzündliche Neugebilde sich haben entwickeln können.

Der Fall zeigt uns ferner, dass auch im späteren Verlaufe der auf die Wunde zeitweise einwirkende Reiz der Karbolsäure keine Eiterung zu veranlassen braucht, selbst wenn bereits entzündliche Neugebilde vorhanden sind; wir können also uns ruhig nach der Wunde umsehen, wenn wir meinen, dass sie in guter Heilung begriffen ist; es hindert uns ja nichts, sollte es der Fall nicht sein, den Verband von neuem anzulegen, ohne dass wir zu befürchten brauchen, die Schorfheilung zu beeinträchtigen.

Endlich zeigt sich die Vernarbung ohne Eiterung unter einer Zinndecke als eine neue Art der Schorfheilung. Sie stimmt mit dieser überein, dass in beiden Fällen die Wunde mit einer neutralen, nicht reizenden Decke versehen ist, unter der sich zersetzungsfähige Flüssigkeiten sammeln, aber sie unterscheidet sich durch die Art der Abhaltung der Zersetzungskeime. Der Schorf hält diese mechanisch ab, indem er fest und innig der Oberfläche sich anschliesst, die Metallplatte bildet keinen solchen Abschluss, aber dieser wird durch das karbolisirte Lackpflaster hergestellt, das in gleich gebieterischer Weise das Eindringen verwehrt.

Genug, der vorliegende Fall ist ganz dazu angethan, weitere Versuche mit diesem Verfahren anzustellen, welches namentlich die Behandlung offener Brüche bedeutend vervollkommnen würde. Denn das Lackpflaster vereinigt die Eigenschaften eines äusseren antiseptischen Schutzes mit denen eines dauernden Schorfes und beseitigt die mit der öfteren Wegnahme des Kittes nothwendig verbundenen Gefahren, da man ohne alle Störung des Verbandes so oft frische Karbolsäure auf den Schorf bringen kann, als nothwendig erscheint. Gleichzeitig schützt das Zinn die Wundfläche unbedingt vor dem Einflusse der Säure und bildet mit dem Lackpflaster zusammen eine so dünne Schicht, dass der Umriss des Gliedes in keiner Weise leidet oder eine Aenderung der gewöhnlichen Schienenform nöthig wird, was gegen den früher gebräuchlichen Verband mit Kitt ein grosser Fortschritt ist. Bei grossen Wunden würde ich das Umlegen einer doppelten Pflasterschicht empfehlen, von denen die äussere die innere drei bis fünf

Cm. überragt; beiden nimmt man die Gutta-perchadecke, damit sie zu einer Masse fest ankleben und lässt jene nur an einer kleinen Stelle zurück, die am abhängigsten zu liegen kommt, damit die Absonderungen unter dem Zinne hervortreten können.

Was nun die Behandlung des Wundinnern bei offenen Brüchen betrifft, so habe ich mich noch bis vor nicht zu langer Zeit der reinen Säure bedient, denn bei den glänzenden Erfolgen wollte ich für eine Aenderung etwas Wesentlicheres in der Hand haben, als die blosse Hoffnung, etwas besseres zu finden. Da ich aber bei einer faulig eiternden Wunde der Handfläche die Beobachtung machte, dass eine gesättigte wässerige Lösung — ein Theil auf zwanzig Theile — vollständig den Zersetzungsgang aufzuhalten vermochte, so glaubte ich derselben Lösung auch bei offenen Brüchen vertrauen zu können, was sich auch in der Folge vollständig bestätigt hat. Bei dieser ausreichenden Wirkung verdient diese Verdünnung den vollen Vorzug vor der reinen, da sie nicht den leisesten Brandschorf veranlasst und wegen geringerer Reizung auch einen geringeren Erguss zur Folge hat; man kann sie in viel ausgedehnterem Grade benutzen und weithin unter die Gewebe einspritzen, was namentlich bei Blutaustritten von Werth ist und noch viel später in Anwendung bringen, als ich je geglaubt hätte. Ich habe sie noch mit Erfolg sechsunddreissig Stunden nach dem Unfalle benutzt. Auch das ist ein grosser Vorzug, dass man nicht den Eintritt eines hartnäckigen Brechens zu fürchten braucht, wie ich ihn nach dem Gebrauche der unverdünnten Säure jedenfalls in Folge der Aufnahme in den allgemeinen Blutumlauf beobachtet habe.

IV. Beobachtungen über Gefässunterbindungen nach dem antiseptischen Verfahren.

Seit dem Anfange dieses Jahrhunderts hat man sich vielfach bemüht, das Verfahren bei den Gefässunterbindungen zu verbessern und an Stelle der Unterbindung andere Weisen zu setzen. Aber alle diese Bemühungen haben keinen andern Erfolg gehabt, als zu beweisen, dass für die Unterbindung einer Schlagader *in ihrem Verlaufe* es bis jetzt nichts besseres giebt, als einen dünnen, seidenen Faden, der, in einen sicheren Knoten geschürzt, fest um das Gefäss gelegt wird und dann mit seinen Enden zur Wunde heraus hängen bleibt. Und doch ist dies Verfahren weit davon entfernt, ein vollendetes zu sein. Die innere und mittlere Haut werden durch die Schlinge zerrissen, ein Theil der zähen äusseren aber wird nur zusammengequetscht und seiner Lebensfähigkeit beraubt. Das abgestorbene, der Zersetzung anheimfallende Gewebe wirkt mitsammt der septischen Schlinge als ein Reiz auf die benachbarten Theile der Gefässwand, welche in Folge dessen zu einem unvollkommenen Gewebe entarten, das der mächtig andrängenden Blutwelle nicht mehr zu widerstehen im Stande ist; noch bevor der Schorf durch Eiterung abgestossen wird, durchbricht das Blut die geschwächte Wand, wenn sie nicht vorher durch einen festen Pfropf eines inneren Gerinnsels verstärkt worden war. Geht aber dicht an der Unterbindungsstelle ein einiger Maassen starker Zweig ab, so lässt der Blutstrom die Bildung dieses verschliessenden Gerinnsels nicht zu und eine Nachblutung ist dann die unvermeidliche Folge. Aber auch wenn der Faden entfernt vom Seitenzweige hat angelegt werden können, ist diese schreckliche Gefahr nicht etwa beseitigt. Denn die Entartung der Gefässwand in der Schlingennähe macht zur Geschwürsbildung geneigt und das in der Umbildung begriffene Gerinnsel befindet sich unter gleichen Umständen; heilt demnach die äussere Wunde nicht durch erste Vereinigung, sondern entsteht Eiterung, so kann diese eine unheilvolle Rückwirkung ausüben und die Eröffnung des Gefässes veranlassen, das vielleicht unter den günstigsten Umständen unterbunden worden ist. Liegen die Theile in lockeres Zellgewebe eingebettet und in einer wichtigen Gegend, wie z. B. die Darmbein- oder Schlüsselbeinschlagader, so kann eine weit verbreitete Eiterung von der Wunde ausgehen und in gleicher Weise zum Tode führen. Und selbst in den günstigsten Fällen ist die Heilung langwierig durch die Länge der Zeit, welche die Schlinge zu ihrer Trennung braucht und wie leicht kann selbst noch jetzt die Gegenwart der äusseren Wunde durch Hospitalbrand oder Erysipelas verhängnissvoll werden.

Wie anders gestalten sich diese Verhältnisse unter dem Einflusse des antiseptischen Verfahrens. Vor allem veranlasst das Stück abgestorbenen Gewebes der äusseren Haut nicht an sich nothwendig Eiterung, sobald es vor dem Einflusse der Zersetzung oder künstlich eingeführter reizender Salze bewahrt blieb, im Gegentheile, es dient den umgebenden Geweben gewisser Maassen als Nahrung und wird von ihnen auf dem Wege der Aufsaugung entfernt. Ja, ich schmeichelte mich sogar mit der Hoffnung, dass der durch die antiseptische Lösung von den Zersetzungskeimen befreite, in seiner Masse durchaus chemisch unschädliche Faden, der kurz abgeschnitten in der mit dem antiseptischen Verbande bedeckten Wunde liegen blieb, vielleicht ebenso wie das von ihm umschlossene Gewebe aufgesaugt werden könnte, jedenfalls aber, wie ein Schrotkorn, dauernd eingekapselt werden würde. In jedem Falle könnte der seiner früheren reizenden Eigenschaften ledige Faden den Gefässwänden nichts von ihrer ursprünglichen Stärke nehmen und die bisherige Furcht vor einer Unterbindung in der Nähe eines abgehenden Zweiges würde gegenstandslos werden. Die Wunde würde unter geeigneter Behandlung sich schnell ohne alle tiefe Eiterung schliessen und gegen die Einflüsse der Luft vollständig geschützt sein, mit einem Worte, die Unterbindung eines Gefässes in seinem Zusammenhange wäre ihrer Vollendung ein gutes Stück näher gebracht.

Diese Betrachtungen habe ich praktisch zu verwerthen gesucht und wenn ich auch nicht sagen kann, dass meine Vermuthungen nach allen Seiten hin sich voll bestätigt haben, jedenfalls kann ich mit den Erfolgen zufrieden sein, die ich jetzt zur Kenntniss der Genossen bringen werde.

Unterbindung der Kopfschlagader bei einem Pferde, siehe Seite 68.

Unterbindung der äusseren Darmbeinschlagader. (Die Operation selbst ist bereits Seite 69 mitgetheilt.) Zehn Monate lang befand sich die Kranke ausserordentlich rüstig und gesund, bekam aber in der letzten Hälfte des November einen eigenthümlichen Brustkrampf und starb am dreissigsten, sitzend im Bette und noch ausrufend, dass etwas in ihr vorginge, sie müsse sterben.

Anderen Tages machte ich die Leichenöffnung und fand als Todesursache eine Schlagadergeschwulst am Aortenbogen, die geplatzt war und eine bedeutende Menge Blut in den Mittelfellraum und das Zellgewebe unter dem Brustfelle ergossen hatte. Die frühere Operationsstelle zeigte folgende Einzelnheiten: die Geschwulst war nicht gänzlich verschlossen, aber doch bis zur Grösse einer Kirsche oder Lambertsnuss eingeschrumpft und hatte eine spindelförmige Gestalt angenommen. Die beiden obern Drittel waren durch ein festes, mit dem Sacke eng zusammenhängendes Gerinnsel ausgefüllt, während das untere, gerade an der Abgangsstelle der tiefen Schenkelschlagader liegende sich frei von Gerinnsel gehalten hatte wegen der Rückstauung des Blutes aus diesem Gefässe in das obere. Dieser Theil des Sackes schien nur aus der leicht ausgedehnten Gefässwand zu bestehen. Die äussere Darmbeinschlagader war in ihrer Gesammtheit geschrumpft und spitzte sich von jeder Seite her nach der Mitte zu, so dass hier der Durchmesser ungefähr einen reichlichen Mm. betrug. In dem grössten Theile ihrer Ausdehnung konnte das Gefüge noch deutlich erkannt werden, das Innere zeigte ein anhängendes, entfärbtes und sonst verändertes Gerinnsel. An der engsten Stelle fand sich nur einfaches Fasergewebe, welches ein dichtes weisses

Band von sechszehn Mm. Länge bildete, an dessen Mitte auf der innern Seite ein rundes, lederfarbenes Knötchen von ungefähr drei Mm. Durchmesser aufsass, das durch entzündlich verdichtetes Gewebe der unmittelbaren Nachbarschaft etwas verdeckt wurde. Beim vorsichtigen Abschaben mit der Messerspitze fand ich, dass dieses Knötchen aus einer dünnwandigen Kapsel gebildet wurde, welche den ursprünglichen Knoten des Unterbindungsfadens in sich schloss, dessen spitze Enden entschieden kürzer waren, als ich sie beim Unterbinden gelassen hatte; von der Schlinge war nichts aufzufinden. Die Oberfläche des Knotens war ganz entschieden angefressen und der ähnlich, welche ein abgestorbener Knochen zeigt, der von entzündlichen Neugebilden überwuchert wird — Seite 20 —. Ausser diesem Reste der ehemaligen Schlinge umschloss die dünne Hülle noch eine geringe Menge halbflüssiger, gelblicher Masse, die dem blossen Auge wie ein recht dicker Eiter erschien, unter dem Mikroskope aber nur eine geringe Beimischung von Eiterkörperchen zeigte, während die Hauptmasse aus kleineren runden Körperchen, aus Faserzellen mit inwendiger Zellenentwicklung und unvollkommen entwickelten fasrigen und körnigen Formen bestand, zu denen noch zugespitzte, gezackte oder sonstwie unregelmässige kamen, die im ersten Augenblicke meine Verwunderung erregten, sich aber bald als Ueberbleibsel des seidenen Fadens entpuppten und meistens bedeutend dünner an Umfang geworden waren, wie ein zur Probe untergelegtes frisches Stück zeigte. Mit dieser eiterförmigen Masse waren noch andere zarte, dem blossen Auge sichtbare seidene Fäserchen vermischt, die ihre natürliche Spannkraft sich bewahrt zu haben schienen, wie denn auch die andern nichts zeigten, was auf ein Erweichen oder Auflösen durch die umgebenden Flüssigkeiten hätte hindeuten können; sie schienen, so zu sagen, oberflächlich angenagt zu sein durch die aufsaugende Wirkung der benachbarten Theile. Und wenn man an den organischen Ursprung der Seide denkt, so kann man sich nicht darüber wundern, dass lebendige Gewebe einen solchen Einfluss auszuüben vermögen, als vielmehr darüber, dass die Seide diesem Einfluss so lange zu widerstehen im Stande ist.

Gewiss ist die Beantwortung der Frage eine sehr anziehende,

wenn auch schwierige, was wohl die Veranlassung gewesen sein mag, dass die Theile in der unmittelbaren Berührung mit der Seide diese unvollkommene Entwicklungsform angenommen haben, die zwar nicht streng als Eiter bezeichnet werden kann, aber sicherlich ihm nahe steht. Und so ist es gar nicht unmöglich, dass man es hier mit einem beginnenden Abscesse zu thun hat, dessen Bildung eingeleitet wurde durch den dauernden, wenn auch geringfügigen Reiz, welchen die Gegenwart des Fadens veranlasste und der zu dieser Gewebsentartung führte. Da aber die Zersetzung hier nicht in Frage kommt, der Faden eine chemische Einwirkung nicht auszuüben im Stande ist, so können wir das Wesen dieser Störung nur als eine mechanische auffassen und mit dem Zerfalle des Fadens in engen Zusammenhang bringen. Wir erinnern uns, dass bei dem Pferde sich der Faden sechs Wochen nach der Unterbindung noch ganz unverändert und allseitig umgeben von einem festen Gewebe gezeigt hatte, während im vorliegenden Falle nach zehn Monaten die beginnende Eiterbildung zur Beobachtung kommt; ist es da so unwahrscheinlich, dass der Faden eine längere Zeit ganz wirkungslos liegen blieb und erst einen Reiz auszuüben vermochte, als er theilweise zerfallen war und nun die scharfen und gezackten Faserchen die umgebenden Gewebstheile fortwährend belästigten? Würde diese Erklärungsweise die richtige sein, so gestattete sie auch einen Einblick in die von Lawrence und Anderen gemachten Beobachtungen — siehe Coopers chirurgisches Wörterbuch, 7. Ausgabe, Artikel Aneurysma —, dass, wenn dünne Unterbindungsfäden mit kurz geschnittenen Enden in einem Stumpfe liegen bleiben, die Wunde zwar heilt ohne die baldige Ausstossung jener, dass diese aber in einer späteren Zeit erfolgen kann und zwar zuweilen so lange nach der Unterbindung, dass man dabei nicht mehr an die Folge einer von aussen eingeleiteten Zersetzung denken wird. Man hat auch solche, in kleine Knötchen eingekapselte Faden in der Narbe gefunden, ohne dass überhaupt eine Eiterung eingetreten war. Mit andern Worten, der weiche Faden kann, anstatt ähnlich einem Schrotkorne an dem ursprünglichen Orte der Einbettung liegen zu bleiben, mit oder ohne Eiterung sich einen Weg zur Oberfläche bahnen, wie es auch ein starres Glassplitterchen thut;

er gleicht dabei dem Schrotkorne, so lange seine Fasern im glatten Zusammenhange bleiben und wird dem Splitter ähnlich, wenn durch theilweise Aufsaugung diese Fasern zerfallen und eine scharfe Form annehmen.

Mag man über diese Erklärungsweise denken wie man will, die Thatsache wird nicht übersehen werden dürfen, dass es ein ernstes Bedenken haben muss, bei der Unterbindung überhaupt der Seide, selbst der antiseptisch gemachten, sich zu bedienen, da sie unzweifelhaft, wenn auch in Ausnahmefällen, Eiterung in der Nachbarschaft der Unterbindungsstelle anzuregen im Stande ist; im vorliegenden Falle konnte man die im Anzuge begriffene Eiterung nur mit der Anwesenheit des Fadens in Verbindung bringen und wenn auch die Beschaffenheit desselben die Möglichkeit der Aufsaugung der Seide nachwies, so drängte sich doch das Verlangen in den Vordergrund, sie durch einen anderen Stoff zu ersetzen, der vielleicht in kürzerer Zeit von den Geweben aufgenommen würde.

Der Gebrauch „thierischer Unterbindungsfäden", aus Schaafdärmen — Catgut — Leder, Sehnen ist nicht neu — siehe Cooper, chirurgisches Wörterbuch, 7. Auflage, Artikel: Aneurysmen und Ligaturen — aber als unzweckmässig wieder verworfen worden; nach den Erfahrungen jedoch, die ich über die Aufsaugung abgestorbener, unter dem Einfluss der antiseptischen Behandlung stehender Gewebstheile ohne Eiterung gemacht habe, musste ich mir sagen, dass Fäden, die aus thierischen Geweben gefertigt und antiseptisch zubereitet waren, in gleicher Weise zum Schwund gebracht werden könnten. Auch schien es mir nicht wahrscheinlich, dass, falls chemische Mittel bei der Zubereitung verwandt worden wären, dies irgend wie die Aufsaugung beeinträchtigen würde, da, ganz abgesehen von der Karbolsäure, auch eine kräftige Lösung des Eisenchlorids oder der Gerbsäure bei der Behandlung der Naevi unterhautliche Verschorfungen veranlasst, die mit der Lösung eng vermischt ohne Eiterbildung zum Schwunde gebracht werden. Ich stellte nun folgenden Versuch an.

Am einunddreissigsten Dezember 1868 chloroformirte ich ein wenige Tage altes, gesundes Kälbchen, unterband ihm in der Mitte des Halses die rechte Kopfschlagader in einem Zwischenraume von vier Cm. zwei Mal mit verschiedenen Fäden und liess die Gefässscheide in diesem Raume unberührt. Der eine Faden war von mir fest zusammengedreht aus drei Streifchen vom Dünndarm-Bauchfelle eines Ochsen und an der Herzseite angelegt, der andere, an der äusseren Unterbindungsstelle, bestand aus einer feinen Darmsaite — Catgut —. Beide Fäden waren vier Stunden lang in eine gesättigte wässrige Karbolsäurelösung gelegt worden, wodurch sie anschwollen und weich wurden; der von mir gefertigte ging eben nur an seinem Ende in das Oehr der Aneurysmanadel und vertrug ganz gut ein festes Anziehen, während die feine Schaafdarmsaite beim Zusammenschnüren der Schlinge riss. Ich entfernte aber den Rest nicht, sondern führte ein zweites Stück an derselben Stelle um das Gefäss und knotete es mit leisem Zuge. Alle Fäden wurden nun kurz abgeschnitten, mit Ausnahme eines Saitenendes, das ich absichtlich zwei Cm. lang liess, um besser beobachten zu können, was aus dem fremden Körper werden würde. Vor der Operation hatte ich die Haare der ganzen Stelle kurz abschneiden und mit einer Mischung von einem Theile Karbolsäure auf vier Theile Leinöl tüchtig einreiben lassen, um alle zersetzungsbedingenden Wesen, die an den Haarwurzeln sitzen konnten, zu zerstören; alle bei der Unterbindung gebrauchten Schwämme wurden in einer wässrigen Lösung — eins zu vierzig — ausgewaschen; in gleicher Weise alle benutzten Scheeren, Messer, Nadeln, der Kupferdraht für die Hautnähte u. s. f. darin eingetaucht, ebenso die Finger meiner linken Hand und schliesslich noch, nachdem die letzte Naht in die Haut eingeführt war, übergoss ich die ganze Wunde mit dieser Lösung, um ganz sicher zu gehen, dass nicht etwa mit zurückgehendem Blute Keime ins Innere gelangen könnten. Ueber die Wunde wurde ein zusammengelegtes, mit der öligen Lösung getränktes Tuch gelegt, gross genug, um den Hals in seiner ganzen Länge und im ganzen Umfange zu decken und befestigt theils durch eine Rollbinde, die es fest an die Haut anschmiegte, theils an einem Kopf- und Leibgurte, so dass es am Verschieben nach vorn oder hinten verhindert war. Darüber kam ein Stück Gutta-perchazeug, das wieder mit einer Rollbinde befestigt wurde und eine Art Schiene zu liegen, welche mögliche Seitenbewegungen, die stören konnten, einschränken sollte.

Der Leser mag diese umständliche Aufzählung entschuldigen mit der nothwendigen ängstlichen Genauigkeit und Sorgfalt, die gerade auf die Einzelnheiten des Verbandes verwandt werden müssen, will man einen guten Erfolg haben.

Ueber das Tuch wurden in der ersten Woche täglich ungefähr hundert Gramm der öligen Lösung gegossen, worauf ich den Verband drei Tage lang gänzlich unberührt liess und ihn dann entfernte. Die Wunde war trocken und frei von Empfindlichkeit und das unmittelbar aufliegende Verbandstück nur oberflächlich blutig gezeichnet. Bei der Entfernung der Nähte war nur bei der dem Kopfe am nächsten liegenden ein Tröpfchen Eiter zu bemerken und schon nach wenigen Tagen war die Stelle gesund vernarbt.

Dreissig Tage nach der Operation wurde das Thier getödtet, das sich bis dahin ganz gesund benommen hatte. In der Nachbarschaft des unterbundenen Gefässes fehlte merkwürdiger Weise jede Spur entzündlicher Verdickung, das Zellgewebe war durchaus natürlich, weich und lose, dagegen wunderte ich mich, dass die Schlingen der Unterbindungsfäden sich genau noch in der alten Beschaffenheit, dem Anscheine nach, vorfanden. Und doch hätte ich können darauf vorbereitet sein, dass sie eben nur scheinbar noch vorhanden waren und nicht mehr in der Wirklichkeit, wären mir frühere Beobachtungen gleich im Gedächtnisse gewesen. Ich erinnere an einen bereits mitgetheilten offenen Unterschenkelbruch, — Seite 10 — bei dem ich drei Wochen nach geschehenem Unfalle, als ich einen Theil des Schorfes ablöste, in dem gefässreichen Gefüge, in welches sich das ausgetretene Blut umgewandelt hatte, einen kleinen runden Hohlraum vorfand, der den Beweis lieferte, dass die todte, aber dennoch zur Ernährung verwendbare Masse gewisser Maassen als Formunterlage für die Bildung neuen Gewebes gedient hatte, dessen wachsende Grundstoffe den Platz der aufgesaugten Theile einnahmen, um nun etwas Lebendes, Festes derselben Form zu bilden.

Diese Beobachtung hätte also von vornherein den Schluss zugelassen, dass auch die aus Bauchfell und Schaafdarm bereiteten Unterbindungsfäden nach Ablauf einer gewissen Zeit sich in lebendiges Gewebe umformen mussten, wie es auch bei genauer

Untersuchung der Fall war. Sie hatten sich ihr früheres Ansehen täuschend bewahrt, indem ihre mineralischen unreinen Beimischungen, welche nicht aufsaugungsfähig waren, auch im neuen Gewebe ihren Platz behaupteten und dieses gewisser Maassen tättowirten. Aber bei genauerem Hinsehen konnte man eine entschiedene Farbenveränderung erkennen, namentlich an der Darmsaite, die statt des schmutzig grauen einen schmutzig fleischrothen Ton angenommen hatte. Dabei waren die beiden ursprünglichen Fäden in ein fleischiges Band verwachsen, das untrennbar mit der äusseren Haut vereinigt blieb. Die Knoten liessen sich nirgends auffinden und auf die einstige Gegenwart des absichtlich lang gelassenen Endes wies nur ein zarter Zellgewebsfaden hin, der mit dem Gefässe im Zusammenhange stand und hie und da einzelne dunkle Fleckchen zeigte. Der aus dem Bauchfelle zubereitete Faden hing in gleicher Weise mit der Gefässwand zusammen; an Stelle des derben Knotens war eine weiche, glatte Masse getreten, die anfänglich gänzlich gleichartig zu sein schien, abgesehen von der schon erwähnten Einsprengung dunkler Theilchen. Auf dem Durchschnitte jedoch fand sich noch ein kleines, der Gefässwand dicht anliegendes Ueberbleibsel des ursprünglichen Knotens, von verhältnissmässig fester Beschaffenheit, welches noch deutlich das dreisträhnige Gewinde zeigte und sich leicht aus dem einbettenden Gewebe mit ein Paar Nadeln herausnehmen liess. Auch von der Schlinge war noch ein unbedeutender, unregelmässiger Ueberrest vorhanden, der in einer röhrenförmigen Höhlung lag und sich ungefähr um das halbe Gefäss herum erstreckte.

Somit war also der Vorgang der Umbildung noch nicht in der ganzen Dicke des fremden Körpers erfolgt und wir konnten es als einen glücklichen Umstand betrachten, dass die Fäden ursprünglich so zubereitet waren, weil dadurch der Unterschied zwischen der alten und neuen Form zum deutlichen Ausdrucke kam.

Was aber das unbewaffnete Auge schon hatte zu erkennen vermocht, das bestätigte auf das bündigste das Mikroskop. Ein Stückchen Ueberbleibsel vom Bauchfelle zeigte genau so wie ein frisches die wellenförmigen Bündel gleichlaufender Fasern, die so bezeichnend sind für vollkommen entwickeltes Bindegewebe, während etwas der Oberfläche anklebende, weiche, dunkle Masse, die leicht abgespült werden konnte, aus verschiedenartig gebildeten Körperchen bestand — meist geschwänzten oder Faserzellen, oder rundlichen, die indess keine Aehnlichkeit mit Eiterkörperchen zeigten — und hie und da nur die Reste des ursprünglichen Bauchfellgewebes wahrnehmen liess, in dessen Zwischenräumen sich Zellen entwickelt hatten. Etwas vom Reste des alten Fadens entfernt bot das auf seine Kosten gebildete Neugewebe ein schönes Beispiel eines Faserzellgefüges und bestand aus sehr grossen verlängerten Zellen, die oft mehrere Kerne enthielten, Zweige abgaben oder Anschwellungen verschiedener Formen zeigten. Stellenweise waren die Fasern vollkommener ausgebildet, aber auch Zellen vorhanden, die noch im Anfange der Bildung standen. Andererseits hatten sich die beiden Schlingen aus Darmsaite — die, zu einer Masse verwachsen, wegen ihrer Dünnheit jedenfalls eher verschwunden waren und somit mehr Zeit zu ihrer Umbildung fanden — in ein verhältnissmässig gut entwickeltes Fasergewebe umgesetzt, das mehr aus groben Fasern, als aus verlängerten Zellen bestand und so das Mittelglied abgab zwischen den Faserzellen der neueren Bildung und dem vollendeten Gefüge des ursprünglichen Fadens, der unter dem Mikroskope einen Reichthum ausgeprägten Fasergewebes zeigte. Somit konnte es wohl kaum einen günstigeren Zeitpunkt geben, der uns über das Wesen der Umänderungen, welche antiseptisch behandelte Unterbindungsfäden aus thierischen Stoffen erleiden, so reiche Auskunft verschaffte.

Der zwischen beiden Unterbindungsstellen liegende Theil des Gefässrohres war mit Gerinnsel gefüllt, das fest ansass, zum grössten Theile sich entfärbt zeigte und unter dem Mikroskope aus Faserzellen von unregelmässiger Form bestand. Ein gleiches fand sich zwischen der Kopfunterbindungsstelle und einem ungefähr sechs Mm. oberhalb abgehenden Zweige. An der dem Herzen näher liegenden Seite hatte sich kein Gerinnsel bilden können, weil hier unmittelbar darüber ein grösserer Ast sich abzweigte, so dass die unterbundene Stelle einen ganzen Monat lang die volle Wucht des Herzstosses ausgehalten hatte, ohne nur im Geringsten darunter gelitten zu haben, was bei dem gewöhnlichen Verfahren wohl nicht ausgeblieben wäre. Es schien im Gegentheile, als hätte der operative Eingriff eher noch die Widerstandsfähigkeit vermehrt, durch die Bildung des sich fest an die Gefässwand anschliessenden Ringes aus neuem Gewebe, sowie durch die Verdickung der inneren Haut an dieser Stelle, die durch den weichen Unterbindungsfaden nur unvollkommen schien durchrissen worden zu sein; sie bildete einen Blindsack, dessen faltige Unebenheiten mit einer geringen, faserstoffhaltigen Ablagerung überglättet waren, welche das Ansehen eines festen Fasergewebes angenommen hatte und auf ihrer freien Fläche von dem Epiteliallager nicht zu unterscheiden war.

Das Gefüge der Gefässhäute an der Kopfunterbindungsstelle schien in keinerlei Weise verändert zu sein. Die mittlere Haut erschien wie ein fleischfarbener Streifen zwischen zwei weissen Strichen, welche die äussere und innere darstellten, war aber weder dicker noch dünner als an den benachbarten Theilen. Die Darmsaite hatte zu wenig gewaltsam eingeschnürt, um eine Zerreissung der inneren und mittleren Haut zu Wege zu bringen, so dass sie keine dauernden Spuren einer Störung hinterliess und das sie ersetzende fleischige Band diente wenigstens im Anfange mit zur Verstärkung des Gefässes, wenn man auch annehmen kann, dass es mit der Zeit zu einem unbedeutenden Faden würde zusammengeschrumpft sein.

Dieses Verhalten ist geeignet, die alte Frage wieder auftauchen zu lassen, ob es nicht besser wäre, das Zerreissen der inneren und mittleren Haut ganz zu vermeiden, wie es bei Anwendung einer hübsch starken, vorher in wässriger Lösung erweichten Darmsaite möglich ist, was zugleich die volle Unverletztheit der äusseren Haut im Gefolge haben würde. Doch lege ich hierauf keinen allzugrossen Werth, da der Zustand des Gefässes an der Herzseite wohl unwiderleglich zeigte, dass die Unterbindung Veranlassung zur Vermehrung der Widerstandsfähigkeit geworden war.

Es scheint also aus dem Mitgetheilten hervorzugehen, dass Unterbindungsfäden, welche antiseptisch behandelt und aus thierischen Geweben bereitet sind, gleichviel, ob sie fest oder nur leicht angezogen wurden, einem Ringe lebenden Gewebes gleich das Gefäss an der unterbundenen Stelle nur kräftigen. Ferner, dass der Wundarzt jetzt dicht an der Abzweigung eines grösseren Gefässes unterbinden kann, ohne die verhängnissvollen Nachblutungen oder tiefsitzenden Eiterungen fürchten zu müssen, vorausgesetzt natürlich immer, dass er die leitenden Gedanken der antiseptischen Behandlungsweise in sorglichster Weise zur Geltung bringt. Ich für meinen Theil würde ohne Zögern den gemeinschaftlichen Stamm der rechten Schlüsselbein- und Kopfschlagader unterbinden, und zwar in der Gewissheit des sicheren Ausganges.

Catgut, aus dem Dünndarme der Schaafe bereitet und nicht zu verwechseln mit Saiten aus ungesponnener Seide — silkworm's gut — ist für einen niedrigen Preis schon von der Stärke eines Pferdehaares an zu bekommen. So wie es im Handel vorkommt, ist es allerdings nicht zu verwerthen, weil es angefeuchtet nicht nur sehr weich und schwach, sondern auch wie frischer Darm sehr schlüpfrig wird, so dass ein damit geknüpfter Knoten beim leisesten Zuge sich auflöst. Glücklicher Weise lässt sich diese unangenehme Eigenschaft auf einem sehr einfachen Wege beseitigen, indem man die Saiten vorher in eine Lösung legt, die aus fünf Theilen eines fetten Oeles und einem Theile flüssiger Karbolsäure — hergestellt durch Hinzufügen von zehn Procent Wasser zum Krystalle — bereitet ist. Das mit der Säure verbundene Wasser wird dann durch das Oel abgeschieden und es bildet sich nun eine sehr feine Emulsion, welche einen bemerkenswerthen physikalischen Einfluss auf thierisches Gewebe ausübt. Zunächst schwillt die Saite, wird weich und undurchsichtig, wenn auch nicht in dem Maasse, wie im reinen Wasser; nach wenigen Tagen aber tritt das Gegentheil hervor, der Faden gewinnt allmälig an Festigkeit und Durchscheinen, bis er endlich sehr kräftig aber geschmeidig und ganz frei von dunkeln Stellen sich zeigt. Zieht man ihn dann zwischen den Fingern hin, so verliert er seine Schlüpfrigkeit und ein nun geknüpfter Knoten hält fester als der mit einem gewichsten, seidenen Faden geschürzte. Wasser, gleichviel ob kalt oder auf sechsunddreissig Grad C. erwärmt, übt einen nur geringen Einfluss auf den Faden aus und selbst fauliges Blutwasser, in der Körperwärme tagelang erhalten, vermag der Festigkeit des Knotens nichts zu nehmen.

In dieser Form scheint die Darmsaite einen fast vollkommenen Stoff für den angedeuteten Zweck abzugeben.

So will ich denn hoffen, dass „präparirte Darmsaite“ recht bald ein wohlbekannter Handelsgegenstand wird. Für die aber, welche selbst sie herzustellen wünschen, sei noch besonders betont, dass das Wesen der ganzen Zubereitungsweise in der Einwirkung einer Emulsion von Wasser und Oel auf thierisches Gewebe besteht, der Zusatz der Karbolsäure nur den Zweck hat, den Faden antiseptisch zu machen. Bringt man eine selbst Monate lang so zubereitete Saite in reines Wasser, so wird sie wieder weich, dunkel und schlüpfrig, als wenn gar nichts mit ihr vorgegangen wäre. — Wie diese Emulsion auf die kleinsten Gewebstheilchen eine solche Einwirkung ausüben kann, das weiss ich, offen gestanden, nicht. Anfänglich dachte ich daran, ob diese vielleicht bedingt sei durch ein dichteres Aneinanderschliessen der Theilchen, indem die feuchte Saite in dem Oele langsam austrocknete, da die Wassertheilchen auf dem Boden des Gefässes sich ansammelten. Aber ganz abgesehen von anderen, dieser Ansicht widerstreitenden Gründen, das Oel bleibt eine sehr lange Zeit trübe, da das Niedersinken der feineren Wassertheilchen ausserordentlich langsam vor sich geht und wenn man dann nach Wochen ein Stück nicht zubereiteter Saite hineinbringt, so wird diese durch dieselbe Flüssigkeit weich und dunkel, welche das andere Stück fester und durchsichtiger machte. Man muss auch Sorge tragen, dass die Saite nicht den Boden des Gefässes berührt, da die mit dem niedergesunkenen Wasser in Berührung kommenden Theile die gewünschten Veränderungen nicht eingehen. Das Gefäss selbst darf nicht geschüttelt werden, weil durch das Aufrütteln des Wassers der ganze Vorgang verzögert wird; eine Temperaturerhöhung auf sechsunddreissig Grad scheint anfänglich eine Beschleunigung herbeizuführen, aber schliesslich wird man bei einer Vergleichung finden, dass die bei gewöhnlicher Temperatur behandelte Saite doch den Vorzug verdient; ja ich habe gefunden, dass eine niedere Temperatur, ungefähr acht Grad C., ganz entschieden förderlich ist, indem schon nach einer Woche die Saite in einer genügenden Weise vorbereitet war. Genug, man kann es als Regel hinstellen, dass man die Zubereitung der Saite in einem möglichst kühlen Zimmer vornimmt und sie möglichst lange — mindestens zwei Monate — in der Emulsion liegen lässt. Aus dieser herausgenommen, trocknet sie bald an der Luft, behält ihren Karbolsäuregehalt einige Stunden, verliert ihn dann gänzlich, bewahrt sich aber ihre anderen Eigenthümlichkeiten. Für den Wundarzt wird es also am Besten sein, sie immer in der Emulsion liegen zu lassen. — Zur Gefässunterbindung genügt Saite von der Stärke der gewöhnlichen Börsenseide, für Wunden kann sie viel dünner sein. Mehrere Ellen der letzteren lassen sich aufgewickelt ganz gut in der Verbandtasche bergen.

V. Akademische Eröffnungsvorlesung; am achten November 1869 in Edinburg gehalten.

M. H. Mit sehr gemischten Gefühlen trete ich vor Sie hin: des Stolzes voll, dass es mir vergönnt ist, den Stuhl des Vorsitzenden einnehmen zu dürfen, von dem aus innerhalb der letzten sechsunddreissig Jahre der wohlthätigste Einfluss auf unsere so hochberühmte ärztliche Schule ausgeübt ist; niedergedrückt durch den Unmuth, dass ich diesen Stuhl nur einnehmen konnte in Folge des Rücktrittes jenes Mannes — Syme —, der ihm erst vom Anfange an bis zum Ende den höchsten Glanz verlieh, der ihn erst zu den höchsten Ehren brachte. Würde es auch unschicklich sein, all das in seiner Gegenwart zu sagen, was mir wohl sonst das Herz bewegt, das darf ich nicht unterdrücken, dass er nach meiner Ueberzeugung ohne seines Gleichen dastand, gleichviel ob man auf ihn schaut als wissenschaftlich und praktisch gebildeten Chirurgen oder als Lehrer jener Grundsätze, die er mehr als ein anderer Mann in unserm Jahrhunderte begründet und befestigt hat. Und nehme ich noch dazu den von uns Allen beklagten Grund, der ihn veranlasste, den Sitz aufzugeben, welchen er so lange geziert hat, dann muss mich ein demüthigendes Gefühl meiner Unzulänglichkeit überkommen, ein Gefühl meiner Schwäche, wenn ich an diese gigantische Kraft im Wollen und Können denke, ein Gefühl meiner Unfähigkeit, diesen Platz würdig auszufüllen! Ich kann mir nur von Gott ein eifriges Bestreben erbitten, nach meinen Kräften bestens für Sie und mit Ihnen zu arbeiten und verlasse mich dabei vertrauensvoll auf Ihr freundliches Entgegenkommen und den uns Allen zur höchsten Freude gereichenden Umstand, dass unser alter Meister uns auch noch fernerhin mit seiner Gegenwart beehren, uns mit seinem Rathe unterstützen wird. Ja, es wird für mich eine hohe Genugthuung sein, dass ich das Vorrecht habe, jeden Augenblick in die unendliche Schatzkammer seines Wissens und seiner Erfahrungen schauen zu dürfen, so dass er gewisser Maassen durch mich Ihr Lehrer bleibt.

Doch wenden wir uns zu dem Gegenstande, der uns heute beschäftigen soll.

Klinische Chirurgie ist streng genommen Chirurgie am Krankenbette, erläutert durch Fälle im Krankenhause und unterschieden von der im Hörsaale nach einem bestimmten Gange gelehrten. Die Wichtigkeit der Forschung am Krankenbette darf nicht unterschätzt werden, denn diese ist der Schlussstein, ohne welchen das ganze vorbereitende Lernen ganz nutzlos sein würde, sie ist für Medicin und Chirurgie das, was das Zergliedern für die Anatomie wird, sie verschafft die vertraute Bekanntschaft mit dem Wesen und der Natur der Krankheit, sowie ein unwillkürliches, ahnungsvolles Erkennen der einzuschlagenden Behandlung, ohne welches ein sonst auch noch so kenntnissreicher Mann nicht im Stande ist praktisch thätig zu sein. Aber, höre ich Sie fragen, wie soll es möglich sein, hiernach eine Reihe von Vorlesungen einzurichten? wie kann man eine solche zahlreiche Zuhörerschaft in einem Saale vom Bette zum Bette führen und hier mit Vortheil die entsprechenden Vorträge halten? Das würde allerdings nicht gut angehen. Denn die am Bette gemachten Bemerkungen können nur für die hohen Werth haben, welche sie hören und dabei den Kranken sehen, das aber werden nur immer wenige sein. So kommt es, dass klinische Vorlesungen gewöhnlich in Mittheilungen von Einzelnheiten ausarten, welche der Mehrzahl der Zuhörer auch nicht den geringsten praktischen Nutzen gewähren.

Dieser Schwierigkeit wusste Syme sehr gut zu begegnen, indem er es in den meisten Fällen ermöglichen konnte, den betreffenden Kranken in dem Operationssaale der ganzen Zuhörerklasse vorzustellen, wo Alle die hervorspringenden Züge des Krankheitsbildes zu sehen und die Bemerkungen zu hören vermochten, welche entweder der Lehrer gab oder der Kranke selbst über die Erscheinungen seines Leidens machte; ebenso bekamen sie eine klare Anschauung von der erforderlichen Behandlung, die dann und wann sofort eingeschlagen werden konnte; oder, wenn eine nöthige Operation auf einen andern Tag sich verschieben liess, so erschienen sie hinlänglich vorbereitet, den einzelnen Abschnitten des operativen Verfahrens mit Sachkenntniss zu folgen, nachdem die hierbei leitenden Gedanken ihnen voll entwickelt waren. In dieser Weise handelnd wird man in Wahrheit klinische Belehrung zu geben vermögen, die einen reichen Gewinn bringen und einen dauernden Eindruck hinterlassen muss. Die Vortheile dieses Verfahrens habe ich in Edinburg kennen und schätzen gelernt, ich habe in Glasgow mich von ihm bestimmen lassen und werde es auch hier wieder einhalten. So unschätzbar nun solche Vorlesungen auch sind, so müssen Sie sich doch vor dem Irrthume hüten, als wenn die blosse Aufmerksamkeit für sie bei dem klinischen Lernen genügte. Man muss nicht nur die Krankheiten sehen und ihre Behandlung beobachten, sondern auch selbst zufassen und persönlich um ihre Handhabung sich bekümmern. Dies zu erlernen wird die Möglichkeit gegeben durch die verschiedenen Anstellungen in unsern Krankenhäusern und sollte Niemand die schwere Verantwortung der Praxis übernehmen, der nicht diese ihm gebotenen Gelegenheiten voll benutzt hätte.

Kehren wir aber zu unserm Thema zurück. Ich will ein ander Mal Veranlassung nehmen, Rathschläge zu geben, wie Sie am besten das vorgesteckte Ziel erreichen können, heute gestatten Sie den Rest der knapp zugemessenen Zeit damit zubringen zu dürfen, dass ich Ihnen volle Ueberzeugung von der Richtigkeit jener Ansicht verschaffe, welche den Vorgang der Zersetzung mit den in der Luft schwebenden Lebensformen in Zusammenhang bringt und die Grundlage geworden ist einer neuen Art von Behandlung, die in allen Gebieten der Praxis Verwendung findet, ohne deren Verständniss wir kaum in die Betrachtung einzelner Fälle einzutreten vermögen, ich meine die antiseptische Verbandweise. Sie hat den Zweck, der Entwicklung der Zersetzung in einem erkrankten Theile wirksam entgegenzutreten. Wird dieser Zweck in der That erreicht, dann wird Chirurgie etwas durchaus verschiedenes von dem, was bisher darunter verstanden wurde. Krankheiten und Verletzungen, die jetzt für entsetzlich, ja hoffnungslos gelten, können ruhig und sicher der Genesung entgegengeführt werden. So wird diese neue Anschauung der Dinge der Polarstern, dessen Licht unser Schiff sicher über das unheimliche Meer geleitet.

Die Keimlehre erklärt uns, dass die Zersetzung körperlicher Stoffe unter dem Einflusse der Luft vor sich geht, aber nicht angeregt wird durch den Sauerstoff, wie man vermuthet hatte, sondern durch Lebensformen, die in ihr schweben und die Sonnenstäubchen zusammensetzen helfen.

Der erste grosse Schritt, der zu der Aufstellung dieser neuen Lehre führte, bestand in der Entdeckung der Hefenpilze 1836 durch Cagniard Latour, der sie torula cerevisiae nannte. Man sah sie als die Haupttheile der Hefe an und betrachtete die Zersetzung des Zuckers in Alkohol und Kohlensäure als abhängig von der Entwicklung dieser Pflänzchen — Comptes rendus tom. IV. p. 905. — In dem folgenden Jahre veröffentlichte Schwann in Berlin die Ergebnisse seiner bemerkenswerthen Untersuchungen über die Ursache der Zersetzung, aus denen hervorging, dass er ganz selbstständig zur Auffindung der Hefenpilze gekommen war; er wies nach, dass eine Fleischabkochung sich wochenlang frei von Zersetzung und Entwicklung kleiner Thierchen und Pflänzchen hielte, auch wenn man die Luft in dem Gefässe häufig erneuerte, sobald nur Sorge getragen würde, diese zutretende Luft an einer Stelle ihres Durchganges zu dem Gefässe einer hohen Wärme auszusetzen. — Poggendorf's Annalen vol. XLI, art. XVI. — Er schloss daraus, dass die Zersetzung durch die aus jenen Keimen entspringenden und in der Luft schwebenden Lebensformen bedingt würde, welche aber in dem erhitzten Luftstrome ihre Lebensfähigkeit einbüssten, so dass die Fleischabkochung frei blieb von dieser Entwicklung. Mit andern Worten, Schwann stellte zuerst die Lehre auf von der Einleitung der Fäulniss durch Keime. Diese Untersuchungen schienen mir deutlich zu beweisen, dass der Sauerstoff an sich die Fäulniss nicht bedingt. Zwar darf nicht verschwiegen werden, dass alle solche Untersuchungen, wenn man sie wiederholt, fehlschlagen können, aber andererseits wollen wir auch nicht vergessen, dass hier verneinende Erfolge nichts gelten, wenn die bestätigenden in voller Kraft bleiben, ein Punkt, den man bei dem sich hieran knüpfenden Streite zu sehr unbeachtet gelassen hat. Wenn wir festhalten, was die Keimlehre annimmt, wie klein die Zersetzung veranlassenden Theilchen sind und wie allgemein verbreitet in der Luft und dem Staube, der auf jeden Körper sich festsetzt, den er erreichen kann, so lässt sich wohl ein Fehlschlagen bei solchen Untersuchungen verstehen in Uebereinstimmung mit der Wahrheit der ganzen Anschauung, aber nimmer der Erfolg in einem einzelnen Falle, der die Falschheit bezeugen soll. Wenn es in einem gegebenen Falle glückt, gekochtes Fleisch wochenlang frei von Zersetzung zu halten, obwohl die Luft frei und nicht verändert hinzutreten konnte, abgesehen von der zeitweisen Erhöhung ihres Wärmegehaltes, so muss das genügen, um zu beweisen, dass der Sauerstoff, wie er den Chemikern bekannt ist, mindestens nicht als der einzige Erreger der in Frage stehenden Veränderung betrachtet werden kann[10]. Eine glücklich zutreffende Untersuchung ist unter tausenden genügend diese Frage festzustellen.

Schwann's Untersuchung fand leider nicht die Beachtung, die sie verdiente. Man brachte die Zuckergährung mit der torula cerevisiae in Zusammenhang, für die Fäulniss aber hatte man keinen entsprechenden Erreger. Und dennoch bieten diese beiden Vorgänge viel Aehnlichkeit mit einander. Wir haben zwei stäte chemische Verbindungen, Zucker auf einer, Eiweiss auf der andern Seite, die beide aussergewöhnliche chemische Veränderungen unter dem Einflusse einer ausserordentlich kleinen Menge eines Stoffes erleiden, der chemisch betrachtet uns unthätig erscheint. Als Beispiel wollen wir eines Umstandes Erwähnung thun, der bei der Behandlung grosser langwieriger Abscesse öfter zur Beobachtung kommt. Um den Eintritt der Luft in die Eiterhöhle zu verhindern, bedienen wir uns des Trokars, der, in Oel getaucht, eingestossen wird, so dass nach Entfernung des Stilets der Eiter aus der Röhre ausfliessen kann, die dann vorsichtig herausgezogen wird; man unterlässt dabei nicht, durch leichten Druck dafür Sorge zu tragen, dass die Flüssigkeit nicht zurücktritt und Luft mit hineinzieht. Jedenfalls sind die unmittelbaren Folgen dieses Verfahrens zufriedenstellend, denn der Kranke fühlt sich freier und hat von dem Einstiche weiter keine Unannehmlichkeiten.

Aber der Eiter sammelt sich gewöhnlich wieder an, das Verfahren muss wiederholt werden und wir haben keine Sicherheit gegen den Eintritt übler Folgen. Trotz aller Vorsicht kann es geschehen, dass am ersten oder zweiten Tage nachher fieberhafte Erscheinungen sich einstellen, die Haut über der Eiterhöhle sich röthet, die Flüssigkeit ausserordentlich schnell sich wieder ansammelt, kurz dass irgend ein Reiz seine Gegenwart verräth. So wird es dringend nöthig, durch einen freien Einschnitt die Höhle blos zu legen, um einer gewöhnlich verhältnissmässig grossen Menge eines fauligen Eiters den Austritt zu ermöglichen. Wie will man sich, frage ich, diese Veränderungen erklären, wenn man sich nicht auf die Keimlehre stützt? Irgend ein Reiz muss von Aussen eingewirkt haben; Entzündung der Einstichsstelle würde nicht ausreichen, da diese wohl Eiterung aber nimmer Zersetzung veranlasste. Der ursprünglich abgelassene Eiter war vollkommen gut und lobenswerth und wir kennen nur äussere Einflüsse, die seine Umänderungen bedingen. Aber was konnte das sein? Das Eintauchen des Trokars in Oel und sonst beobachtete Vorsicht verhindern den Zutritt des Sauerstoffs und selbst wenn etwas davon in die Höhle dringen sollte, so würde das doch nur eine so geringe Menge sein, dass man kaum einen solchen Einfluss auf diese Eiweissmassen anzunehmen berechtigt wäre. Zudem hat die eiterbildende Haut einen Ueberfluss an Haargefässen, welche fortwährend Sauerstoff zuführen, so dass unter seiner Einwirkung auch schon der ursprünglich gebildete Eiter sich hätte umändern müssen.

Genug, sehen wir den Sauerstoff als den Hervorbringer dieser Zustände an, so kommen wir nicht von der Stelle, eine Schwierigkeit, die sofort schwinden wird, wenn wir uns der luftigen Staubtheilchen erinnern, die den Trokar so gut wie jedes andere Ding belegen, zwischen Rohr und Stilet sich ablagern, beim Eindringen desselben in die Gewebe wohl abgesetzt, aber vom abfliessenden Eiter nicht wieder herausgespült werden; wir erinnern uns, dass dieser Luftstaub vermischt ist mit jenen Keimen, von denen nur einer in die Höhle zu gelangen braucht, um bei der hohen Wärme in der eiweisshaltigen Flüssigkeit sich ausserordentlich schnell weiter zu entwickeln.

So auffällig nun die Aehnlichkeit in diesem Falle zwischen Fäulniss und weiniger Gährung ist, sobald man an die Mächtigkeit der Wirkung und die Kleinheit und chemische Unthätigkeit der Ursache denkt, so werden Sie doch noch weitere Beweise dafür haben wollen. Das Mikroskop zeigt uns die Torula im gährenden Moste oder Biere, zeigt es uns in gleicher Weise auch im Eiter solch lebende Wesen? Ja gewiss! Myriaden dieser kleinen, Vibrionen genannten Körperchen beweisen durch die Kraft der Bewegungen ihre Lebensthätigkeit; und es ist nicht Vermuthung, es ist Thatsache, dass die Bevölkerung des Eiters mit diesen Wesen durch den Trokar vermittelt worden ist. Damit wird aber all diesen Veränderungen das Wunderbare genommen. Wir kennen die hervorragende Eigenthümlichkeit lebendiger Gewebe, auf ihre Nachbarschaft in einer Ausdehnung chemisch verändernd einwirken zu können, welche weit hinausreicht über ihre Thätigkeit als blosse chemische Verbindungen; ebenso unterliegt es wohl kaum einem Zweifel, dass die eiweisshaltige Flüssigkeit, in welcher diese Thierchen sich weiter entwickelt und auf deren Kosten sie gelebt haben, auch in ihrer Zusammensetzung verändert wird, genau so, wie wir die genossene Nahrung verändern.

Die eine übrig bleibende Frage wäre also noch zu beantworten, woher kommen diese Vibrionen; entspringen sie, wie die höher entwickelten Thiere und Pflanzen aus ihnen ähnlichen, vorher vorhandenen Wesen? oder haben sie sich von selbst gebildet aus dem Eiter, der in einer nicht näher zu bezeichnenden Weise durch die Einführung des Trokars in seiner natürlichen Zusammensetzung verändert worden ist?

Alles, m. H., spricht zu Gunsten der ersteren Ansicht. Die Lehre von der freiwilligen Urzeugung hat sich auf immer niedere Thierstufen zurückziehen und beschränken müssen, je nachdem unsere Erkenntniss sich erweitert hat. Ich erinnere mich noch eines Gespräches, das ich als Student mit einem älteren Herrn über die Käsemilben hatte, der an eine Bildung derselben durch Umsetzung der Käsemasse selbst glaubte und meine Meinung, sie stammten aus den Eiern von früher lebenden her, widersinnig nannte. Als wir aber das Mikroskop hernahmen, und er sich überzeugte, dass sie ähnlich wie Spinnen und Krebse gebildet und mit Fortpflanzungsorganen versehen sind, da musste er doch von seiner Meinung einer blossen Umformung der Käsemasse abgehen. Steht also ihre Abstammung fest, so ist man doch noch im Zweifel über die Art der Fortpflanzung, ob sie durch Uebertragung oder Wanderung vor sich geht.

Können sich demnach Schwierigkeiten erheben, die weite Verbreitung der Milbeneier zu erklären, so schwindet jene immer mehr, je kleiner die betreffenden Wesen werden. Lässt man ein Gefäss mit eingemachten Früchten an der Luft stehen, so beschlägt sehr bald die freie Oberfläche und man spricht von einem kahmigen Geruche, der eine Folge der Umänderung der chemischen Zusammensetzung ist. Der Schimmel hat einen ganz besonderen Geruch und hat sich, zum Theil wenigstens, auf Kosten der Früchte entwickelt. Prüft man ihn mikroskopisch, so erkennt man seine pflanzliche Natur ebenso deutlich wie die eines Kohlkopfes, nur dass die Fortpflanzungstheile noch reichlicher entwickelt sind, die z. B. dem bläulichen Schimmel die Färbung geben. Dies hängt zusammen mit einem durch die ganze Welt gehenden Gesetze, dass, je tiefer die Lebensform steht, um so reichlicher ihre Erhaltung vorgesehen ist, nicht nur durch Eier, sondern auch durch Theilung. Welchen Zweck, frage ich, könnte nun diese reiche Ausstattung haben, wenn diese Wesen zu entstehen vermöchten aus dem Stoffe, in dem sie leben?

Was nun die Schimmelpilze betrifft, so ist die Anzahl ihrer so kleinen Keimkörnchen unendlich gross; sie bilden einen sehr feinen Staub, der weithin durch die Luft seine Verbreitung findet. Wenn ein Sonnenstrahl in ein Zimmer hineinscheint, so werden mit einem Male die Sonnenstäubchen in ihrem Kreisen sichtbar; aber die so beleuchteten und in die Augen fallenden sind noch gross zu nennen im Vergleiche mit den Keimkörnchen, denn jene können ein zusammengesetztes körperliches Gefüge haben und Theile z. B. von Haaren oder Pflanzenfasern sein. Wenn nun solche verhältnissmässig grosse Theilchen in der Luft schwebend erhalten und fortgetragen werden, so wird man dies von den viel kleineren Keimkörnchen erst recht anzunehmen berechtigt sein, die nur wegen ihrer Kleinheit schwerer zu erkennen sind. Genug, die Aufstellung einer Urzeugung ist widersinnig und unberechtigt.

Wenn nun auch alle diese Thatsachen uns zu dem Schlusse berechtigen, dass einerseits die Luft von den Keimen dieser Wesen angefüllt ist und dass andererseits nur aus diesen die in Rede stehenden Geschöpfe sich entwickeln können, so würde es doch mehr wie wünschenswerth erscheinen müssen, liessen sich unzweifelhafte Thatsachen dafür auffinden.

Und dass wir diese haben, dafür haben Pasteur's schöne Untersuchungen gesorgt. Von seinen zahlreichen Versuchen möge nur einer hier Platz finden, der besonders belehrend ist. Eine Anzahl gläserner Behälter mit dünnen Hälsen füllte er zum Theile mit einer durchgeseihten, klaren und durchscheinenden Hefenabkochung, die eine Zeit lang kochend erhalten worden war, um jedes in ihr oder dem Glasinneren enthaltene Leben zu zerstören und schmolz dann noch während des Kochens den Hals zu, so dass nach der Abkühlung ein luftleerer Raum entstand. Eine Anzahl dieser Gefässe wurde dann in besonderen Oertlichkeiten geöffnet z. B. in Hörsälen, aber sofort wieder mit dem Löthrohre geschlossen, nachdem Luft in den leeren Raum eingetreten war. Schon nach wenigen Tagen konnte man eine Wolke in der bis dahin klaren Flüssigkeit bemerken, das erste Anzeichen für den Beginn der Entwicklung der Torula und anderer Wesen, die sich nun anhaltend weiter ausbreiteten. War aber die Eröffnung in einem Raume vor sich gegangen, wo man von vornherein annehmen konnte, dass die Menge dieser vorhandenen Keime nur eine sehr geringe sein oder ganz fehlen würde, z. B. auf der Spitze des Mont Auvert im Wehen des Windes von einem Gletscher her, und hatte man die Sorgfalt beobachtet, beim Durchfeilen des Halses ihn in eine Spiritusflamme zu bringen und die zum Abbrechen bestimmte lange Zange in gleicher Weise zu behandeln, damit jede Möglichkeit ausgeschlossen wurde, Keime von den Werkzeugen oder der eigenen Person ab zu übertragen — so war der Erfolg ein wesentlich verschiedener; denn unter zwanzig Flaschen blieben neunzehn vollkommen klar und nur in einer entwickelte sich sehr langsam eine Pilzbildung. Ferner trübte sich von achtzehn im Schatten von Bäumen auf dem freien Lande geöffneten Flaschen in sechszehn die Flüssigkeit und die entwickelten Wesen zeigten eine grosse Verschiedenheit — Annales des Sciences Naturelles 1861 und 1865. — Diese Untersuchungen, die sich nicht nur auf Pasteur's hohes Ansehen stützen, sondern auch auf das unantastbare Zeugniss der Commission, welche die französische Akademie niedersetzte und die Milne Edwards zu ihrem Mitgliede zählte, diese Untersuchungen, sage ich, bringen den bestimmten Beweis, dass die Gase der Luft nicht an sich die Erreger neuen Lebens sind, selbst wo sie in voller Reinheit einwirken können und dass da, wo Pflanzen und Thiere hausen, auf dem Lande und in den Städten jeder Kubikzoll Luft diese Keime schwebend in sich schliesst.

Noch überzeugender in mancher Beziehung ist Chevreuil's Versuch, der an dem benutzten Glasbehälter nach seiner Füllung mit Hefenabkochung den Hals zu einer schmalen Röhre auszog und verschiedene Male winklig bog, ihn aber nicht schloss, nachdem die Flüssigkeit eine Zeit lang kochend erhalten und die Lampe entfernt war, so dass die Luft ruhig eintreten konnte. Das Gefäss blieb unberührt stehen und die täglichen, sowie nächtlichen Veränderungen der Luftspannung mit ihrem Wechsel zwischen Ausdehnung und Zusammenziehung mussten auch eine Wechselwirkung und täglichen Austausch zwischen der Luft im Glase und der äusseren herbeiführen. Dennoch blieb die Flüssigkeit für lange Zeit frei von jeder Trübung oder lebendigen Entwicklung. Dafür lässt sich nur eine Erklärung geben. Die äussere Luft tritt unverändert in das Gefäss ein, denn der ursprünglich vorhandene verdichtete Wasserdampf trocknet sehr bald und ein trocknes Glasrohr kann dem Durchströmen der Luft kein Hinderniss in den Weg legen oder nur einzelnen Gasarten der Luft den Zutritt gestatten. Wohl aber kann der Staub, und wenn er noch so fein ist, an den winkligen Biegungen ein Hinderniss finden, weiter vorzudringen, was wohl wunderbar erscheinen mag, aber jedenfalls nicht als unmöglich hingestellt werden kann, denn eine andere Erklärungsweise giebt es nicht. Um aber jedem Zweifel zu begegnen, vervollständigte die Commission der Akademie noch den Versuch dadurch, dass der Hals am Ende zugeschmolzen wurde, nachdem die Flüssigkeit lange Zeit sich klar gehalten hatte; darauf liess man sie durch Schütteln und Schräghalten des Glases in die gebogene Röhre eintreten, und stellte dann das

Gefäss ruhig wieder hin. In nicht zu langer Zeit fingen die an den Winkeln zurückgebliebenen Tröpfchen an sich zu trüben und zeigten deutlich den Beginn pflanzlichen Lebens.

Dieser Versuch muss uns durch seine Einfachheit und Bündigkeit im hohen Grade genügen. Aber dennoch fühlte ich mich veranlasst, diese Untersuchungen noch klarer für die Frage der fauligen Zersetzung anzustellen (wie das bereits Seite 59 u. ff. mitgetheilt ist). —

M. H. ich empfehle diese Thatsachen Ihrer unparteiischen Beurtheilung und bitte Sie sich Ihre eigene Meinung darüber zu bilden. Das Urtheil, welches Sie heute über diesen Gegenstand zu Stande bringen, das wird so ziemlich in Ihrem ganzen Leben dasselbe bleiben. Eine Beobachtung, die irgend einer von Ihnen jetzt macht, wird später dazu dienen eine ganze Reihe von Vorlesungen zu erläutern, sollte er, wie ich, die Ehre haben eine solche Stellung einzunehmen. Aus feststehenden begründeten Thatsachen können Sie heute wie morgen richtige Schlüsse ziehen. Lassen Sie sich dann nicht verleiten auf irgend eines Mannes Ansehen hin das Vertrauen zu einer so gewonnenen Erkenntniss zu verlieren.

Im ganzen Verlaufe unserer weiteren Vorlesungen werde ich mich stets bemühen so viel wie möglich einfache Thatsachen Ihnen vorzulegen, im Vertrauen darauf, dass bei der Beurtheilung derselben Sie immer nur von dem Einen geleitet werden mögen, was unser theurer Meister uns stets und immer hat vorleuchten lassen: die Liebe zur Wahrheit!

VI. Ueber den günstigen Einfluss der antiseptischen Behandlungsweise auf die Gesundheitsverhältnisse chirurgischer Krankenhäuser.

Die antiseptische Behandlungsweise ist nun lange genug im Gebrauche, dass wir wohl im Stande sein werden, uns ein klares Bild von dem Einflusse zu verschaffen, den sie auf die Gesundheitsverhältnisse der Krankenhäuser ausübt.

Dieser Einfluss war in den Sälen, die in Glasgow unter meiner Leitung standen, ein durchaus wohlthätiger; denn diese Säle, die bis dahin in ganz England im Verrufe standen, konnten als Muster in gesundheitlicher Hinsicht aufgestellt werden, ein Umstand, der wohl verdient zum öffentlichen Nutzen allgemein bekannt zu werden. Um ihn aber recht zu würdigen, wird es nöthig sein, zunächst die früheren Verhältnisse einer kurzen Darstellung zu unterwerfen.

Jeder der vier Chirurgen hat den Dienst in drei grossen Sälen, von denen zwei für Männer, einer für Frauen bestimmt ist und ausserdem noch einzelne kleinere Zimmer für bestimmte Fälle zu seiner Verwendung. Der wichtigste ist der eine Männersaal, in dem die Verunglückten und Operirten liegen, sowie der für die Frauen bestimmte. In dem dritten sind die langwierig Kranken untergebracht. Dieser befindet sich im alten Krankenhause, während die beiden andern in dem vor neun Jahren erst erbauten neuen liegen. Das neue besteht aus vier Stockwerken und einem Erdgeschosse, jedes Stockwerk aus zwei Sälen, mit einem in der Mitte gelegenen Treppenhause und verschiedenen kleineren Räumen. Die Säle sind geräumig und hoch und haben in der Mitte zwei offene Kamine in einer Säule, die grade zum Dache aufsteigt und die Schornsteine aller Stockwerke in sich fasst, nebst Luftröhren, welche durch die Essen erwärmt werden und mit verschiedenen Oeffnungen im Täfelwerke in Verbindung stehen. So kann die verbrauchte Luft vortrefflich entfernt werden, während frische in reicher Fülle durch die zahlreichen Fenster einströmt, die sich an beiden Seiten befinden; zwischen ihnen stehen in ziemlichen Zwischenräumen die Betten. Wäre nicht der eine bedenkliche Umstand, dass die Wasserabtritte sich vielfach grade in die Säle öffneten, die Einrichtung würde so gut sein, wie man sie nur wünschen könnte.

Aber die anfänglich gehegte Hoffnung, die man auf diesen Neubau gesetzt hatte, erwies sich als trügerisch; die ganze Anlage zeigte sich ausserordentlich ungesund; Pyämie, Erysipelas und Hospitalbrand traten bald auf und suchten mit ganzer Schwere vorzüglich die Erdgeschosse auf, namentlich meinen Männersaal für Verwundete; der Frauensaal lag grade darüber. Seit Jahren hatte ich Gelegenheit eine zwar trübselige, aber doch immerhin bemerkenswerthe Beobachtung zu machen, dass in dem bezeichneten Männersaale alle aus der Krankenhausluft sich heraus entwickelnden Krankheiten um so schwerer auftraten, wenn alle oder die meisten Kranken offene Geschwüre hatten, während sie milder sich zeigten oder ganz fehlten, wenn die Mehrzahl nicht an äusseren Wunden litt; die Ausdünstungen aus solchen faulen Entleerungen waren also verhängnissvoller, als das blosse Zusammensein vieler Menschen in einem Raume. So kam es, dass ich einfache Brüche, so wenig sie auch für mich und meine Schüler einen besondern Reiz haben konnten, lieber sah, als die schwersten Verletzungen, da sie wenigstens das Sterblichkeitsverhältniss günstiger stellten. Damals hatte ich häufig genug Kämpfe mit der Verwaltung zu bestehen, welche den durch die wachsende Bevölkerung Glasgow's gesteigerten Ansprüchen an das Krankenhaus, welches jenem Zuwachse durchaus nicht entsprechend war, dadurch gerecht werden wollte, dass sie mehr Betten zu stellen die Absicht hatte, als nach dem Erbauungsplane vorgesehen waren. Jedenfalls habe ich es meiner Festigkeit zu verdanken, dass in meinen Sälen nicht die furchtbaren Verheerungen eintraten, welche zuweilen den zeitweisen Schluss anderer nothwendig machten, wenn auch meine Kranken oft genug von den genannten Uebeln in wirklich herzzerreissender Weise heimgesucht wurden, so dass mir meine Stellung mitunter als ein sehr zweifelhaftes Vorrecht erschien. Ein solcher Schluss eines Saales wurde vor etwas mehr als zwei Jahren nöthig; er lag ebenfalls im Erdgeschosse und war von dem meinigen nur durch einen zwölf Fuss breiten Flur getrennt. Man vermuthete als den Grund eine schlechte Beschaffenheit der Abzugsgräben. Eine zu diesem Zwecke angeordnete Ausgrabung deckte nun allerdings Verhältnisse auf, die hinlänglich erklärten, warum wir solche schauderhafte Zustände gehabt hatten. Denn nur wenige Zoll unter der Erdoberfläche, hinter den beiden untersten Männersälen für Verwundete in nur vier Fuss Entfernung fand sich die oberste Reihe einer Menge Särge, mit gut erhaltenen Choleraleichen aus dem Jahre 1849, deren Kleider noch deutlich erkennbar waren. So konnte man sich also nicht darüber wundern, dass die untern Säle überhaupt ungesund waren, es musste Wunder nehmen, dass sie sich nicht gradezu zu Heimathstätten der Pest gestaltet hatten. Und dennoch konnte ich zu der Zeit dieser traurigen Aufdeckung in Dublin der British Medical Association die Mittheilung machen, dass in den letzten neun Monaten, seitdem die antiseptische Behandlungsweise im vollen Umfange in meinen Sälen zur Geltung gekommen war, nicht ein Fall jener fürchterlichen Krankheiten beobachtet wurde, und das zu einer Zeit, wo in andern Theilen des Gebäudes die Zustände derart waren, dass der Vorstand in die ängstlichste Besorgniss gerieth. — Würde es gestattet und gerechtfertigt gewesen sein, über einen solchen Gegenstand Versuche anzustellen, sie würden kaum überzeugender haben ausfallen können.

Nachdem man die Grundursache des Uebels aufgedeckt zu haben meinte, geschah alles, was möglich war, ihm zu steuern. Aber die wegzuschaffende Masse war so gross, dass eine Bewältigung gar nicht möglich schien. Die ganze Stelle wurde reichlich mit Karbolsäure und Aetzkalk behandelt und eine entsprechende Schicht Erde darüber gebreitet; auch eine hohe Mauer, die rechtwinklig an das Gebäude sich anschloss, und bis an den Anfang des ersten Stockes reichte, wurde niedergerissen und durch ein eisernes Gitter ersetzt, um einen freieren Luftzug möglich zu machen.

Diese Maassregeln waren ja zweifellos heilsamer Natur. Aber selbst wenn man zugeben wollte, dass sie die Uebel, gegen welche sie gerichtet waren, vollständig beseitigt hätten, so war doch noch immerhin die Lage des Krankenhauses keine zufriedenstellende. Auf der einen Seite lag der eben erwähnte Begräbnissplatz, auf der andern der Kirchhof der alten Kathedrale, auf dem die Armen in gemeinschaftlichen Gräbern aufgenommen wurden. Ich hatte Gelegenheit vor Kurzem ein solches Sammelgrab zu sehen, das offen stand zur Aufnahme der nächsten Leiche und einen furchtbaren Geruch ausströmen liess. Die Wände wurden auf drei Seiten von Särgen gebildet, die in vier Reihen über einander standen; ihre seitlichen Zwischenräume waren durch menschliche Gebeine ausgefüllt, die obersten hatten nur wenige Zoll Erde über sich. Einer der Vorsteher des Krankenhauses, der diese Zustände mit ansah, that denn auch die nöthigen Schritte, für die Zukunft wenigstens diesen Uebelstand abzustellen. Und diese Stelle grenzte unmittelbar dem Platze an, auf dem die Kranken sich ergingen und war nur sechzig Schritte von den Fenstern der chirurgischen Säle entfernt. Uebrigens war diese Begräbnissstelle nur eine von vielen. In der Lancet vom fünfundzwanzigsten September 1869 fand sich ein auch in eine Glasgower Zeitung übergegangener Bericht, demzufolge fünftausend Leichen in solchen Gräbern angesammelt lägen, ungefähr achtzig in jedem einzelnen, rund um das Krankenhaus herum.

Aber damit noch nicht genug liegt unmittelbar dem Kirchhofe gegenüber ein Hügel, der ebenfalls eine Todtenstadt birgt, die allerdings bei ihrer grösseren Entfernung einen verhältnissmässig geringeren nachtheiligen Einfluss ausüben kann. Und wenn ich nun all dem noch hinzufüge, dass das sogenannte Fieberhospital sich dem neuen chirurgischen Krankenhause rechtwinklig anschloss mit nur acht Fuss Zwischenraum, dass das gesammte Haus fünfhundertvierundachtzig Betten enthielt, auf einem Flächenraume von zwei Morgen Landes stand und stets bis zur Ueberfüllung besetzt war — so glaube ich genug gesagt zu haben zum

Beweise, dass in meinen Sälen der Werth jeder Behandlungsweise zur Genüge ausgeprobt werden konnte. Und trotzdem kann ich feststellen, dass in den achtundzwanzig Monaten, die zwischen meiner Rede in Dublin und meinem Weggange nach Edinburg liegen, dieselben günstigen Verhältnisse vorwaltend geblieben sind, wie in den neun Monaten vorher, von denen ich schon in Dublin sprach. So sind also diese Säle nun mehr als drei Jahre lang verschont geblieben von den gewöhnlichen Uebeln chirurgischer Anstalten und das unter Umständen, die ganz besonders geeignet waren, sie zu erzeugen.

Ich will nun etwas näher eingehen auf Einzelnheiten der drei genannten Krankheiten und Vergleiche anstellen, wie sie sich vor und nach der Einführung der antiseptischen Behandlungsweise verhalten haben.

Was zunächst die Pyämie anbetrifft, so pflegte sie hauptsächlich bei offenen Knochenbrüchen und nach Amputationen vorzukommen. Namentlich bei den ersteren war ihr Erscheinen so stätig, dass ich nach Polli's Empfehlung jedem neu Aufgenommenen vorsorglich eines der schwefeligsauren Salze nehmen liess, obwohl ich einen entschiedenen Nutzen davon nicht zu erkennen vermochte. Ich setzte dies aus von dem Augenblicke an, wo ich das antiseptische Verfahren einführte, d. h. seit nun fünf Jahren, wenn es auch in den ersten zweien nur bei Abscessen und Knochenbrüchen zur Anwendung kam. Seit dieser Zeit habe ich nicht einen Fall von Pyämie wieder gesehen, obwohl sechs offene Brüche am Vorderarme, fünf am Oberarme, achtzehn am Unterschenkel und drei am Oberschenkel — zusammen also zweiunddreissig — zur Behandlung kamen, in welcher Summe nicht die eingeschlossen sind, die wegen ihrer Schwere sofort zur Amputation gelangten. Manches der verletzten, aber erhaltenen Glieder würde von mir früher ohne Bedenken abgenommen worden sein, und wenn vorher nur in verhältnissmässig milden Fällen der Versuch zur Erhaltung des Gliedes gerechtfertigt erschien, so sind es jetzt für mich nur Zerstörungen der Gewebe, denen entschieden Brand des Gliedes folgen muss, welche mich zu einem solchen Einschreiten veranlassen können.

Freilich sollte man bei dieser Auswahl nicht leichtsinnig

verfahren, nicht ohne eine gründliche Kenntniss und genaues Vertrautsein mit irgend einer bewährten Art des Verfahrens, d. h. also, man soll nicht nur ein solches Antiseptikum gebrauchen, sondern es so anwenden, dass auch sicher dem Eintreten der fauligen Zersetzung in dem betreffenden Theile entgegengewirkt werden kann. Ohne die Erfüllung dieser Hauptbedingung ist die Anwendung dieser Mittel mehr als nutzlos, sie ist schädlich. Denn in der Zeit, in der man sich dann aus den örtlichen und allgemeinen Störungen von der Nutzlosigkeit des Mittels überzeugt, wird der Kranke so hinfällig durch Ueberreizung und Blutvergiftung sein, dass die nun vollzogene Operation nur einen ungünstigen Erfolg haben kann. So muss eine derartige „Probe" nothwendiger Weise das Sterblichkeitsverhältniss bei offenen Brüchen und Amputationen vermehren. Aber daraus darf man nicht folgern wollen, dass es demnach gerechtfertigt sein würde, zu dem alten Verfahren zurückzugreifen und vom Anfange an zu operiren. Denn der antiseptische Verband, auf dessen fortwährende Verbesserung ich die Hauptthätigkeit meiner letzten fünf Lebensjahre verwandt habe, ist jetzt so genügend und zufriedenstellend, dass Jeder, der nur einiger Maassen von der Wichtigkeit dieser Bestrebungen erfüllt und Zeit und Aufmerksamkeit darauf zu verwenden im Stande ist, dass der gewiss mit wenig Mühe die erwünschten Erfolge damit erzielen wird.

Ich besuchte neulich in Glasgow meine Säle nach einer Abwesenheit von einigen Wochen und fand unter andern Fällen einen offenen Bruch am rechten Knöchelgelenke eines Mannes, der ungefähr vier Fuss hoch herabgefallen war. Die zehn Cm. lange, zerrissene Quetschwunde hatte den äusseren Knöchel gekreuzt und eine Verbindung mit dem Gelenke gehabt. Als ich den Verletzten sah, war sie bereits in ein oberflächliches Geschwür verwandelt, das sehr schnell der Vernarbung entgegenging, ohne dass vom Anfange an irgend eine allgemeine oder örtliche Störung oder tiefe Eiterung zur Beobachtung gekommen wäre. Ich frug meinen damaligen Gehülfen, Dr. J. Coats, dem die Leitung des schwierigsten Theils des Verbandes übertragen war, ob er denn mit Bestimmtheit ein solch günstiges Resultat erwartet hätte? Gewiss, erwiederte er. Ich hatte diese

Frage der Umstehenden wegen an ihn gerichtet, da ich der Antwort wohl sicher war und wusste, dass nach meinem Weggange die antiseptische Behandlung genau in derselben Weise von ihm würde fortgeleitet werden, wie wenn ich selbst noch da wäre. Und darauf lege ich einen ganz besondern Werth; denn als dieser Herr sein Amt übernahm, war er wohl durchdrungen von der Wahrheit der ganzen Lehre, aber er glaubte nicht an eine solche Ausdehnungsfähigkeit des Erfolges, wie er sie später zu beobachten Gelegenheit hatte. Wenn nun ein so befähigter Mann, der mit vollem Vertrauen an seine Aufgabe ging und die Ansichten, denen ich Geltung zu verschaffen mich bemühe, theilte, wenn der erst am Krankenbette sich weitere Erfahrungen sammeln musste, bevor er ein solches Vertrauen zu dem Erfolge und der weiten Anwendbarkeit des Verfahrens erlangte, dann, denk ich, wird das noch in weit höherem Grade der Fall sein müssen mit denen, die in alten Anschauungen erzogen und lange mit ihnen vertraut, lieb gewordene Ansichten und unwillkürlich gewordene Gewohnheiten abwerfen und bei Seite setzen sollen.

Wir kommen nun zur Pyämie nach grösseren Amputationen. Leider sind die Krankenhausberichte von den drei Jahren, welche der Einführung der antiseptischen Behandlungsweise vorhergingen, sehr unvollständig; in den beiden andern Jahren lässt sich die Sterblichkeit nach folgenden Angaben ermessen.

Vor der Einführung wurden operirt:

1864 siebzehn, nämlich: an der Schulter einer, am Oberarme drei, am Vorderarme drei, am Oberschenkel einer, am Unterschenkel vier, am Knie zwei, am Knöchel drei. Von diesen siebzehn sind gestorben sieben, genesen zehn.

1866 achtzehn; am Arme zwei, am Ellbogen einer, am Vorderarme zwei, am Oberschenkel vier, am Knie sechs, am Unterschenkel einer, am Knöchel zwei; davon starben neun, genasen neun.

Nach der Einführung des genannten Verfahrens wurden operirt:

1867 sieben; am Arme einer, am Vorderarme zwei, am Knie zwei, am Unterschenkel einer, am Knöchel einer. Davon genasen Alle.

1868 siebzehn; nämlich an der Schulter einer, am Vorderarme zwei, am Oberschenkel einer, am Knie acht, am Knöchel fünf; davon starben drei, genasen vierzehn.

1869 sechszehn; davon an der Schulter zwei, am Arme zwei, am Vorderarme zwei, am Oberschenkel einer, am Knie drei, am Unterschenkel drei, am Knöchel drei; davon starben drei, genasen dreizehn.

Wir haben also in den beiden Jahren 1864 und 1866, d. h. vor der Einführung des antiseptischen Verbandes unter fünfunddreissig sechszehn Todesfälle, oder einen auf zwei und drei Sechszehntel, oder fünfundvierzig fünf Siebentel Procent.

In den drei Jahren 1867, 1868, 1869, d. h. nach der Einführung, unter vierzigen sechs Todesfälle oder einen auf sechs zwei Drittel, oder funfzehn Procent.

Diese Zahlen sind ja allerdings zu unbedeutend, um sichere statistische Schlüsse daraus ziehen zu können, aber um so werthvoller sind die Einzelnheiten bei der Beurtheilung der hier vorliegenden Frage. Das gilt namentlich für die Fälle, in denen nach Verletzungen der oberen Gliedmaassen nicht die sofortige Abnahme des Gliedes angezeigt und wo auch die spätere Operation durchaus nicht mit viel Blutverlust und Erschütterung verbunden war, wie das wohl Regel zu sein scheint, so dass der Tod, wenn er eintrat, gewöhnlich Folge der Wundverschlechterung wurde. Der Zufall wollte es, dass wir in beiden Zeiträumen zwölf Mal obere Glieder in dieser Weise abzunehmen hatten; aber im ersten Zeitraume waren sechs Todesfälle zu verzeichnen, ein gewiss trauriges Ergebniss, darunter vier durch Pyämie, einer durch Hospitalbrand bedingt; auch einer der Genesenden litt an Pyaemie mit wohlausgeprägten, schweren Erscheinungen.

Sehr verschieden war der Erfolg bei den entsprechenden Gliedabnahmen in dem zweiten Zeitabschnitte; in elf Fällen trat Genesung ein und der eine Todesfall war nicht Folge der Operation, sondern trat trotz derselben ein; die Pyämie hatte sich von einem faulig eiternden Mittelhandknochen aus entwickelt und dauerte auch fort, nachdem ich die Hand in der Hoffnung abgenommen hatte, dass die allgemeine Vergiftung vielleicht dadurch noch beseitigt werden könnte. Unter den Genesenden waren nicht etwa alle für eine günstige Vorhersage geeignet; so z. B. war einem alten Manne die eine Hand vollständig zerschmettert, einem andern durch eine Maschine fast der ganze Arm ausgerissen; der eine Amputationslappen am Schultergelenke war gequetscht; einem Dritten, schon ganz anämischen, wurde der Arm wegen eines krebsigen Osteoids entfernt, welches den Deltamuskel mit ergriffen hatte, so dass nur ein Hautlappen gebildet werden konnte; die Blutung war sehr bedeutend.

An den unteren Gliedmassen war in den drei Jahren 1867—69 achtundzwanzig Mal amputirt worden, fünf Mal mit tödtlichem Ausgange freilich, aber auch bei sehr schweren Verletzungen; einem durch Blutung schon sehr Erschöpften wurde der Oberschenkel dicht unter dem Hüftgelenke wegen einer bösartigen Erkrankung abgenommen; einem Andern waren beide Unterschenkel so zerschmettert, dass sofort der eine im Kniegelenke, der andere dicht darunter abgenommen werden musste; dazu kam noch, dass der Mann ziemlich weit her auf der Eisenbahn hatte nach Glasgow gebracht werden müssen.

Nur in einem Falle war Pyämie Folge der Operation bei einem jungen schwächlichen Manne, der im Kniegelenke amputirt wurde; die Fäulniss hatte sich hier durch ungenügende Behandlung im Stumpfe entwickelt; bei der Leichenuntersuchung fand sich die Hüftblutader mit Eiter überladen. Wenn nach solchen Operationen faulige Zersetzung eintritt, so ist man auch in der Privatpraxis nicht sicher vor dem Eintritte der Pyämie; im Uebrigen ist dies vereinzelte Vorkommen innerhalb dreier Jahre, und noch dazu in einem schwächlichen Körper, doch sicherlich kein Beweis für irgend eine Besonderheit der Krankenhausluft.

Wenn ich in diesem Falle die ungenügende Behandlung des Stumpfes hervorhob und die faulige Zersetzung damit in Zusammenhang brachte, so will ich damit nicht gesagt haben, dass sich das bei dem heutigen Stande der Chirurgie immer vermeiden liesse. Kommen bei einem Gelenkleiden Eitergänge vor, so ist in ihnen die Zersetzung von vornherein vorhanden und selbst Einspritzungen antiseptischer Lösungen vor der Operation geben keine Sicherheit, weil es sich nicht übersehen lässt, ob sie in alle die Winkel dieser verzwickten Gänge eingedrungen sind und die Keime ihrer Lebenskraft haben berauben können, welche vielleicht in Lymphe oder abgestorbenen Gewebsfetzen sich festgesetzt hatten. Genügt es doch schon, wenn auch nur ein einziger Keim übrig blieb, der sich dann weiter entwickelt und ausbreitet, sobald als das eingespritzte Antiseptikum in den Blutlauf aufgenommen ist. Ein äusserer Verband muss also unter solchen Umständen ganz erfolglos bleiben. Ich glaube, dass manche Enttäuschung bezüglich der Wirkung des antiseptischen Verbandes bei Amputationen im Verlaufe des Gliedes oder in den Gelenken mit der Nichtberücksichtigung dieser Verhältnisse zusammenfällt. Und nicht eher wird in solchen Fällen der möglichst uneingeschränkte Erfolg dieses Verfahrens zur vollen Geltung kommen, bis die Wundärzte zu der Einsicht gekommen sind, dass Abscesse, namentlich wenn sie mit Gelenkserkrankungen im Zusammenhange stehen, nie von selbst aufbrechen, nie ohne die antiseptischen Vorsichtsmaassregeln eröffnet werden dürfen [11]).

Ich muss übrigens hier offen bekennen, dass gerade bei der Abnahme des Ober- oder Unterschenkels das antiseptische Verfahren nicht den vollen Erfolg aufzuweisen hat, weil von allen Schnittwunden namentlich diese der Behandlung die grössten Schwierigkeiten entgegenstellen und auch da, wo Eitergänge sich nicht gebildet haben, Zersetzung zu leicht eintreten kann, wie ich das wiederholt beobachtet habe. So war es bei der erwähnten Abnahme des Beins dicht unter dem Hüftgelenke und bei der Doppelamputation beider Unterschenkel. Ich bin überzeugt, dass in beiden Fällen die Operation würde ganz gut überstanden worden sein, wäre es möglich gewesen, die Zersetzung zu vermeiden, welche, ganz abgesehen von der Gefahr der Pyämie, durch Reizung und Aufreibung schon schwere Fälle noch mehr erschwert. Das darf uns nicht abhalten, vertrauensvoll von der Zukunft zu erwarten, dass die Vorhersage bei diesen Amputationen sich günstiger gestalten wird, da die Schwierigkeiten, welche die Behandlung noch mit sich bringt, nicht unüberwindlich sind. Ich habe in dem letzten Jahre meine ganze Aufmerksamkeit auf diesen Punkt gerichtet und bereits so viel erreicht, dass die Anzahl der ohne tiefe Eiterung heilenden Stümpfe sich merklich gesteigert hat, ja ich bin fest überzeugt, dass wir in nicht zu entfernter

Zeit mit Sicherheit auf den Nichteintritt der Zersetzung überall da werden rechnen können, wo Eitergänge nicht vorhanden sind.

Um aber zu der Pyämie zurückzukehren, die beiden erwähnten Fälle blieben während der ganzen Zeit die einzigen. Der eine von ihnen, der einer weiteren Beachtung werth ist, gehörte einer Klasse von Verletzungen an, die recht deutlich die Wohlthaten dieses Verbandes erkennen liessen, nämlich der Klasse schwerer Hand- oder Fussverletzungen, wie sie in grossen Fabrikstädten so häufig vorkommen und die früher so ganz ungenügende Heilungserfolge gaben. Am Meisten störend hierbei ist die Ungewissheit, wie weit die Quetschung sich erstreckt und wo man amputiren soll. Wird zu wenig weggenommen, dann kann der Lappen absterben oder es bildet sich eine weit verbreitete eitrige Entzündung in den geschwächten, mit ergossenem Blute angefüllten Geweben; oder aber man will diesen üblen Zwischenfällen vorbeugen, operirt in ganz gesundem Fleische und opfert dann einen übermässig grossen Theil des Gliedes. Es muss desshalb ein Gefühl der Zufriedenheit erregen, wenn man im Stande ist, die Amputation ganz zu vermeiden, wenn man nur wirklich zerstörte Gewebe wegzunehmen braucht und den geschwächten Gelegenheit giebt sich zu erholen, anstatt dem reizenden und vergiftenden Einflusse der Zersetzung zu unterliegen, während die zurückbleibenden, abgestorbenen Gewebe mehr oder weniger vollständig aufgesaugt und durch neue Bildungen ersetzt werden. Auch der grösste Zweifler an den Vortheilen der antiseptischen Behandlung würde sehr bald anderer Meinung werden, sähe er die Krankengeschichten durch von all den Quetschwunden der Hände und Füsse, mit und ohne Knochenverletzungen, die in den letzten drei Jahren in meinen Sälen glücklich geheilt worden sind.

Der Fall nun, auf den ich vorhin anspielte, war eine Ausnahme von der allgemeinen Regel bezüglich des günstigen Erfolges. Er betraf eine schwere Verletzung der Hand, die mein Gehülfe, der eben erst in seine Stellung eingetreten und noch nicht vertraut war mit meiner Behandlungsweise, geeignet für eine Amputation hielt und deshalb unglücklicher Weise bis zum nächsten Tage ohne einen antiseptischen Verband liess. Ich beschloss, wenigstens einen Versuch zu machen, den grössern Theil der Hand zu erhalten und das begangene Missverständniss möglichst auszugleichen. Aber Zersetzung trat ein und in ihrem Gefolge Pyämie, die trotz der Amputation der Hand anhielt. Bei der Untersuchung fand sich ein Mittelhandknochen zersplittert, mit Eiterung im Innern. Unter diesen Umständen konnte freilich Pyämie auch in einem ganz gesunden Körper vorkommen und in der besten Luft sich entwickeln. Ich erinnere an Cruveilhier's so sehr belehrenden Versuch — Anatomie pathologique, libr. XI. — der, ähnlich wie bei einer Wunden-Pyämie, dadurch eine eiternde Entzündung der Hüftblutader und ihrer Zweige hervorbrachte, dass er einem ganz gesunden Hunde ein Stückchen Holz in dies Gefäss einlegte.

Genug, ich denke es verantworten zu können, wenn ich behaupte, dass meine Säle während dieser drei Jahre von ihrer früheren Neigung zu dieser furchtbaren Geisel befreit geblieben sind.

Wir kommen nun zum Erysipelas, das zwar im Allgemeinen nicht so tödtlich ist wie Pyämie, aber dennoch nicht selten unter meinen Kranken aufräumte. Während der antiseptischen Behandlung aber hat sich nur einmal die Krankheit hierselbst ausgebildet, wenn sie auch mehrere Male von aussen eingeschleppt worden ist. Dieser eine Fall betraf einen jungen Mann, der am Fusse erkrankt war und Eitergänge hatte, welche in den Unterschenkel hinein sich erstreckten. Ich amputirte im Knöchelgelenke, aber die Zersetzung in den Eitergängen hielt an und wurde nach einer ziemlich langen Zeit Veranlassung zur Entstehung eines Erysipelas. Der Kranke genas, ging dann, der Luftveränderung wegen, nach seiner eigenen Wohnung zurück, allerdings mit ungeschlossenen Gängen, und erkrankte hier von neuem; ein Zeichen vielleicht, dass die Neigung dazu doch wohl mehr von seinem Innern ausging, als mit der Oertlichkeit in Verbindung zu bringen war, welche Annahme sich auch später als richtig erwies. Da die Gänge nicht heilten, auch die Knochenerkrankung wiederkehrte, so nahm ich ihn abermals in Behandlung, um den Unterschenkel nach Teale's Verfahren, wenn auch in etwas veränderter Form, oberhalb der Eitergänge abzunehmen; der Stumpf heilte ohne tiefe Eiterung und ich ersuchte den Kranken, nach Teale's

Vorschrift, durch in den Sockel des künstlichen Gliedes eingelegte runde Flanelllappen sich zu vergewissern, wie viel seines Körpergewichtes auf dem Ende des Stumpfes ausgiebig zu ruhen vermöchte. Da er nicht Bescheid brachte, erkundigte ich mich nach der Ursache und erfuhr, dass er einen dritten Anfall von Erysipelas bekommen hätte, obwohl die Narbe vollständig gut, ein Gang oder ein Geschwür nicht vorhanden war.

Es bleibt noch eine Besprechung des Hospitalbrandes übrig, der ebenfalls früher oft und schwer unter meinen Kranken seine unheilvolle Bahn vollendete, die vielversprechendsten Erfolge zu nichte machte und schreckliche Verheerungen anrichtete. Ich will nur den einen Fall erwähnen, dass ein Knabe mit einer leichten oberflächlichen Verletzung am Ellbogen aufgenommen wurde, welche, vom Hospitalbrande befallen, so entartete, dass trotz der energischsten Behandlung die Zerstörung tief und oberflächlich sich ausbreitete und die Abnahme des Armes nothwendig machte. Dann und wann endete ein solcher Fall auch tödtlich. Ich hatte einem Knaben wegen schwerer Verletzung den Arm im Schultergelenke abgenommen; alles ging gut und ich hielt bereits den Knaben frei von aller Gefahr, als plötzlich Hospitalbrand hinzutrat, der aller Bemühungen spottete und sich bereits bis über das Brustbein hinaus ausgedehnt hatte, ehe der Tod den armen Burschen erlöste.

Auffällig war nun der Gegensatz, seit ich die neue Behandlung eingeführt hatte. In den ersten neun Monaten kam nur ein einziger Fall vor; seitdem ist der Hospitalbrand nur dann und wann ein Mal aufgetaucht, hat aber immer eine milde Form sich bewahrt, trat auch nie zu frischen Wunden, sondern immer nur zu alten, durch die umgebende Narbe geschwächten Geschwüren und wich stets der Behandlung; im letzten Jahre erinnere ich mich nur eines Falles. Genug, auch Hospitalbrand ist wie seine beiden traurigen Genossen durch die antiseptische Verbandweise verbannt. So habe ich allmälig meine Wachsamkeit in mancher Beziehung können erschlaffen lassen und bin vielfach nachgiebiger geworden. Ich habe zugegeben, dass Kinderkrippen eingerichtet wurden, welche eine Vermehrung der Betten für Erwachsene nothwendig machten, ja ich habe unter dem Drucke der

Verhältnisse nachgelassen, dass unter Umständen zwei Kinder in ein Bett zu liegen kamen, was ich früher nimmer geduldet hätte. Vorher liess ich auch im Sommer in beiden Kaminen Tag und Nacht die Feuer brennen, um stete Lufterneuerung zu haben, in der letzten Zeit habe ich das ganz dem Belieben der Wärterinnen überlassen und für gewöhnlich nur ein Feuer unterhalten. Meine Säle sind auch in den letzten drei Jahren nicht geweisst worden, was doch sonst jährlich für nothwendig gehalten wurde und als ich den betreffenden Beamten nach dem Grunde fragte, meinte er, „die Säle seien ja gesund und hätten in ihrem Aeusseren nichts schmutziges, wozu da also stören?“ So sind denn diese Räume den verschiedensten Proben unterworfen worden nach den verschiedensten Richtungen hin und dennoch sind sie, ich wiederhole es ohne Uebertreibung, in gesundheitlicher Beziehung Muster geblieben.

Dass dies trotz der ungünstigen Umstände, deren ich vorher gedacht habe, möglich sein konnte, scheint auf den ersten Blick überraschend. Die unmittelbare Nähe des Kirchhofes, die Lage der Säle im Erdgeschosse eines vierstöckigen Krankenhauses, die durch die Nachbargebäude eingeschränkte Lufterneuerung scheinen mit dem Gesundwerden der Kranken im argen Widerspruche zu stehen. Und dennoch wird man nicht ganz im Unrechte sein, wenn man diesen Uebelständen erst den zweiten Platz anweist, wenn man in ihnen mehr die verschlimmernden als die veranlassenden Ursachen erblickt. Die Särge waren wenigstens einige Zoll hoch mit Erde bedeckt, welche eine bedeutende Fähigkeit besitzt, diese giftigen Ausdünstungen einzuschränken; nur die aus den noch offenen Gruben aufsteigenden Gase mischten sich sofort mit der Luft, so dass nur ein kleinerer Theil davon in die Säle gelangen konnte und waren die Kranken behufs der angedeuteten jährlichen Reinigung und Erneuerung aus diesen entfernt, so war auch kein die Nase beleidigender Geruch wahrzunehmen. Schlimmer müssen die Ausdünstungen aus den Wunden und Geschwüren sein, welche sich unmittelbar in die den Kranken umgebende Luft verbreiten und wer irgend vertraut ist mit dem schwüligen üblen Geruche, den man bei der gewöhnlichen Behandlungsweise in den chirurgischen Krankensälen findet, und noch mehr mit dem Gestanke zur Zeit des Verbandwechsels, wird gern zugeben, dass diese fauligen Aushauchungen am ehesten geeignet sind, eine Quelle solcher traurigen Erscheinungen zu werden, während die vorher genannten Zustände einen verhältnissmässig geringeren Antheil daran haben.

Um demzufolge möglichst kräftig gegen diese Uebel anzukämpfen, habe ich die Karbolsäure etc. nicht nur da angewandt, wo sie wesentlichen Vortheil brachte für die Behandlung des einzelnen Falles, wie in frischen Wunden und Abscessen, sondern auch bei oberflächlichen Geschwüren. Denn obwohl körnige Geschwürsflächen gewöhnlich auch unter faul werdenden Verbänden ganz gut heilen — die reinlichsten Wasserverbände werden es nach wenigen Stunden — so liefert doch jede ihren Antheil zu der Verpestung der allgemeinen Luft im Saale. Desshalb sollte man jede solche Fläche mit irgend einem Mittel verbinden, welches selbstverständlich die Vernarbung zulässt, ja begünstigt, aber doch auch den Geruch beseitigt. Zu diesem Zwecke ist ein nicht reizender aber dauernd antiseptischer Verband nöthig, eine Verbindung, für deren Herstellung ich mich vielfach bemüht habe und schliesslich mit guten Erfolgen; während die oberflächlichen Geschwüre viel schneller als unter dem Wasserverbande heilten, konnten sie alle gleichzeitig verbunden werden, ohne dass ein Geruch bemerkbar war.

Der Erfolg dieser Umänderung war bedeutend genug, um sich überzeugen zu können, dass diese faulen Ausdünstungen die wesentliche Quelle für den gesundheitswidrigen Zustand der Krankensäle abgeben und dass, wenn es gelingt, diese versiegen zu machen, andere gewohnheitsgemäss als höchst verderblich hingestellte Zustände machtlos werden, die genannten fürchterlichen Folgen wachzurufen.

Diese Thatsachen haben selbstverständlich auch eine grosse Wichtigkeit bei der Frage, wie das Krankenhaus eingerichtet werden soll. Um die Luft desselben der eines gewöhnlichen Wohnhauses gleich zu machen, hat man angefangen, die ganze gegenwärtige Bauart zu verwerfen und vorgeschlagen, statt eines grossen Hauses eine Menge gusseiserner Häuschen zu errichten, der Art, dass sie gelegentlich weggenommen, gereinigt und wieder aufgebaut werden können. Ganz abgesehen von dem schwer wiegenden Kostenpunkte würden doch hiermit zwei grosse Nachtheile verbunden sein, nämlich erschwerte Beaufsichtigung der Kranken und Unbequemlichkeit für die Lernenden bei ihren Beobachtungen am Krankenbette. Zudem ist eine wesentliche Veränderung der bis jetzt bestandenen Verhältnisse gar nicht erforderlich, denn wir haben gesehen, wie ganz einfach durch genaue Durchführung der antiseptischen Grundsätze der Gesundheitszustand sonst sehr verrufener Säle eines grossen Krankenhauses dem eines vorzüglichen Wohnhauses gleich gestellt werden kann. Und was hier möglich war unter so erschwerenden Umständen, warum sollte das nicht in gleicher Weise erreicht werden können in jeder anderen chirurgischen Heilanstalt, wenn man sich nur entschliesst, dieselben Grundsätze anzunehmen und durchzuführen, die bereits in verschiedenen Ländern die Aufmerksamkeit auf sich ziehen und deren allgemeine Anerkennung, gleichviel ob in dieser oder einer anderen, vollkommneren Form, nur noch eine Frage der Zeit sein kann. Unsere herrlichen Anstalten, auf die wir stolz sein können, und die in gleicher Weise vorsorglich hingestellt sind für den Kranken wie für den Lernenden, sie werden dann gereinigt sein von dem hässlichen Flecke, der ihnen jetzt allein noch anklebt — von der verderblichen Einwirkung unreiner Luft.

VII. Bemerkungen zu einer offnen Verrenkung des Knöchels nebst andern Verletzungen, ein Beitrag zur Erläuterung des antiseptischen Verfahrens.

Ein dreissigjähriger Arbeiter war von einer schnell daher brausenden Maschine an der linken Schulter gestreift und zwischen die Schienen geworfen worden. Als er wieder zu sich kam, war er nicht im Stande zu gehen und in dieser hülflosen Lage würde er nach einer halben Stunde von dem Maschinenführer, der seine Mütze auf dem Buffer der Locomotive entdeckt hatte, gefunden und nach Edinburg ins Krankenhaus gebracht. Als ich ihn zwei und eine halbe Stunde später sah, stand er noch unter dem Eindrucke der Erschütterung und fürchtete wegen der heftigen Schmerzen in der Brust eine schwere innere Verletzung, eine Annahme, die glücklicher Weise sich als grundlos herausstellte. Der linke Fuss war stark nach innen verrenkt, der zerschmetterte äussere Knöchel ragte aus einer sieben und einen halben Cm. haltenden Längswunde heraus, seine Spitze war abgebrochen, aber noch mit dem äusseren Seitenbande im Zusammenhange. Der innere Knöchel fand sich natürlich bei einer solchen Fussverrenkung ebenfalls zerbrochen. Dass man es hier mit einer grauenhaften Verletzung zu thun hatte, darüber konnte wohl kein Zweifel aufkommen; Genesungen gehörten zu den Ausnahmen, wie mir denn Syme aus den Krankenberichten nachwies, dass die letzten vierzehn Fälle solcher offnen Knöchelverrenkungen sämmtlich mit dem Tode geendigt hatten, wesshalb er zu der

Ueberzeugung gekommen war, dass in den meisten Fällen die Gliedabnahme das zweckmässigste sei; nur zuweilen hatte er sich mit der Wegnahme der Knöchel zu begnügen vermocht.

Bei unserm Kranken wurde keines dieser Verfahren in Anwendung gebracht. Um den vorgedrängten Knöchel leichter in seine Lage zurückbringen zu können, knipp ich mit der Scheere einen an seiner tiefer gelegenen Stelle mit Gelenkknorpel überzogenen Theil ab und verlängerte zu gleichem Zwecke die Wunde nach unten, weil hier die Haut Widerstand leistete, so dass nun die Einrichtung leicht ausgeführt werden konnte. Darauf liess ich eine kräftige Karbolsäurelösung — ein Theil Krystall auf zwanzig Theile Wasser — in die Gelenkhöhle und das ganze Wundinnere einspritzen und sorgte durch Zusammenhalten der Ränder und Streichen und Drücken der ganzen Theile für eine möglichst allgemeine Verbreitung der Flüssigkeit.

Früher würde man vor dem Gedanken zurückgeschreckt sein, in das Knöchelgelenk irgend eine ähnliche reizende Flüssigkeit einzuspritzen, weil man es für einen ungerechtfertigten Eingriff hielt; heut zu Tage weis man, dass diese vorübergehende Reizung durch Karbolsäure in keinem Verhältnisse steht zu der viel gefährlicheren Einwirkung der Zersetzungserzeugnisse. Hat man eine frische Wunde vor sich, die man zu irgend einem Zwecke selbst machte, so genügt eine schwächere Lösung — also eins zu vierzig — die Zersetzungskeime zu zerstören; ist aber die Wunde schon etwas älter und in einer gewaltsamen Weise erzeugt, wie in diesem Falle, kann man annehmen, dass fremde Stoffe eingebracht und vielleicht mit Blute vermischt in irgend einem nicht zugänglichen Wundwinkel liegen geblieben sind, dann scheint es doch vorsichtiger, die wässrige Lösung so stark wie möglich zu machen und den Rath zu geben, nicht etwa schonen zu wollen, sondern lieber recht reichlich die verletzte Stelle zu bedenken. Ein anderes Verfahren, diese Keime zu zerstören, besitzen wir ja nicht. Ich warne übrigens bei dieser Gelegenheit vor dem Missgriffe, der wässrigen, zu Einspritzungen benutzten Lösung Spiritus oder Glycerin zuzusetzen; denn diese Beimischung bleibt nicht ohne Einfluss auf die Säure, die Lösung wird milder, aber gleichzeitig auch dauernder in ihrer Wirkung, was unter Umständen bei äusseren Verbänden sehr nützlich sein kann. Zur einleitenden Behandlung aber und zur Einwirkung auf das Wundinnere bedarf man eines zwar kräftig, aber vorübergehend wirkenden Mittels, um die Keime zu zerstören; sobald dies geschehen ist, muss es natürlich wünschenswerth sein, dies Mittel wieder so schnell wie möglich aus der Wunde entfernt zu sehen, damit sie sich von der unvermeidlichen Reizung erholen kann, was mit der wässrigen Karbolsäurelösung am besten erreicht zu werden scheint. Kehren wir nach diesem Abschweife zu unserm Verletzten zurück.

Die Flüssigkeit wurde nun wieder ausgedrückt, dann der grösseren Sicherheit wegen die Einspritzung noch ein Mal wiederholt, auch die ganze äussere Umgegend mit der Lösung abgewaschen und nun der gewöhnliche äussere Verband so angelegt, dass das ganze Glied mit zwei Lagen Lackpflaster — Seite 81 — umgeben war, welche nach oben und unten ungefähr zehn Cm. breit die Wunde überragten[12]). Ein Stück Zeug zur Aufnahme der unter dem Pflaster vortretenden Wundflüssigkeiten kam darüber zu liegen und eine Schiene an der inneren Fläche des Unterschenkels und Fusses gab diesem die nöthige Haltung und Lagerung.

Aber die Fussverletzung war ja nicht die einzige, die der arme Mann erhalten hatte. Blutspuren an seinen Haaren liessen mich den Kopf genauer untersuchen und ich fand vier Wunden von fünf bis dreizehn Cm. Länge, von denen drei den Knochen frei daliegend zeigten, der mit einer dunkeln, schmutzigen Masse grundirt war, was, wie der Verletzte meinte, wahrscheinlich von dem Aschenkasten der Maschine herrührte. So ausgedehnte und so gewaltsam beigebrachte Kopfverletzungen zeichnen sich für gewöhnlich immer durch den langsamen Verlauf und die zögernde Abstossung der mehr weniger dicken Knochenschaale aus, abgesehen von der Gefahr, welche der Eintritt eines Erysipelas oder der Gehirnerscheinungen mit sich bringt. Wie angenehm ist es demnach, auf eine erste Vereinigung durch den antiseptischen Verband rechnen zu dürfen.

Wegen des Umfanges der verletzten Stelle wurde der grössere Theil des Schädels glatt geschoren und gründlich mit der Lösung gewaschen und der Verband wie vorher angelegt, nur dass die Wundränder mit antiseptischen Nähten zum Verschlusse kamen [13]). Der Vorsicht wegen wurden dann alle Wunden noch ein Mal ausgespritzt, falls während der Anlegung der Nähte das zurücktretende Blut irgend etwas Schädliches in die Wunde gebracht hätte. Darüber kam dann ein doppeltes Lager des Lackpflasters, das wieder von einem Stücke Zeug überdeckt wurde, welches die Absonderungen aufsaugen sollte.

Ich kann nicht dringend genug darauf aufmerksam machen, wie nothwendig es ist, das Pflaster recht weit die Wunde überragen zu lassen, damit die Entleerungen unter dem undurchgängigen antiseptischen Lager einen möglichst weiten Weg haben, bevor sie an die äussere Luft, die Quelle ihrer Zersetzung, gelangen; denn nur unter der Beachtung dieser Vorsicht wird es möglich sein, der Verbreitung der Zersetzung in die Wunde hinein vorzubeugen. Und gerade diese einfache Vorsicht, wie so häufig wird sie ausser Acht gelassen!

Aber auch damit waren wir noch nicht am Ende, denn es fand sich auch noch ein rechtsseitiger offener Bruch des Hakenfortsatzes der Ellbogenröhre, nach des Kranken Ansicht wahrscheinlich durch Fall auf den Arm bedingt. Die Wunde war ungefähr zwei und einen halben Cm. lang und musste ihrer Lage wegen nothwendig mit der Gelenkhöhle in Verbindung stehen. Der Verband war dem am Knöchel entsprechend; die Schienen wurden vorn angelegt, damit das Gelenk in gestreckter Lage blieb.

Hat unsere antiseptische Behandlungsweise wirklich einen Erfolg, vermag sie in der That der Zersetzung vorzubeugen, dann darf keine dieser drei schweren Verletzungen, weder der offene Bruch des Knöchel-, noch der des Ellbogengelenks, noch eine der Kopfwunden irgend wie örtliche oder allgemeine Störungen wach rufen. Und dass ich so zuversichtlich spreche in einer noch so frühen Zeit, am vierten Tage, an dem bei dem gewöhnlichen Verfahren Röthe, Schwellung, Schmerz der verletzten Gegend, erhöhter Puls und andere Fiebererscheinungen auf den Eintritt der Eiterung hinzudeuten pflegen, dazu habe ich die Berechtigung nicht nur aus dem Zustande des Kranken selbst genommen, der örtlich und allgemein sich ganz ruhig verhält, tägliche Pulsabnahme zeigt, reine, feuchte Zunge, gute Esslust und keine Klagen hat, ausser über die Schmerzen, die ihm die Brust- und Schulterverletzung verursacht — auch anderweitige Erfahrungen geben mir hierzu Veranlassung.

Zunächst erinnere ich an den früher mitgetheilten offenen Knöchelbruch — Seite 119 —, der im Glasgower Krankenhause behandelt wurde, gerade zur Zeit, als ich diese Stadt verliess. Der Bruch heilte ohne Eiterung, ohne örtliche oder allgemeine Störung.

Ein anderer ähnlicher Fall mit Verrenkung des Fusses nach innen wurde zwar nicht von mir unmittelbar behandelt, aber der Arzt der verunglückten Frau war der Vater eines Schülers von mir und hatte sich an seinen Sohn mit der Bitte gewandt, ihm die bei uns gebräuchlichen Mittel zu verabfolgen. Damals liess ich noch solche Verletzungen mit einer öligen Lösung verbinden, die in das Wundinnere gespritzt und äusserlich aufgelegt wurde, darüber kam dann der mit Karbolsäure untermischte Kitt — Seite 38 — aussen zu liegen. So waren wohl die Mittel verschieden, aber der Erfolg war derselbe. Dr. Coats, der behandelnde Arzt, hat übrigens den Fall veröffentlicht und hervorgehoben, wie die Kranke, abgesehen von dem ersten Schmerze, den die Karbolsäure erregte, frei von jeder weiteren Empfindung und jeder Unbequemlichkeit blieb und wie die Wunde sich schloss ohne jede tiefe Eiterung oder fieberhafte Störung.

Ein dritter Fall betraf einen sechzigjährigen Herrn von ziemlicher Körperschwere, der eine Treppe herabfiel und den Fuss dabei kräftig nach aussen drängte, wobei das Wadenbein zerbrach und der innere Knöchel durch die Haut gestossen wurde. Ich sah den Kranken zusammen mit Dr. Berkeley und Buchanan, die mich gerade besuchten und legte in deren Gegenwart den ersten Verband an, wie er damals im Krankenhause üblich war. Das Gelenk wurde mit wässriger Karbolsäurelösung ausgespritzt, dann wieder eingerenkt und mit einem Stücke dünnen Zinnbleches bedeckt, um es vor dem reizenden Einflusse der Karbolsäure zu schützen, welche in dem um den Fuss gewickelten Pflaster enthalten war. Darüber kam ein Stück Zeug zu liegen und eine Binde, die ich beide täglich mit kräftiger öliger Lösung bestrich, damit das unter liegende Pflaster, das dauernd liegen blieb, einen stäten neuen Zufluss erhielt. Das Zinn habe ich seitdem bei Seite gelegt und habe es im Ganzen für besser gefunden, gelegentlich lieber den ganzen Verband zu wechseln, wie ich es später beschreiben werde. Genug, obwohl der alte Herr gichtischer Natur und überhaupt nicht recht gesund war, verlief dennoch die Heilung so, wie sie nur bei einem einfachen Bruche erwartet werden konnte. Nicht ein Tropfen Eiter bildete sich, etwas wässrige Entleerung war bemerkbar und als nach fünf Wochen der Verband zum ersten Male entfernt wurde, zeigte sich ein oberflächliches Geschwür mit kräftigen, entzündlichen Neugebilden, das sich nach wenigen Tagen bei Anwendung einer zusammenziehenden Lösung schloss.

Der vierte Fall endlich ist bereits früher — Seite 76 — mitgetheilt worden; er unterscheidet sich von den andern, dass die betreffende Gelenkseröffnung von mir selbst gemacht wurde und dass ich dabei jede Vorsicht in Anwendung bringen konnte, das Eindringen der Keime zu verhindern. Der Erfolg war auch hier derselbe, dass der Kranke einen gesunden, brauchbaren Fuss erhielt.

Ich denke, die angeführten Fälle berechtigen mich zu der vorher ausgesprochenen Hoffnung.

Aber mehr noch, der Gang der Heilung beweist die Richtigkeit meiner Annahme. Der Verband wurde am Tage nach der Verletzung gänzlich gewechselt, was eine besondere Vorsicht nöthig macht. Die Tags vorher eingespritzte Lösung ist bereits in den Blutlauf aufgenommen, das ergossene Blut und die durch die äussere Gewalt abgestorbenen Gewebe sind genau noch so empfänglich für Zersetzung, wie wenn gar keine Behandlung eingeleitet wäre und meine Erfahrung führt mich zu der Annahme dass, wenn bei der Entfernung des Verbandes auch nur ein einziger Tropfen Wundflüssigkeit, durch die Bewegung des Gliedes herausgedrückt, dann wieder zurücktritt in das Wundinnere, die Zersetzung mit ziemlicher Gewissheit erwartet werden kann, auch wenn der Tropfen nur eine Sekunde dem Einflusse schlechter Luft ausgesetzt war. Diesen Schwierigkeiten kann man indess sehr leicht begegnen, wenn man in den ersten Tagen beim Wechseln des Verbandes, bevor die Wunde in der Tiefe sich fest geschlossen hat, in dem Augenblicke, in dem man das Pflaster abheben will, die Spitze einer Spritze unterschiebt und nun eine wässrige Lösung — eins zu vierzig — über die Wunde ergiesst, bis ein Gehülfe ein in derselben Flüssigkeit getränktes Stück Calico schnell darüber gebreitet hat, das zum Schutze liegen bleibt, bis das Pflaster von neuem übergelegt wird. Will man die Wunde untersuchen, was unter Umständen nothwendig oder wünschenswerth sein kann, so hat man nur dafür zu sorgen, dass während dieser Zeit die Lösung fortwährend darübergespritzt wird, wodurch ja der freie Ueberblick keine Störung erleidet, so dass also die Wunde keinen Augenblick ohne antiseptischen Schutz ist. Auch darauf muss man sein Augenmerk richten, dass die zur Aufnahme der Wundflüssigkeit über das Pflaster gelegten Verbandstücke sehr leicht durch das Trocknen derselben ankleben und so beim Wegnehmen das Pflaster mit abheben können. Diess lässt sich vermeiden, wenn man während der Entfernung der Verbandstücke das Pflaster in der Wundgegend gut andrückt. Es sind dies alles Einzelnheiten, die leicht zu beachten und wesentlich für den Erfolg sind.

Der Verband nun, der am Tage nach der Verletzung und später aufgelegt wurde, unterschied sich von dem ersten dadurch, dass unmittelbar über die Wunde ein Stoff zu liegen kam, der sie schützen sollte vor dem Einflusse der im Pflaster enthaltenen Karbolsäure, und der desshalb von mir als „Schutzhülle“ — protective — bezeichnet worden ist. Auf diesen will ich nun die besondere Aufmerksamkeit richten.

Von Allen, welche antiseptische Mittel benutzen, bin ich vielleicht derjenige, der sie am wenigsten auf die Wundfläche selbst bringt. Denn nachdem der erste Verband angelegt ist, betrachte ich es als meine Aufgabe, einen Stoff auf die freiliegenden Wundtheile zu bringen, der sich in seinen Eigenschaften den milden, nach keiner Seite hin reizenden lebendigen Geweben so dicht als möglich anschliesst. Wenn man die Verhältnisse betrachtet, unter denen ein einfacher Bruch steht, Verhältnisse, die man sich nicht oft genug ins Gedächtniss zurückrufen kann, will man klar und richtig über vorliegenden Gegenstand urtheilen, wenn man beachtet, wie hier die schwer gequetschte innere

Wunde mit den zerrissenen und mit Blut voll überladenen Geweben leicht und schnell heilt unter dem Schutze der unverletzten Haut, so ist es klar, dass alles, was eine äussere Wunde zur Heilung verlangt, darin besteht, dass man sie den störenden äusseren Einflüssen entzieht. Es ist dabei nicht nöthig, die verletzten Gewebe anzuregen oder sie mit einem geheimnissvollen Eigenmittel zu behandeln, alles was sie brauchen ist, sie sich selbst zu überlassen. Dann werden sie sich schon selbst helfen; die geschwächt sind, werden sich erholen, und die in Folge der Verletzung ihre Lebenskraft eingebüsst haben, dienen ihren Nachbargeweben als Nahrung. Von allen äusseren Einflüssen ist die Zersetzung am Meisten zu fürchten und desshalb am ängstlichsten auszuschliessen. Aber jeder zu diesem Zwecke gebrauchte Stoff, wenn er irgend kräftig genug ist diese Lebenskeime zerstören zu können, muss in aussergewöhnlicher Weise die freigelegten Gewebe reizen, so dass sie vor diesem Einflusse erst wieder geschützt werden müssen, will man sie in dieselbe Lage wie die unterhautlichen bringen.

Unsere Schutzhülle müsste also aus einem Stoffe bestehen, der an und für sich nicht die geringste Reizung zu erregen im Stande ist und dann auch der Karbolsäure den Durchtritt nicht gestattet, der durch die Wundentleerungen nicht aufgelöst wird und jedem Theile sich passend anschmiegt. Freilich ist es nicht leicht einen solchen zu finden, der allen diesen Ansprüchen volle Genüge zu leisten vermag. Gutta-percha und Kautschuk, die sich von selbst empfehlend in den Vordergrund stellen, lassen die Karbolsäure von Theilchen zu Theilchen ausserordentlich leicht durchtreten und sind desshalb hierfür gar nicht zu verwerthen. Eine Metallplatte hindert das Durchdringen vollständig; aber Zinnblech, das ich längere Zeit benutzte, ist zu wenig schmiegsam, und Stanniol zerreisst zu leicht. Da habe ich denn Versuche mit dem unendlich feinen Blattgold gemacht, die mich recht befriedigten. Ich liess Shirting auf einer Seite mit Kautschuk überstreichen, dann Blattgold darüber legen und darüber wieder eine Schicht Kautschuklösung bringen. Das so zwischen zwei Gummilagen gebrachte Gold hält sich recht gut und wenn ich Jemanden finden würde, der das fabrikmässig herzustellen im

Stande wäre, so hoffte ich eine Schutzhülle zu bekommen, die leidlich vollkommen ihrem Zwecke genügte. Da auch das Lackpflaster ganz zuverlässig ist die Zersetzung auszuschliessen, so würden wir dann im Besitze eines Verfahrens sein, das die schönen Erfolge voll zu bringen im Stande wäre, welche uns die blosse Betrachtung und Anschauung von vornherein als möglich hingestellt hat.

Ein anderer wesentlicher Punkt aber, der nicht übersehen werden darf, ist der, dass dieser Schutz im Augenblicke seiner Benutzung antiseptisch sein muss, weil man ja sonst nicht frei von Gefahr wäre, die genannten Keime mit der Wunde in Berührung zu bringen. Es müsste also die Oberfläche mit einer ganz ausserordentlich feinen Schicht eines Stoffes überzogen werden, der Wasser annimmt, so dass das Ganze, in eine wässerige Karbolsäurelösung getaucht, gleichmässig durch die Säure befeuchtet würde, wenn auch in so geringer Menge, dass diese von der Haut und der Wunde aus schnell zur Aufsaugung käme, wodurch der ursprüngliche Zweck der Schutzhülle, rein als Schutz für die Wunde gegen die Einwirkung der Karbolsäure zu dienen, in keiner Weise gestört werden könnte. Für die dauernd antiseptische Wirkung sorgt das Lackpflaster, das in gleicher Weise wie beim ersten Verbande auch hier die Wunde allseitig überragen muss.

Das also müssen wir unter allen Umständen festhalten, gleichviel auch was wir für Stoffe zu einem solchen antiseptischen Verbande verwerthen, die Aufgabe kann nur immer die eine sein, durch ein Antiseptikum die Zersetzung abzuhalten und die reizende Einwirkung dieses Mittels auf die verletzten Gewebe durch eine Schutzhülle zu verhindern, so dass durch die vereinte Wirkung beider Thätigkeiten die Wunde in einen reizlosen Zustand versetzt wird.

Ist es nun auch noch nicht möglich gewesen, in den Besitz einer solchen vollkommenen Schutzhülle zu gelangen, die allen Ansprüchen genügte, so kann ich doch die von mir jetzt benutzte recht wohl empfehlen, da sie unsern Zwecken gut entspricht und den Vortheil hat, dass das dazu Nöthige aus jedem Kräuterladen geholt werden kann. Die Grundlage giebt der gewöhnliche Wachstaffet ab. Ich verdanke es meinem frühern Assistenten Dr. J. Coats, auf die Thatsache aufmerksam gemacht worden zu sein, dass die Karbolsäure durch Wachstaffet nicht so schnell hindurch geht, wie durch Gutta-percha; er hat aber das Unangenehme, dass Flüssigkeiten von ihm abfliessen wie von einem Entenrücken, man also befürchten muss, wenn er vor dem Gebrauche in eine wässerige Karbolsäurelösung getaucht wird, dass durch die trocken gebliebenen Theile Zersetzungskeime auf die Wunde übertragen werden. Wenigstens glaube ich Ursache zu haben, bei einigen Hohlwunden an eine Zersetzung aus diesem Grunde denken zu können, weshalb ich auch den Wachstaffet eine Zeit lang bei Seite gelegt hatte. Aber ihn wieder hervorholend habe ich den genannten Nachtheil dadurch beseitigt, dass ich eine lösliche Schicht darüber ausbreite, die aus einem Theile Dextrin, zwei Theilen gepulverter Stärke und sechszehn Theilon einer wässerigen Lösung der Karbolsäure — eins zu zwanzig — besteht. Letztere soll nicht als zersetzungswidriges Mittel wirken, sondern wird mehr als Wasser hinzugenommen, weil das Dextrin in dieser Form sich leichter auf den Wachstaffet auflegt; ähnliches gilt von der Stärke. Die Karbolsäure mag dann verfliegen, wesshalb auch der Verschluss in einem Gefässe wie bei dem Lackpflaster nicht nöthig wird. Taucht man nun den so zubereiteten Wachstaffet in eine wässerige Karbolsäurelösung ein, so bleibt er gleichmässig befeuchtet und die vorher angedeutete Gefahr ist dann nicht mehr zu befürchten; legt man ihn gar in zwei Lagen auf, so wird der Abschluss der Karbolsäure zu einem vollkommnen, wie der weitere Fortgang unseres Falles zeigt, zu dem wir nun wieder zurückkehren.

Am Tage nach der Verletzung fanden sich die über das Pflaster gelegten Verbandstücke, selbst die Pappschiene und ihre Polster von einer blutigen Flüssigkeit durchtränkt, was am zweiten Tage sich bereits so vermindert hatte, dass die ausgetretene Menge nur einige Gramm betrug, wesshalb ich den Verband auch zwei Tage liegen liess. — Ich halte es unter allen Umständen für das Beste, den Verband jedenfalls am Tage nach der Verletzung zu wechseln, weil dann die Entleerungen noch von einer blutigen

Beschaffenheit sind und wenn auch das Lackpflaster in trefflicher Weise den Abfluss gestattet, so könnte sich doch eine Gerinnungsschicht bilden, welche die antiseptische Thätigkeit beeinflusste. Ist diese Zeit aber vorüber, dann regelt man den Verband je nach der Menge der Entleerung, da die Karbolsäure im Pflaster um so eher erschöpft wird, je reichlicher der Ausfluss ist; vierundzwanzig Stunden hält sie aber auch bei noch so grosser Menge vor. Beträgt die Masse der ergossenen Flüssigkeit nur einige Gramm, dann kann man das Pflaster ruhig zwei Tage liegen lassen und die Zeit des Wechselns im Verhältnisse der Abnahme immer mehr und mehr aus einanderrücken, so dass schliesslich das Pflaster eine Woche zu liegen vermag, ohne von seiner antiseptischen Kraft etwas einzubüssen, besonders wenn man es nur der Vorsicht halber noch benutzt, eine Entleerung aber gar nicht mehr vorhanden ist. Sind die Zwischenräume des Verbandes erst so weit aus einandergerückt, dann wird man für die Mühen der ersten Tage reichlich entschädigt durch die geringe Arbeit, die man nun hat und durch die fortschreitende Besserung des Kranken; bei Knochenbrüchen ist natürlich die wegfallende häufige Störung von ganz besonderem Werthe.

Am vierten Tage nach dem Zufalle hatte der Knöchel ein Ansehen, wie es nur bei diesem Verfahren möglich war. Die sieben und einen halben Cm. lange klaffende Wunde war noch vom ursprünglichen Gerinnsel bis zur Höhe der umgebenden Haut gefüllt, während die wässerige Absonderung nur wenig das Verbandzeug befleckt hatte. Dies war nicht nur bedingt durch die antiseptische Behandlung, auch die Schutzhülle hatte ihre volle Schuldigkeit gethan. Würde die Karbolsäure unmittelbar auf die Wunde haben einwirken können, dann wäre die Wundentleerung, jedenfalls eine beträchtlichere gewesen und wir hätten gewiss bereits ein ausgehöhltes Geschwür mit beginnender Eiterung.

Ich kann nicht umhin, hier meine Verwunderung auszusprechen, dass Einige, die sich nicht scheuten mich in der bittersten Weise zu beurtheilen, sich so wenig Mühe genommen haben, das sich erst ordentlich anzusehen, was ich über diesen Punkt geschrieben habe. Nach den Behauptungen dieser Herren könnte ich es Niemand verdenken zu meinen, dass ich die Zersetzung als die einzige Ursache der Eiterung betrachtete. Und doch beruht meine ganze Behandlung der Abscesse wesentlich auf der Annahme, dass der Eiter in der ungeöffneten Höhle, als das Erzeugniss eines entzündlichen Reizes, mit der Zersetzung durch die äussere Luft nichts zu schaffen hat, so dass die Einbringung des Antiseptikums in die Abscesshöhle zwecklos wird und man seine ganze Aufmerksamkeit nur darauf zu richten hat, dass nicht mit den Entleerungen die Zersetzungskeime eindringen können — Seite 37. — Auch zu der Vermuthung könnte man geleitet werden, wenn man die Ergiessungen jener Herren liest, dass reichliches Aufbringen der Karbolsäure auf eine Wundfläche nach meiner Ansicht die Eiterung verhindere, während ich doch stets behauptet habe, dass fortgesetzte Einwirkung jenes Reizmittels auf die Gewebe nothwendig Eiterung herbeiführen muss.

Die Beobachtungen, die ich im Verlaufe der Entwicklung des antiseptischen Verfahrens zu machen Gelegenheit hatte, haben mir reichliches Licht über die Ursachen geworfen, welche den Eintritt der Eiterung veranlassen und da der Gegenstand eine grosse praktische Bedeutung hat, so will ich die günstige Gelegenheit nicht unbenutzt vorübergehen lassen, den Schlüssen, zu denen ich gekommen bin, einen bestimmten Ausdruck zu geben.

Vor mehreren Jahren konnte ich als Ergebniss einer Untersuchung den Satz aufstellen, dass die Gewebe des lebenden Körpers in Folge einer sehr heftigen Reizung zeitweise eine Verminderung oder gar Aufhebung ihrer Lebensthätigkeiten erleiden können, und dass dieser Zustand, der das Wesentliche einer kräftigen Entzündung auszumachen scheint, auf zwei gänzlich verschiedenen Wegen sich auszubilden vermag, entweder nämlich durch eine unmittelbare Einwirkung des schädlichen Reizes auf die Gewebe oder mittelbar durch Hülfe des Nervensystems — siehe: on the Early Stages of Inflammation. Phil. Trans. 1858. — Dasselbe scheint nun auch auf die Ursachen einer übertriebenen, aber kraftlosen Zellenentwicklung Bezug zu haben, welche auf einer anhaltenden Einwirkung eines aussergewöhnlichen, aber weniger heftigen Reizes beruht, der, je nach dem Grade die verschiedenen Erscheinungen der entzündlichen Gewebszunahme, der Bildung der entzündlichen Neugebilde und der Eiterung hervorruft: die Eiterzellen geben dann die äussersten Grenzen einer, in Hinblick auf das Uebermaass der Menge, sowie in Bezug auf die Beeinträchtigung der Beschaffenheit unnatürlich angeregten Ernährung ab. Demzufolge zerfallen die Eiterungen je nach ihrer Veranlassung in zwei grosse Gruppen, deren eine, die entzündliche, durch die Einwirkung auf das Nervensystem zu Stande kommt, hierzu gehören die gewöhnlichen Abscesse; deren andere auf schädlichen Reizen beruht, welche unmittelbar die Gewebe selbst treffen. Diese letzteren kann man sehr gut beobachten aus dem Verhalten eines heilenden Geschwürs gegenüber den verschiedensten Behandlungsweisen. Kleine körnige Geschwüre heilen zuweilen unter einem Schorfe und wenn die Oberfläche so geschützt ist gegen äussere Einflüsse durch Bildung einer Decke aus eingetrockneter Wundabsonderung, so hört jede weitere Entleerung, sei es eitrige oder wässerige, auf. Daraus geht wohl zur Genüge hervor, dass den entzündlichen Neugebilden durchaus nicht die Neigung zur Eiterbildung oder, wie man auch wohl fälschlicher Weise sagt, zur Eiterausscheidung innewohnt; dies geschieht nur, wenn sie gereizt werden. Ein fernerer Beweis dafür ist, dass zwei mit entzündlichen Neugebilden bedeckte Flächen die Neigung haben mit einander zu verwachsen, wenn sie in enger Berührung zusammenliegen. Dies würde nicht angehen, wenn sie forteiterten, wofür ihr Aneinanderliegen ja kein Hinderniss abgeben könnte. Weil aber diese angebliche Neigung zur Eiterbildung ihnen nicht innewohnt, und durch die wechselseitige Berührung die Einwirkung äusserer Einflüsse leidlich abgehalten wird, so fehlt auch die Veranlassung zu einer weiteren Absonderung, diese hört auf und der Vereinigung beider aneinander liegenden Flächen steht nun nichts mehr im Wege. Neue Belege für die Wahrheit des eben behaupteten liefert uns die antiseptische Behandlungsweise. Die Abscesswand ist ihrer Natur nach einem körnigen Geschwüre ähnlich und ist ja oft genug als „eitererzeugend“ bezeichnet worden. Hat man aber den Abscess antiseptisch geöffnet, seine Wand dadurch erlöst von dem Entzündungsreize und die durch den Eiter bedingte Spannung gehoben, hält man von aussen eindringende Zersetzungskeime ab, dann bleibt eben diese Wand frei von aller Störung und jede weitere Eiterbildung ist abgeschnitten. Den auffallendsten Beleg für das Gesagte bot jener offene Bruch des Unterschenkels, auf den ich schon so oft zurückgekommen bin — Seite 19 —; hier schlossen die entzündlichen Neugebilde den abgestorbenen Knochen vollständig ein, der sich nicht ablöste, weil die Möglichkeit der Zersetzung fern gehalten war; jene wurden desshalb auch nicht gereizt, sonderten keinen Eiter ab, brachten aber allmälig durch Aufsaugung den todten Knochen zum Schwunde.

So können wir es also als feststehend betrachten, dass die entzündlichen Neugebilde weit entfernt sind eine innewohnende Neigung zur Bildung von Eiterkörperchen zu besitzen, dass vielmehr ihr unentwickeltes Gewebe leicht in höhere Formen übergeht, sobald nur jeder widernatürliche Reiz fern gehalten wird, wie das an jedem heilenden Geschwüre zur Beobachtung kommt. Diese entzündlichen Neugebilde haben sich durchaus noch nicht verändert, wenn auch am Rande das dünne Oberhäutchen sie deckt; erst wenn diese Hülle vollständig fertig ist, wenn dadurch jeder äussere Reiz abgehalten wird, erst dann beginnt dieses unvollkommene Gewebe sich höher zu entwickeln und die mehr weniger vollkommene fasrige Form der Narbe anzunehmen.

Jetzt erst werden wir im Stande sein, die Einwirkung der verschiedenen Mittel auf die entzündlichen Neugebilde zu verstehen und zu schätzen. Der einfachste Fall wird der sein, wenn ein zersetzungswidriger Stoff wie Chlorzink oder Karbolsäure in der entsprechenden Weise verdünnt auf eine gesund heilende Geschwürsfläche aufgelegt wird; wir bemerken dann weder eine Röthe der umgebenden Haut noch irgend eine entzündliche Störung, wohl aber erregt der chemische Reiz eine oberflächliche Eiterung, die nur da fehlt, wo am Rande das dünne Oberhäutchen die entzündlichen Neugebilde vor dem Einflusse dieser Stoffe schützt.

Behandelt man das Geschwür mit Wasserverbänden, so zersetzt sich das zuerst ergossene Wundwasser in den Verbandstücken, die Erzeugnisse dieser fauligen Zersetzung müssen die Oberfläche reizen und auch hier wird ohne alle entzündliche Erscheinung, genau wie vorher, eine oberflächliche Eiterung ausgebildet werden, so dass also in dieser Beziehung ein zersetzungswidriger und ein zersetzungsfreundlicher Verband denselben Erfolg haben kann: oberflächliche Eiterung durch unmittelbare chemische Einwirkung auf die entzündlichen Neugebilde. Wirken aber beide auf eine frische Wundfläche ein, dann tritt der gewaltige Unterschied hervor, dass das zersetzungswidrige Mittel nur die Oberfläche, mit der es in Verbindung gebracht ist, anregt und durch jeden gebildeten Absonderungstropfen verdünnt und weniger wirksam gemacht wird, wohingegen die faulige Zersetzungsmasse sich gährungsartig weiter erzeugt, über die ganze Wunde und ihre Winkel, Buchten und Gänge verbreitet, jedes Tröpfchen ergossenen Blutes oder Blutwassers, jedes Fetzchen abgestorbenen Gewebes als geeignetes Brutnest in Besitz nimmt und von Minute zu Minute an Schärfe gewinnt. Dort haben wir also eine oberflächliche, stätig abnehmende, hier eine tiefgreifende, vergiftende Einwirkung, die oft genug den Tod durch Vergiftung oder Ueberreizung herbeigeführt hat, noch ehe Eiterung sich entwickeln konnte.

Die so erhaltenen Ergebnisse lassen sich übrigens in folgender Formel zusammenzufassen:

		Ursachen der Eiterung	
Unregelmässige Reizung der Gewebe	A.	durch angeregte Nerventhätigkeit	Entzündung
	B.	aus unmittelbarer Einwirkung reizender Salze	a. Eintritt fauliger Zersetzung. b. Fernhalten der Zersetzung.

Diese Uebersicht ist allerdings nicht erschöpfend; zur Gruppe a könnten auch noch andere Gährungserzeugnisse hinzukommen, denn ich bin überzeugt, dass in den thierischen Flüssigkeiten auch noch geruchlose Gährstoffe zuweilen auftreten, welche Eiterung veranlassen und einzelne Gifte wahrscheinlich im Wesentlichen derselben Natur sind; auch die Gruppe b liesse sich noch vervollständigen durch Salze, die man grade nicht zersetzungswidrige nennen kann, obwohl unter ihrem Einflusse eine faulige Zersetzung nicht eintritt, z. B. verdünnte Chlornatriumlösung — aber dennoch wird diese Uebersicht sich so ziemlich allen Vorkommnissen in der Chirurgie anschmiegen und man wird nun einen klaren Begriff haben, wenn man von einer entzündlichen oder fauligen oder einer solchen Eiterung spricht, die mit diesen beiden nichts gemein hat — antiseptischen —. Einzelne besondere Fälle, die hier nicht eingereiht werden können, bezeichnet man nach ihrer besonderen Natur z. B. als erysipelatöse, variolöse etc. —

Wenn nun die Schutzhülle, zu der ich nach dieser Abschweifung zurückkehre, mit solchem Vortheile gebraucht werden kann, dann ist der Einwurf ein sehr natürlicher, warum ich sie denn nicht schon beim ersten Verbande anlege. Dagegen spricht nun freilich zweierlei. Zunächst ist in den ersten vierundzwanzig Stunden die Absonderung von Blut und Wasser eine sehr beträchtliche, und somit auch die Gefahr am grössten, dass sich die Zersetzung in der Wunde ausbreiten kann. Schon aus diesem Grunde würde es unklug sein, sie mit etwas zu bedecken, was die Thätigkeit des Verbandes beeinträchtigen könnte, welcher ja der Zersetzung entgegenarbeiten soll. Aber auch der Einwurf ist nicht gerechtfertigt, dass der unmittelbare Einfluss der Karbolsäure auf die Wunde schon nach vierundzwanzig Stunden Eiterung hervorrufen sollte. Dieser Punkt führt mich zu der **Zeitdauer**, die ich bisher bei der Besprechung der Eiterung noch nicht berührt habe. So lange die Gewebe in einem gesunden Zustande bleiben, vermag kein Reiz in ihnen eine Eiterung hervorzurufen, die, wie es den Anschein hat, erst eintritt, wenn jene unter der Einwirkung einer anhaltenden naturwidrigen Reizung allmälig in das unvollkommenste aller Gewebe umgeformt sind, das wir auf einer Geschwürsoberfläche entzündliche Neugebilde nennen: bei weiter fortgesetzter Reizung bilden sich die Eiterkörperchen. Mit andern Worten, der Eiterbildung muss die Wucherung der entzündlichen Neugebilde vorhergehen und der diese Umwandlung des gesunden Gewebes in solche Granulationen bedingende Zersetzungsreiz bedarf einer drei bis viertägigen Einwirkung. Es ist ja jedem Wundarzte eine bekannte Thatsache, dass bei der gewöhnlichen Behandlungsweise eine frische Wunde, die nicht durch erste Vereinigung heilt, erst nach dieser Zeit den ersten Eiter zeigt, unter dem dann, wenn man ihn weggetupft hat, die bekannten Fleischwärzchen sichtbar werden. Eine Ausnahme machen die Oberhautlager einiger Schleimhäute, deren ursprünglich einfache Zellen schon unter der Einwirkung leichter fremdartiger Reize sich bald in Eiterkörperchen umformen. Das Gleiche gilt vom entzündlichen Reize, der auch nicht Eiterung in einem Tage zu Wege bringt, sondern, gleichviel ob hitziger oder langwieriger Art, erst die Gewebe in die entzündlichen Neugebilde umwandeln muss, bevor es zur Eiterbildung kommt. Ein hübsches Beispiel hierfür giebt uns der gewöhnliche Schwären, der eine begrenzte Hautentzündung darstellt, welche in der Mitte des Herdes eine solche Steigerung erfährt, dass es zum Absterben eines Theiles der Gewebe kommt, von hier aus aber allmälig nach dem Umfange zu sich abschwächt bis zum gesunden Zustande. Obwohl sich hier nun alle möglichen Entzündungsgrade von der Mitte bis nach dem Umfange hin vorfinden, so tritt dennoch Eiterung erst nach Verlauf einiger Tage ein. Dann löst sich der Eiterstock, wie gesagt wird, das brandig abgestossene Gewebe hebt sich von der umgebenden gesunden Nachbarschaft, begleitet von einigen Eitertropfen ab und der bleibende Hohlraum zeigt sich mit entzündlichen Neugebilden ausgekleidet. Hier hat also der Entzündungsreiz, so gut wie es der der Zersetzung thut, als Vorbereitung für die Eiterung jene entzündlichen Neugebilde hervorgerufen.

In gleicher Weise müssen auch die zersetzungsfeindlichen Mittel tagelang auf eine Wunde einwirken, bevor sie dieselbe in ein körniges, eiterungsfähiges Geschwür umwandeln können, so dass also eine vierundzwanzigstündige Einwirkung keinerlei Nachtheil mit sich bringt. —

Bei unserm Verletzten sind die andern Wunden in gleich gutem Fortschreiten begriffen, wie die am Knöchel. Die vier schweren Kopfverletzungen erhielten am Tage nach dem Unfalle ebenfalls ihre Schutzhülle, bevor die Lackpflasterkappe wieder übergelegt wurde und zeigten am zweiten Tage eine so geringe Absonderung, dass ich den Verband nicht wechselte; erst am dritten schritt ich dazu, fand weder Röthe, noch Schwellung, noch Empfindlichkeit der Kopfhaut, eine ganz geringe Menge von Wundfeuchtigkeit, entfernte die zahlreichen Nähte, die genau noch so aussahen, wie sie eingelegt waren und fand, abgesehen von einigen hie und da sich noch zeigenden oberflächlichen, kleinen, offenen Stellen, die Wunden vollständig verheilt.

Der offene Bruch am Ellbogen zeigte beim letzten Verbandwechsel nur sehr wenig wässerige Absonderung, so dass er fünf Tage lang ruhig liegen bleiben konnte.

Bevor ich weiter berichte über die Fortschritte, die wir in unserm Falle zu beobachten Gelegenheit hatten, will ich die Aufmerksamkeit auf einen andern Punkt richten, der bei solchen Verletzungen von grosser praktischer Bedeutung ist. Am Tage nach dem Unfalle wurde es klar, wie die einwirkende Gewalt mit solcher Heftigkeit aufgetreten war, dass die Lebensfähigkeit verschiedener Hauttheile am inneren Wundrande sowohl wie auf dem Fussrücken hatte erlöschen müssen. Wären diese Theile dem Einflusse der atmosphärischen Luft ausgesetzt geblieben, so würden sie zweifellos brandig geworden sein; mit aller Wahrscheinlichkeit hätte die Zersetzung längs des ergossenen Blutes u. s. w. die unterhautlichen Gewebe erreicht, damit auch den Sitz der Bruchstelle und das Gelenk, und die ganze antiseptische Verbandweise wäre vergeblich gewesen. Ich erinnere mich eines solchen Falles, zu dem ich gerufen wurde. Es handelte sich um einen offenen Bruch des Vorderarms; der Verband war in durchaus sorgfältiger Weise angelegt und ich zweifle nicht, dass dies vom Anfange an so gewesen sein wird. Nach Verlauf einiger Tage hatte aber die Wunde ein schlechtes Aussehen angenommen und liess einen bedenklichen Geruch ausdunsten. Bei der Untersuchung fand ich einen kleinen brandigen Hautschorf, ungefähr dreizehn Mm. breit, der fünf bis sieben Cm. von der Wunde entfernt gerade am Rande des Lackpflasters lag und brandig erweicht war, so dass die Spitze einer kleinen Spritze leicht durch ihn eingeführt werden konnte; der Strahl drang ohne Mühe unter den Hautdecken nach der Bruchstelle und der äusseren Wunde. Es thut natürlich nichts zur Sache, ob zur Zeit der Verletzung die Haut so weit abgehoben oder das unterhautliche Gewebe mit ergossenem Blute überfüllt gewesen ist; die Ausbreitung der Zersetzung auf diesem

Wege von dem abgestorbenen Hautflecken her kann ja keinem Zweifel unterliegen.

Daraus folgt nun die Nothwendigkeit, jede abgesonderte Druckstelle in der Nachbarschaft einer Quetschwunde in gleicher Weise wie die Wunde selbst antiseptisch zu behandeln. Freilich kann man hierbei die Frage aufwerfen, wie soll man beim ersten Verbande, wo eine solche Stelle sich äusserlich noch durch nichts zu verrathen braucht, erkennen, dass hier die Lebensfähigkeit erloschen ist? Das Einfachste wird sein, gleich vom Anfange an das Lackpflaster gross genug zu schneiden, dass es die Wunde weit und breit nach allen Richtungen hin überdeckt und andern Tages dann nachzusehen, ob sich eine dunkel gefärbte Stelle irgendwo in der Nähe findet, die nun ebenfalls wie die Wunde selbst mit der Schutzhülle und dem Lackpflaster überdeckt wird; würde man jene vergessen, dann wäre zu befürchten, dass die anhaltende Einwirkung der Karbolsäure des Lackpflasters die Stelle und ihre Umgebung reizte, zur Entstehung von entzündlichen Neugebilden Anlass gäbe und eine antiseptische Eiterung veranlasste. Bei genügendem Schutze aber nach beiden Seiten hin wird das abgestorbene Gewebe aufgesaugt und umgebildet zu neuem lebendigen Gefüge, ähnlich wie das ergossene Blut.

In solcher Weise wurde nun unser Fall weiter fortbehandelt, die Schutzhülle oft doppelt und dreifach übergelegt und mit Erfolgen, wie wir sie von vornherein erwartet hatten. Einige der abgestorbenen Hautstellen wurden gänzlich aufgesaugt und ihr Platz durch gefässreiches Neugebilde ersetzt. Fünf Wochen nach der Verletzung hatte sich der grosse Brandschorf am inneren Wundrande beträchtlich in seiner oberflächlichen Ausdehnung verschmälert, ohne dass es zur Bildung einer sichtbaren Begrenzungslinie gekommen wäre; das Uebriggebliebene war fest, aber von gelblich weisser Farbe. Um mich von dem Fortgange der Umbildung und Gefässentwicklung in ihm zu überzeugen, schabte ich mit der Spitze eines scharfen Messers ein wenig auf seinem mittleren Theile und fand, dass er bereits zu bluten anfing, wenn ich noch nicht durch die obere halbe Dicke der eigentlichen Haut durchgedrungen war, trotzdem der ursprüngliche Schorf bis zum unterhautlichen Fettlager sich unzweifelhaft erstreckt hatte. Diese obwohl oberflächlich liegenden abgestorbenen Theile hatten demnach unter denselben Bedingungen bei dieser Behandlungsweise gestanden und waren gleiche Veränderungen eingegangen, wie die unterhautlichen Weichtheile bei einem einfachen Bruche.

Die Wunde selbst bot ein auffällig anderes Bild dar, als es die gewöhnliche Behandlungsweise ermöglicht hätte. Selbst in der fünften Woche noch war das ursprüngliche Gerinnsel zu sehen, nur war seine Farbe eine orangebraune geworden; es lag mit der angrenzenden Haut in gleicher Höhe, hatte sich durch Zusammenziehung sowohl wie durch Vernarbung bedeutend verkleinert und allseitig vom Rande her, mit Ausnahme des vorderen, an den die Verschorfung sich anschloss, zum grossen Theile mit einem Oberhäutchen bedeckt. — Ein offenes Geschwür, das ohne Eiterung und entzündliche Neugebilde heilt, ist in der That in der Chirurgie etwas neues, obwohl die Schorfheilung uns dieses längst hätte lehren können! An dem untern Ende der Wunde war die gefässreiche, durch Umformung des Gerinnsels entstandene Neubildung etwas vorragender als der Rest und hatte das eigenthümliche Aussehen der mit einem Oberhäutchen versehenen entzündlichen Neugebilde, doch fehlte jede Spur vom Eiter. Zu dieser Zeit war übrigens der Verband seit acht Tagen nicht gewechselt worden, und um die Beschaffenheit und Menge der Absonderungen genau feststellen zu können, entfernte ich das Lackpflaster ohne vorher wässrige Karbolsäure unterspritzen zu lassen, was ich um so leichter thun konnte, als jetzt die freie Bloslegung der Wunde keinerlei Gefahr mehr im Gefolge hatte. Die Verbandstücke an der Aussenseite des Pflasters zeigten nichts von irgend welchen Spuren einer Befleckung, die ganze Menge der Wundfeuchtigkeiten hatte sich unter dem Pflaster angesammelt und bestand aus ungefähr zwei Grammen einer weissen dünnen Flüssigkeit mit etwas abgeschilferter Oberhaut. Unter dem Mikroskope fand ich, dass die dunkeln Massen dieser milchigen Flüssigkeit ausschliesslich aus Oberhautschuppen bestanden.

Die Gefässentwicklung im Gerinnsel ist in gleicher Weise wie bei den brandigen Stellen ebenso gut von unten aus wie vom Rande her erfolgt und vorgeschritten. Funfzehn Tage nach der

Verletzung hatte ich unter dem Schutze einer Ueberrieselung mit wässriger Karbolsäurelösuug in den mittleren Theil des chokoladefarbenen Gerinnsels sechs Mm. tief eingestochen, ohne dass es blutete, während zwölf Tage später bereits bei drei Mm. Tiefe Blut hervortrat.

Dieser Vorgang der Umformung des Gerinnsels und der abgestorbenen Theile in einer äusseren Wunde, der im Wesentlichen derselbe ist wie bei unterhautlichen Verletzungen, wurde unzweifelhaft durch eine gewisse ungehörige Reizung etwas verzögert, welche von der Behandlungsweise nicht zu trennen ist. Denn abgesehen davon, dass die Schutzhülle dem Durchdringen der Karbolsäure vom Pflaster aus nicht einen vollständigen Widerstand entgegenzustellen im Stande ist, wurden auch Gerinnsel und Brandschorfe mehr oder weniger bei jedem Verbandwechsel mit der wässrigen Lösung jener benetzt, die zwar, sehr schnell im Blutlaufe aufgenommen, wieder verschwindet, aber doch immerhin als Ursache der Störung anzusehen ist. Die Heilung wird demnach eine um so schnellere sein müssen, je undurchdringlicher die Schutzhülle, je länger der Zeitraum ist, den man zwischen den einzelnen Verbänden gestatten kann, ohne Zersetzung befürchten zu müssen. Im vorliegenden Falle rückten die Verbandzeiten aus einander, je nachdem die Absonderungen sich verminderten und vertheilten sich in folgender Weise: ein Tag, ein Tag, zwei Tage, drei Tage, drei Tage, fünf Tage, fünf Tage, sieben Tage und endlich acht Tage. Länger als acht Tage zu warten kann ich nicht empfehlen und auch dies nur, wenn die Absonderung wirklich gleich Null ist, denn bei unserm Verletzten trat in der That nach den acht Tagen Zersetzung ein. Ich hatte die Absicht gehabt, mich noch eine ganze Woche lang nicht um das Glied zu kümmern, als mir mein Gehülfe nach Ablauf von sechs Tagen sagte, der Kranke sei — in der sechsten Woche — ohne Erlaubniss aufgestanden und habe sich, Stühle als Krücken benutzend, nach dem Kamine geschleppt, eine Entfernung von mehreren Metern; auf den Verbandstücken zeige sich ein Fleck durchgedrungener Flüssigkeit. Nach der Wegnahme fand ich die Absonderung bedeutend vermehrt, ungefähr zwei Gramm betragend, faulig riechend und zum ersten Male nach der Verletzung unzweifelhaft eitrig. Als Grund kann man vielleicht annehmen, dass durch die herabhängende Lage des Gliedes eine Gefässüberfüllung und in Folge derselben eine Auschwitzung vom Blutwasser aus der Wunde heraus Statt gehabt hat, ein Umstand, der in Verbindung mit unvermeidlichen Bewegungen des Fusses mächtig genug war, die antiseptische Wirkung des Verbandes so lange Zeit nach der Anlegung brach zu legen. Glücklicher Weise hatte dies Dazwischenkommen keine üblen Folgen, da die Wunde ja nur noch oberflächlich und die Zeit vorüber war, wo Zersetzung eine Gefahr im Gefolge haben konnte. Immerhin mag es aber zur Warnung dienen, sowie man nie vergessen sollte, dass in den früheren Zeiten nach der Verletzung, in denen der Eintritt der Zersetzung eine Frage um Leben oder Stérben aufstellt, es immer vortheilhafter sein wird, lieber zu irren, indem man den Verband zu oft wechselt, als dass man ihn zu selten erneuert.

Die Zersetzung musste in diesem Falle noch ganz frischen Entstehens sein, da sich Gerinnsel und Brandschorf nicht abgehoben hatten. Ich nahm den grössten Theil des letzteren ab, schabte vom ersteren so viel weg, bis es blutete, brachte nun eine kräftige Karbolsäurelösung in Weingeist — eins zu fünf — darüber, reinigte die umgebende Haut mit einer wässrigen und legte mit Weglassung der Schutzhülle das Lackpflaster unmittelbar über. Nächsten Tags jedoch fand sich die Zersetzung von neuem ein, ein Zeichen, dass jene Lösung nicht ausreichend genug die noch festsitzenden Theile des Brandschorfes durchdrungen hatte. Da ich grade eine gesättigte Lösung von Chlorgas in Wasser — liquor chlori der engl. Pharmakope — zur Hand hatte, so brachte ich sie in reichlicher Menge auf das Geschwür und die umgebende Haut, legte dann die in die gleiche Flüssigkeit getauchte Schutzhülle über und bedeckte das ganze mit einem weit überhängenden Lackpflaster. Folgenden Tages war vom Geruche nichts mehr zu spüren und die Absonderung bedeutend vermindert. Die weitere Behandlung wird die eines oberflächlichen Geschwüres sein.

Bezüglich der Knöchelverletzung sei nur noch erwähnt, dass heute, sechs Wochen nach dem Zufalle, der Bruch des inneren Knöchels vollständig fest geheilt ist, der Fuss in guter Lage steht und die Bewegungen im Gelenke schon recht ausgiebig sind.

Die vier Schädelwunden, von denen drei den Knochen bloss gelegt hatten, sind vollständig verheilt, ohne dass nur ein Tropfen Eiter sich gebildet hatte und eine Seidennaht, die aus Versehen liegen geblieben war, lag drei Wochen nach ihrer Einführung noch ruhig an ihrem Platze und konnte reinlich und trocken wie eine metallne herausgezogen werden.

Der offene Bruch am Ellbogengelenke heilte ebenfalls ohne Eiterung. Fünf Wochen nach der Verletzung konnten die Schienen entfernt werden; der abgebrochene Hakenfortsatz ist vollständig fest angeheilt und die Bewegung im Gelenke lässt nichts zu wünschen übrig.

VIII. Antiseptische Behandlungsweise der Amputationsstümpfe.

— — — — — — — — — — — — — —

— Ich für meinen Theil bekenne, dass ich mich in einer schwierigen Lage befunden haben würde; auf der einen Seite angezogen von den glänzenden Erfolgen der Acupressur in Verbindung mit dem Verfahren, den Amputationsstumpf durch Schorfheilung zum Verschlusse zu bringen — auf der andern zurückgeschreckt durch die Furcht vor Nachblutung und Abscessbildung, hätte ich nicht das antiseptische Verfahren gehabt, das, wenn auch auf anderem Wege, mit grösserer Sicherheit denselben Erfolg erzielte.

Die Grundzüge dieser Behandlungsweise finden wir vorgezeichnet in dem Falle eines einfachen Knochenbruches, meinetwegen eines Unterschenkelbruches durch unmittelbare Einwirkung entstanden. Eine solche Verletzung, wenn auch unterhautlich, ist eine der schwersten Quetsch- und Risswunden, deren zerfetzte Gewebe reichlich mit ergossenem Blute überladen werden. Abgesehen davon, dass die Haut unverletzt und der Zutritt der Luft zu den beschädigten Theilen abgehalten ist, finden wir unter erschwerter Form die Zustände, die nach unserer Erfahrung unvermeidlich eine heftige Entzündung und Abstossung der Brandschorfe durch Eiterung bedingen und die entsprechenden allgemeinen Störungen, sowie ernste Gefahr einer Blutvergiftung im Gefolge haben. Und dennoch, Dank der unverletzten Haut, diese ganzen Zustände werden einer ruhigen, sicheren Genesung entgegengeführt, das ergossene Blut wird aufgesaugt, ein Gleiches erfahren die durch die einwirkende Gewalt zum Absterben gebrachten Gewebe und die Wiederherstellung des Zusammenhanges wird durch einen Vorgang bewirkt, der zwar langsamer sich entwickelt wegen des grösseren Umfanges des dazu nöthigen Stoffes, aber doch im Wesentlichen gleich ist der Heilung durch erste Vereinigung, für die man gewöhnlich glatt durchschnittene, genau aneinanderliegende Wundflächen als nothwendig voraussetzt. Könnten also die Einwirkungen der äusseren Luft abgehalten werden, so müsste diese erste Vereinigung auch zu Stande kommen unter Umständen, die man bisher als nicht verträglich mit ihr bezeichnete und unsere sämmtlichen Wunden, geschnittene wie gequetschte, müssten denselben sicheren und ruhigen Verlauf nehmen wie die unterhautlichen.

Um aber zu einem solchen glücklichen Erfolge zu gelangen, müssen wir uns denn doch vor allem klar sein, wie denn eigentlich die Luft diesen verderblichen Einfluss ausübt. Behandeln wir eine offene Quetschwunde in der gewöhnlichen Weise mit Wasserverbänden oder Bähungen, so wissen wir aus der Erfahrung, dass das ergossene Blut sich ebenso zersetzt, als wenn es bei gleichen Wärmegraden in einem gläsernen oder sonst chemisch gleichgültigen Behälter der Luft ausgesetzt wird. Dieser Umstand erklärt die ganze Reihe der übeln Folgen. Die Zersetzungserzeugnisse sind reizender und giftiger Natur und wenn auch unschädlich auf eiternden Flächen, welche in den sie deckenden entzündlichen Neugebilden eine Art Schutzlager besitzen, das frei ist von Empfindlichkeit und leichter bereit zur Eiterung, denn zur Aufsaugung, so wirken sie doch wesentlich verschieden auf frische Wunden ein, die zwar heftig berührt werden von diesem Gifte, aber hülflos es aufnehmen in den allgemeinen Kreislauf der Säfte; örtliche Entzündung, allgemeines Fieber sind dann die unausbleiblichen Folgen. Die durch die äussere Gewalt abgestorbenen Gewebstheile behalten nicht ihr mildes Wesen, das sie zur Nahrung für die lebenden Nachbartheile geeignet machen würde, sie werden durch die fortschreitende Zersetzung ihrer Masse immer schärfer und schärfer, reizen nicht nur die geschwächten anliegenden Theile und hindern sie an ihrer Genesung, sondern wirken geradezu ätzend auf sie ein und erweitern somit das Gebiet des örtlichen Todes weit über die ursprünglichen Grenzen hinaus.

Mochte nun auch die Ueberzeugung von den schädlichen Folgen der Einwirkung der äusseren Luft auf die Wunden klar und fest dastehen, jeder Versuch, jenen vorzubeugen, musste so lange als ein hoffnungsloser erscheinen, so lange man den Sauerstoff als den bösen Feind anklagte. Bei kleinen Wunden glückte es wohl in verschiedener Weise, indem man einen luftdichten Verschluss durch eingedicktes Blut oder übergestrichenes Kollodium erzielen konnte; bei grossen dagegen stand der reichliche Erguss von Blut und Wasser, mit denen die Luftgase sich leicht mischen, einem solchen Verschlusse entgegen. Die Frage musste aber eine ganz andere Wendung bekommen, seitdem namentlich durch Pasteurs geistvolle Arbeiten nachgewiesen war, dass nicht die chemische Einwirkung des Sauerstoffes oder anderer Luftarten, sondern eine Art Gährung die faulige Zersetzung veranlasste, ein Vorgang, der gleich zu setzen sei der Zersetzung des Zuckers unter dem Einflusse der Hefenpilze und auf der Entwicklung von mikroskopischen Lebensformen beruhe, deren Keime, in unendlicher Kleinheit in der Luft schwebend, den Sonnenstaub zusammensetzen helfen. War man sich ein Mal darüber klar, so lag es auch als weitere Folge vor, dass man die faulige Zersetzung der Wunden ohne ängstlichen Luftabschluss fern halten konnte, wenn man nur Verbände anlegte, die im Stande waren, die Lebensfähigkeit jener Wesen zu zerstören, ohne zu heftig auf die Gewebe selbst einzuwirken. Wir haben ja schon lange solche Stoffe im Gebrauche, welche unsere Körperschmarotzer tödten, ohne die Haut wund zu machen, verschiedene Waschungen und Salben gegen Läuse und ihre Eier, oder Schwefel gegen die Krätzmilbe.

Um den Zwecken eines solchen Verbandes volle Genüge leisten zu können, musste das keimtödtende Mittel vor allem flüchtig sein, um die den Verband umgebende Luft ihrer Fähigkeit zur Zersetzung zu berauben, so dass der oft ganz unvermeidliche Zutritt derselben zur Wunde keinerlei Nachtheil mit sich führen konnte. Es giebt verschiedene Stoffe, welche die Eigenthümlichkeit der Flüchtigkeit mit der Verderblichkeit gegen diese Lebensformen verbinden: Chlor, schweflige Säure, Benzin, Kreosot, Karbolsäure, deren jeder im Stande ist, die faulige Zersetzung abzuhalten, sobald nur immer das Eine fest im Auge behalten wird, dass beim ersten Verbande wie bei den folgenden auch nicht eines dieser die Zersetzung bedingenden Wesen Zutritt erlangt[14]).

Karbolsäure war das Mittel, das ich zuerst in dieser Hinsicht verwerthete und das mir noch heute als das zweckmässigste erscheint. Abgesehen, dass schon ihre Verdampfung ein machtvolles Mittel ist, hat sie auch den Vortheil mit verschiedenen Stoffen in verschiedenen Verhältnissen sich zu mischen, wie mit Wasser, fetten Oelen und einigen Harzen und jede dieser Mischungen hat ihren besonderen Werth und Vorzug. Wasser hält die Säure am wenigsten fest, wesshalb sie in dieser Verbindung um so kräftiger auf andere Stoffe zu wirken vermag, mit denen sie in Berührung kommt, so dass also eine wässrige Lösung nicht nur ein reinliches Verbandwasser abgiebt, sondern auch unmittelbar mächtig, aber sehr vorübergehend eingreift. Das sind nun Eigenschaften, die wir eben brauchen, wenn es sich darum handelt, in einer Wunde mit einem Male die sämmtlichen Keime zu tödten, die sich darin festgesetzt haben können, und dann die Gewebe so viel wie möglich frei zu halten von jeder ferneren Reizung. Gewöhnliches Harz hält die Säure ausserordentlich zähe zurück und giebt sie auch unter dem Einflusse der Körperwärme nur sehr langsam ab, so dass wir hier eine Form haben, unter der wir eine ziemliche Menge des Zersetzung hindernden Mittels in milder Weise sehr lange können einwirken lassen, wenn wir wünschen, dass ein äusserer Verband das Eindringen jener Keime von aussen verhindern soll, während die Unlöslichkeit des Harzes in wässriger Flüssigkeit das Abspülen durch die Wundentleerungen verhindert. Die fetten Oele stehen mit ihrer Lösungsfähigkeit in der Mitte zwischen den beiden und sind desshalb für geeignete Fälle ausserordentlich verwerthbar. Die Karbolsäure hat übrigens auch den grossen Vorzug, dass sie beruhigend auf eine wunde Fläche wirkt. Der Geruch, über den früher so viel geklagt wurde, ist in neuerer Zeit durch die bessere Reinigung wesentlich verbessert worden.

Will man eine zufällig veranlasste Wunde verbinden, so muss man zunächst darauf achten, die etwa mit der Luft oder fremden Körpern hineingelangten Keime zu vernichten, was, wenn man Karbolsäure benutzt, am besten dadurch geschieht, dass man die Wundfläche mit einer gesättigten wässrigen Lösung — eins zu zwanzig — tüchtig abspült. Freilich erlangt man dadurch keine unbedingte Sicherheit, weil es ja immer möglich ist, dass einzelne Keime in Gewebszwischenräumen versteckt liegen bleiben können, die sich dann von hier aus weiter entwickeln und die Zersetzung bald über die ganze Wunde weiter verbreiten. Denn wir dürfen nie vergessen, dass die in das Wundinnere gebrachte Säure die Zersetzung nicht dauernd zu hindern vermag, weil sie theils in den Säfteumlauf aufgenommen, theils von den Wundentleerungen weggespült wird, mit einem Worte, sehr bald verschwindet.

Wenn man dagegen die Wunde selbst zu machen Veranlassung hat in Theilen, deren Hautdecke bis dahin noch unverletzt war, so hat der Wundarzt es ganz in seiner Hand, dem Eindringen dieser Keime von vornherein vorzubeugen, wenn er unter dem Schutze eines Dunstkegels arbeitet[15]), der durch feine Zerstäubung einer wässrigen Karbolsäurelösung gebildet wird und wenn er nicht unterlässt, Finger und Schwämme in dieselbe Lösung zu tauchen, sowie die Messer, Scheeren, Sägen u. s. f. mit einer öligen zu bestreichen, die ungefähr ein Zehntel Karbolsäure enthält. Die Zerstäubung, die bei genauer Ausführung ihren Hauptzweck vollständig erfüllt, die Wunde von vornherein vor Zersetzung zu sichern, hat auch noch den Vortheil, dass sie gestattet die Lösung schwächer herzustellen, weil es ja hier nicht ihre Aufgabe ist, die Keime in den Buchten und Winkeln der Wunde aufzusuchen und zu zerstören, sondern nur ihre Uebertragung durch Schwämme und andere fremde in die Wunde gebrachte Körper zu verhindern. Zu diesem Zwecke genügt schon eine Lösung im Verhältnisse wie eins zu hundert, während, wenn man die Zerstäubung nicht anwendet, ich nicht eine schwächere Lösung als eins zu vierzig empfehlen möchte. Die mildere Form ist nicht nur für die Finger des Wundarztes besser, sie reizt auch die Schnittfläche weniger. Wird die Zerstäubung aus irgend einem Grunde unterbrochen, so muss während dieser Zeit ein mit derselben Lösung getränktes Verbandstück über die Wunde gelegt werden; am besten ist es, diese Unterbrechungen möglichst zu meiden und unter dem Schutze der Zerstäubung selbst die Gefässe zu unterbinden und die Nähte einzulegen. —

Ein wichtiger Theil der Behandlung der Operationswunde ist die Unterbindung der Gefässe, wozu man am besten Schaafdarmsaite — Catgut, siehe S. 100 — benutzt, die gut zubereitet alle Anforderungen zu befriedigen vermag, die man an einen zuverlässigen Unterbindungsfaden zu stellen berechtigt ist; denn sie bietet vollkommene Sicherheit, ist allgemein anwendbar und wirkt nicht auf die Wunde wie ein fremder Körper ein, weil, wenn die Zersetzung abgehalten wird, die Knoten und kurz geschnittenen Enden ebenso sicher zur Aufsaugung kommen, wie die Gerinnsel und abgestorbenen Gewebe bei einem einfachen Bruche und bei noch so zahlreicher Menge in keiner Weise die erste Vereinigung hindern. Träte aber Zersetzung ein, dann könnten freilich die von der zersetzten Flüssigkeit umspülten Schlingen erweichen und wie andere kleine Zellgewebsfetzen mit dem Eiter abgehen. Aber dies ist nur eine Vermuthung; denn ich habe nimmer gesehen, dass solche Catgutknoten losgingen oder Abscesse erzeugten, obwohl ich während der letzten zwei Jahre diese Fäden beständig benutze und in vielen Fällen Zersetzung eintrat; auch eine Nachblutung habe ich bei ihrer Anwendung nicht beobachtet. — Wer sich von der Aufsaugungsfähigkeit des Catgut überzeugen will, braucht es nur, antiseptisch zubereitet, zum Nähen zu benutzen und er wird schon nach wenig Tagen sich überzeugen können, wie bei der Berührung die Knoten ausfallen, der in der Haut und dem Fleische eingebettete Theil dagegen verschwunden ist. Desshalb sind auch diese Nähte da nicht gut zu verwerthen, wo sie eine längere Zeit vorhalten sollen, in welchem Falle ein guter seidener Faden, der mit einem Karbolsäure enthaltenden Wachse — eins zu zehn — getränkt ist, selbst noch vor dem Metalldrahte den Vorzug verdient, weil er sich innig anschmiegt und in Folge seiner Zubereitung auch den Stichkanal vor Zersetzung schützt. Sehr gut bewährt sich die Anwendung der Zerstäubung bei dem Anlegen der Nähte; benutzt man sie hierbei nicht, so sollte man die ganze Wunde nach Einlegung der letzten Naht mit einer wässrigen Lösung gut überspülen, um jeden Keim sofort zu vernichten, der möglicher Weise während des Nähens durch das Zurücktreten des aussickernden Blutes in die Wunde gelangt sein könnte. Jedenfalls ist dies ein wenig sicherer und mehr störender Vorgang, als die Benutzung der Zerstäubung. —

Haben wir so am Ende der Operation die Wunde selbst vor Zersetzungskeimen geschützt, so kommen wir zur zweiten Hälfte unserer Aufgabe, einen solchen sicheren äusseren Verband anzulegen, der auch für den weiteren Verlauf der Behandlung das Eindringen jener Keime von aussen her möglichst verhütet. Ich benutze gegenwärtig dazu die antiseptische Gaze, die sich durchaus bewährt hat und dadurch hergestellt wird, dass man grobmaschiges Baumwollengewebe in eine Mischung von Karbolsäure, Harz und Paraffin taucht; das Harz giebt den Behälter für die Säure ab, während das Paraffin das nachtheilige Ankleben verhüten soll[16]).

Dieses Verbandzeug verdankt seinen grossen Vorzug vor andern ähnlichen dem Umstande, dass es die Entleerungen in sich aufnimmt und doch mittelst des unlöslichen Harzes die die Zersetzung verhindernden Stoffe in seinen Fäden festhält; ähnlich wirkt das Werg, das in mir zuerst den Gedanken wachrief, Gaze zu verwerthen, das aber nicht mit Karbolsäure, sondern mit Kreosot zubereitet wird.

Die Gaze legt man in ungefähr acht Lagen rund um den Stumpf herum und bedeckt sie noch während der ersten Tage, in denen die Absonderung sehr stark ist, mit irgend einem wasserdichten Zeuge, damit die Flüssigkeit nicht gerade nach aussen dringen kann, sondern gezwungen wird, längs der ganzen Ausdehnung der zersetzungsfeindlichen Hülle ihren Weg zu nehmen, wesshalb es auch dringend zu empfehlen ist, dass dieser Schutz mehrere Cm. hoch am Stumpfe hinaufreicht. Als solches wasserdichtes Zeug kann man Mackintoshstoff benutzen, bestehend aus Calico, der auf der einen Seite mit einer dünnen Lage Kautschuk überzogen ist, oder Gutta-perchagewebe von guter Arbeit, das freilich den Nachtheil hat, dass es sehr leicht durchlöchert, dadurch an Sicherheit verliert und öfters erneuert werden muss, wodurch es mit der Zeit kostspieliger wird als jenes, das schon recht lange benutzt werden kann. Ich empfehle, diesen Mackintoshstoff zwischen die beiden äussersten Gazeschichten zu legen, um seine Lage zu sichern und jede gelegentliche Durchlöcherung unschädlich zu machen.

Die so zubereitete Gaze lässt sich auch als Binde recht gut da verwerthen, wo man der Neigung der Weichtheile des Stumpfes zum Zurückweichen entgegenwirken will, oder wo es sich darum handelt, den Verband zu sichern und zu befestigen. Sind Pflasterstreifen nothwendig, dann macht man gewöhnliches Heftpflaster dadurch geeignet, dass man seine Streifen ein oder zwei Sekunden lang in eine Mischung taucht, die aus einem Theile einer wässrigen Karbolsäurelösung — eins zu zwanzig — und zwei Theilen kochenden Wassers besteht, so dass das Pflaster also gleichzeitig gewärmt wird. Man legt es dann unter dem Schutze der Zerstäubung um, die überhaupt bei jedem Verbandwechsel benutzt werden sollte, bis die Operationswunde oberflächlich geworden ist, da auf diese Weise das verderbliche Eindringen jedes Keimes unmöglich gemacht wird, die freie Uebersicht über den Stumpf aber und seine Behandlung keine Störung erleidet. Die Pflasterenden müssen übrigens von der Gaze noch bedeckt werden, damit sie nicht etwa die Zersetzung nach innen leiten.

So lange die Entleerungen reichlich sind, muss der Verband täglich gewechselt werden, mit ihrer Verminderung können dann auch die Zwischenräume grösser werden, so dass er schliesslich eine Woche lang ungestört liegen bleiben kann, wenn innerhalb vierundzwanzig Stunden die Absonderung nur ganz unbedeutend ist. —

Aber nicht nur auf die Vermeidung der Zersetzung allein hat man sein Augenmerk zu richten, es sind auch noch zwei andere Punkte, die volle Berücksichtigung verdienen, das ist für den ordentlichen Abfluss des Wundwassers Sorge zu tragen und die heilenden Theile vor der Einwirkung des antiseptischen Reizes zu schützen.

Der Erguss des Wundwassers innerhalb der ersten Stunden nach der Verletzung ist ein stärkerer, wenn die Wundfläche mit einer reizenden Flüssigkeit bespült wurde, als bei der gewöhnlichen Behandlungsweise und trägt man nicht Sorge für seinen freien Austritt, so kann man sicher darauf rechnen, dass es bei einer Wunde von der Ausdehnung und Tiefe, wie sie bei einer

grösseren Gliedabnahme nothwendig wird, sich so häuft und ansammelt, dass durch die Spannung entschieden entzündliche Störungen eintreten müssen. Um diesen Austritt zu erleichtern, habe ich es für genügend gefunden, noch vor Anlegung der Nähte, die dichter als gewöhnlich liegen können, in die Wunde einen Lintstreifen zu legen, der mit einer öligen Lösung — eins zu zehn — getränkt ist und dessen eines Ende an der tiefsten Stelle heraushängt, um den angesammelten Flüssigkeiten den Weg zu zeigen. Die Benutzung der öligen Lösung verdient desshalb den Vorzug vor der wässrigen, weil sie die am ersten oder zweiten Tage nach der Operation nothwendige Herausnahme erleichtert, die übrigens unter dem Schutze der Zerstäubung stattfinden muss, weil sonst die eindringende Luft die Zersetzung nothwendig herbeiführen würde. Hat man ein Zerstäubungsgeräth nicht bei der Hand, so kann man sich einen gegen die Zersetzung schützenden Dunstkreis dadurch schaffen, dass man die Wunde mit einem Stücke Zeug deckt, das in eine wässrige Lösung — eins zu zwanzig — getaucht ist und unter diesem mit einer Verbandzange den Lintstreifen herauszieht. Ich bin früher nur in dieser Weise und mit gutem Erfolge vorgegangen.

Hat man in ungenügender Weise für diesen Abfluss gesorgt oder ihn ganz vernachlässigt, so kann mit der Zeit in Folge der Spannung durch die angesammelte Flüssigkeit eine entzündliche Eiterung entstehen, die wohl zu unterscheiden ist von einer durch Zersetzung bedingten. Denn hat man den gebildeten Abscess antiseptisch geöffnet, gleichviel ob von der Wunde aus oder durch einen Einstich, so wird sehr wahrscheinlich die weitere Eiterbildung aufhören; verwechselt man aber diese Eiterung mit einer durch Zersetzung bedingten, so kann das leicht zum Aufgeben des antiseptischen Verfahrens verleiten.

Und was ferner den andern Punkt anbetrifft, so darf man nicht vergessen, dass das Antiseptikum an sich ein Uebel ist, soweit es sich um seinen unmittelbaren Einfluss auf die betreffenden Gewebe handelt. Wir haben eben gesehen, wie die Berührung der Wundfläche mit diesem Mittel die wässrige Entleerung steigert und es ist nicht zu leugnen, dass, wenn dem Auswaschen der Wunde nicht ein sehr sorgfältiger antiseptischer Verband folgt, sie bezüglich der ersten Vereinigung unter viel ungünstigere Verhältnisse gestellt wird, als wenn die Waschung unterbleibt; es wird also entschieden besser sein, gar nichts zu thun, als nur einen halben Versuch anzustellen. Die andere Schattenseite des Mittels ist die verzögerte Vernarbung, wenn es unmittelbar mit den Wundrändern in Berührung tritt. Karbolsäure wirkt besonders auf die Oberhaut ein und selbst wenn man sie in so verdünntem Zustande anwendet, dass sie nicht wund zu machen, die Oberhaut nicht vollständig zu zerstören vermag, so hindert sie doch oft gänzlich die Bildung neuer Oberhautzellen. Es wird desshalb nothwendig, die vernarbende Stelle zu schützen durch das Dazwischenlegen eines undurchdringlichen Stoffes, der aber schwierig zu finden ist, weil die Karbolsäure durch Gutta-percha oder Kautschuk mit äusserster Leichtigkeit durchgeht. Als das Beste hat sich mir immer noch geölte Seide bewährt, die auf beiden Seiten mit Copallack und dann auf einer Seite mit einer Mischung von einem Th. Dextrin, zwei Th. Stärke und sechszehn Th. einer wässrigen Karbolsäurelösung — eins zu zwanzig — überzogen wird, wodurch sie die Fähigkeit erlangt, sich gleichmässig zu befeuchten, während sonst das Wasser abfliesst. Vor dem Ueberlegen taucht man sie in eine wässrige Karbolsäurelösung, so dass sie mit einer dünnen Schicht des Antiseptikums sich überdeckt und dadurch befähigt wird, etwa anklebende Theile zu tödten[17]. Diese ausserordentlich kleine Menge der Säure, die so bei jedem Verbande mit der Wunde in Berührung tritt, schwindet sehr bald wieder und dann erst beginnt die wahre Thätigkeit der Schutzhülle[18]. So denk ich, wird es gerechtfertigt sein, wenn man behauptet, dass dieser gesammte Verband, der zusammengesetzt ist aus Stücken, welche der Zersetzung vorbeugen und solchen, welche die Wunde schützen durch Abschluss der Karbolsäure, an Stelle der unverletzten Haut bei einem einfachen Knochenbruche tritt. So wird unter einem feuchten Verbande dieselbe Art der Heilung eingeleitet, wie wir sie unter der Schorfbildung vor sich gehen sehen und während die traurigen Erfolge der Zersetzung vermieden werden, schreitet die Vernarbung schneller vor, als bei den gewöhnlichen Wasserverbänden.

Hat nun auch die Darlegung der Grundzüge dieser Behandlungsweise eine etwas längere Auseinandersetzung nöthig gemacht, so wird doch die Ausführung in keiner Weise sich schwierig oder verwickelt erweisen. Sie erfordert gar keine besondere Geschicklichkeit und die Sorgfalt, die allerdings wesentlich ist, wird bald gewohnheitsmässig und unwillkürlich; und was erspart sie dann dem Arzte an Zeit, an Sorge und an Angst um seine Kranken! Ist die erste Zeit vergangen, ohne dass Zersetzung eingetreten ist, dann kann der Verband mehrere Tage liegen bleiben und der Kranke ist frei von jeder Gefahr, die der Hinzutritt der Pyämie, des Erysipelas, des Hospitalbrandes, der Nekrose, der Osteomyelitis oder der Erschöpfung durch übermässige Eiterung im Gefolge haben würde. Ich denke, das sind Vortheile, die wohl werth sind, dass man sie zu erstreben sucht.

Leider müssen aber oft genug Glieder abgenommen werden, ohne dass wir unser Verfahren verwerthen können, das sind die Fälle, in denen Knochenabscesse nicht in antiseptischer Weise geöffnet wurden, sondern von selbst aufbrachen oder durch einen Einstich zur Entleerung kamen, aber ohne die von mir empfohlene Vorsicht, so dass Eitergänge zurückblieben. Bei dem Vorhandensein eines solchen Ganges im Stumpfe würde unser Verfahren ganz nutzlos sein und doch wäre es in den meisten Fällen ungerechtfertigt, oberhalb des äusseren Gangendes den Schnitt zu legen. Hoffentlich werden solche Fälle immer seltener, wenn erst die Wichtigkeit des antiseptischen Verfahrens allgemeiner gewürdigt ist. Hier kann man weiter nichts thun, als nach Campbell's Vorgange die Chlorzinklösung versuchen. Dies kräftige Mittel hat den grossen Vorzug, wenn man es in nicht zu schwacher Lösung anwendet — vielleicht zwei und ein halbes Gramm auf dreissig Gramm Wasser — dass es einen dauernd zersetzungshindernden Einfluss auf eine Schnittfläche ausübt und nach einmaliger Anwendung tagelang vorhält, trotz der unmittelbaren Nachbarschaft kräftiger zersetzender Thätigkeit. Diese Eigenschaft zeigt sich am auffallendsten bei Operationswunden nach Kieferresektionen. Hier liefert die Mundhöhle fortwährend neue Zersetzungskeime und trotzdem beobachtet man nicht den unangenehmen, früher stets vorhandenen Athemgeruch, wenn nur die Wundfläche vor Anlegung der Nähte ordentlich mit der Chlorzinklösung behandelt wurde, so dass dann auch ein grosser Theil der durch die Zersetzung bedingten entzündlichen Störung wegfällt. Gleiches findet man bei Operationswunden, die mit Eitergängen in Verbindung stehen. Obwohl in diesen die Zersetzung fortwuchert, bleibt dennoch die mit der Lösung behandelte Wunde die ersten drei bis vier Tage frei, bis sich entzündliche Neugebilde entwickelt haben, die im Stande sind, eine schützende Decke gegen die gefährliche Berührung mit den Erzeugnissen der Zersetzung abzugeben. — Die durch das Mittel hervorgerufene Wundabsonderung wird eine sehr reichliche, so dass man grosse Sorgfalt auf die leichte Entfernung zu verwenden hat und zuweilen lieber von der Anlegung der Nähte innerhalb der ersten Tage Abstand nimmt. Denn lässt man die Ansammlung zu, so kann die Zersetzung leichter eintreten, als wenn man gar nichts gethan hat.

Jedenfalls sollte in diesen Fällen schon vor Beginn der Operation ein Versuch gemacht werden, die vorher vorhandene Zersetzung möglichst zu regeln, indem man die Haut gründlich von allen angetrockneten Absonderungen reinigt, mittelst einer kräftigen Spritze die genannte Lösung in die Eitergänge eintreibt und durch Reiben und Streichen ihr eine möglichst weite Verbreitung zu geben versucht. Nach der Abnahme des Gliedes wird dann die Schnittfläche mit Chlorzink behandelt, der Stumpf in Gaze gewickelt und bei jedem Verbandwechsel die Zerstäubung benutzt. Unter dieser Behandlungsweise bleibt eine bestimmte Anzahl von Fällen ganz frei von Zersetzungserscheinungen, oder sie nehmen, wenn sie eintreten, doch eine mildere Form an.

IX. Ausschneidung eines Handgelenks wegen Knochenfrasse, Beseitigung einer Entstellung durch Narbenzusammenziehung, Amputation am Hüftgelenke unter erschwerten Umständen; Heilung unter Anwendung des antiseptischen Verfahrens.

a) Heute werde ich Ihnen, m. H., zunächst einen Fall mittheilen, welcher die Vortheile eines von mir vor mehreren Jahren veröffentlichten Verfahrens — Lancet, März 1865 — näher erläutern soll, bei Knochenfrass das ganze Handgelenk wegzunehmen, d. h. die Handwurzel und die Gelenkenden der Vorderarm- und Mittelhandknochen, wodurch dann die ganze Operationswunde des Handgelenks in dieselbe günstige Lage gebracht wird, wie die des Ellbogens, die Sehnen aber in der möglichst leichtesten Weise verletzt werden. Der Geheilte, den Sie vor sich sehen, ist derselbe, dessen Krankengeschichte ich in der Lancet — fünfundzwanzigsten März 1863 — unter Nr. V gegeben habe und die ich in der Kürze hier wiederholen will.

Th. M., einundzwanzig Jahr alt, Bergmann, ist am achten Juli 1865 aufgenommen worden; vor sechs Monaten ungefähr litt er an den Pocken, er bekam eine Entzündung des rechten Schienbeins und der linken Handwurzel, die dort Knochenbrand hier Knochenfrass im Gefolge hatte. Als er in das Krankenhaus kam, war das Handgelenk geschwollen und zwei Eitergänge liessen die eingeführte Sonde abwärts zu dem kranken Knochen gleiten. Die Hand war sehr schwach und hing herab, wenn der Arm wagerecht gehalten wurde; dabei hatte der Kranke heftige Schmerzen, die ihm den Schlaf störten, sein Allgemeinbefinden war sehr heruntergekommen, sein Puls einhundertfünfunddreissig; die Esslust gemindert und dabei ein beständiger, ausserordentlich heftiger Schweiss vorhanden.

Am sechszehnten Juli entfernte ich das gesammte Handgelenk. Ein hohles Knochengeschwür nahm den Platz des Mondbeins ein und auch der anliegende Theil des dreieckigen Beins war angehöhlt; die übrigen Handwurzelknochen waren mit Ausnahme des grossen vieleckigen zu einer Masse verwachsen.

Es sind jetzt sieben Jahre verflossen und wir sind nun wohl in der Lage ein richtiges Urtheil fällen zu können. Sie sehen, dass die Hand im Ganzen ein sehr natürliches Ansehen hat, nur an der Rückenfläche geht querüber eine Hervorragung, die, durch neue, vom untern Speichenende gelieferte Knochenmasse gebildet, sich zu einer Höhlung ausgedehnt zu haben scheint, in welcher die Enden der durch Knochenablagerung abgerundeten Mittelhandknochen aufgenommen werden. So hat sich ein neues Gelenk geformt, wie ich es in einem andern Falle nach demselben Verfahren in gleicher Weise beobachtet babe. An der Ellbogenröhre ist die Knochenneubildung nicht in solchem Umfange erfolgt, wesshalb auch die Hand in erhöhtem Grade die Neigung nach dieser Seite zeigt, wie es ja im Zustande der Ruhe Regel ist. Nichtsdestoweniger ist die Ein- und Auswärtsdrehung der Hand unter dem gewöhnlichen Winkel möglich, ebenso die Streckung und Beugung ganz frei, ein Beweis also, dass die Sehnen der Beuger und Strecker des Handgelenks, die bei der Operation nothwendiger Weise getrennt werden mussten, sich wieder neue Anheftungspunkte gesucht haben; ebenso besitzen die sämmtlichen Fingergelenke Freiheit der Bewegung. Die Hand hat ihre alte Fasskraft wieder erlangt, wie Jeder sich überzeugen kann, der dem Vorgestellten die Hand schüttelt, der übrigens, bei einer Dampfmaschine angestellt, mit seiner linken Hand in gleicher Weise arbeitet wie mit der rechten, volle Schubkarren zieht und verschiedene andere schwere Arbeiten unbehindert auszuführen im Stande ist. Jedenfalls ist dieser Fall ein sehr zufriedenstellender, der recht deutlich zeigt, was man durch Ausschneidung des Gelenks zur Erhaltung der Hand beitragen kann, aber noch zufriedenstellender ist es heute, dass man noch vor der Eitergangbildung durch freie, unter dem Schutze der antiseptischen Decke ausgeführte Einschnitte mit folgendem gleichen Verbande auch die Ausschneidung unnöthig machen kann. Im Verlaufe des letzten Jahres habe ich fünf solcher Fälle bei Erwachsenen behandelt, bei denen die Hand ihre ganze naturgemässe Form behalten hat, und mit der hier vorgestellten, so brauchbar diese auch geworden ist, nicht in Vergleich gestellt werden kann.

b) Der nächste Fall giebt Ihnen vielleicht ein schätzenswerthes Verfahren an, wie unter gewissen Umständen Entstellungen durch Narbenzusammenziehung veranlasst zu beseitigen sind.

Die junge Frau, die ich hier vorstelle, war als Kind in ein Feuer gefallen und hatte sich in grauenhafter Weise die linke Körperseite verbrannt. Die Narbe reicht vom obern Halstheile bis zum untern Vorderarme und von der Wirbelsäule bis zur Brustdrüse, deren Warze zerstört ist. Die Wundfläche heilte, aber die vernarbenden Gewebe verlängerten die hintere Achselfalte um mehrere Cm., so dass der Arm dicht an die Körperseite herangezogen war. Wir alle wissen, wie ungenügend in den meisten Fällen die eingeschlagene Behandlung ist. Die mit dem Messer gespaltene Falte bildet sich wieder, indem die entzündlichen Neugebilde zusammenwachsen und sich zusammenziehen und der Zustand des Kranken ist kaum, wenn überhaupt gebessert. Ich habe in diesem Falle der Verwachsung und Zusammenziehung durch ein Vorgehen vorgebeugt, das ich vor Jahren zum ersten Male bei so verwachsenen Fingern einschlug, nämlich durch Anbringung eines elastischen Zuges in dem Wundwinkel der durchgeschnittenen Falte, wobei mir die antiseptische Behandlung vom Anfange bis zum Ende wesentliche Dienste leistete. Die Reizung der Wundfläche durch Zersetzung wurde vermieden, Entzündung fehlte gänzlich und wir waren so im Stande, das Glied mit einer Freiheit zu bewegen und von der Seite abzuheben, wie es sonst wohl nicht möglich gewesen wäre. — Ich habe zufällig vor zwei Tagen dieselbe Operation in meinem Krankenhause gemacht und eine solche Achselfalte von ziemlicher Ausdehnung durchtrennt. Dr. Holmer aus Kopenhagen, der unter uns ist und heute Morgen den Kranken verbinden sah, wird mir bezeugen, dass die Haut in der Nachbarschaft der ziemlich grossen Wundfläche vollkommen frei von Röthe oder Empfindlichkeit war und der Arm fast so unbehindert bewegt werden konnte, als wenn ihm nichts geschehen wäre. —

Die Vortheile der antiseptischen Behandlung sind auch im vorliegenden Falle von grossem Einflusse gewesen; denn wenn die Wundfläche wesentlich geschützt wird gegen die Reizung, welche die Zersetzung oder das Antiseptikum ausüben, so heilt sie eben unter Umständen, welche mit der Vernarbung unter Wasserverbänden sich nicht vereinigen lassen; auch der verschiedene Zug und Druck durch den Kautschuk, dem die Wundfläche unterworfen ist, würde gewiss bei der gewöhnlichen Behandlungsweise die Vernarbung hindern. Ich habe es für besser gehalten, Ihnen, m. H., die Kranke vorzustellen, noch bevor die Heilung vollständig ist, damit Sie sich von der fortschreitenden Besserung überzeugen können und da der Verband manches bietet, was Ihre freundliche Aufmerksamkeit anregen kann, so erlaube ich mir Ihre Zeit damit in Anspruch zu nehmen, dass ich ihn vor Ihren Augen anlege.

Nachdem die zur Befestigung dienende Binde entfernt ist, sehen Sie den aus vulkanisirtem Kautschuk bereiteten Streifen, der die Dicke eines kleinern Fingers hat und auf den Wundwinkel in der Achselhöhle den nöthigen Zug auszuüben bestimmt ist. Seine Enden sind an Bindenstücke angeheftet, die, zur Vermeidung des Druckes über eine Lage Gutta-percha auf der Schulter halb zusammengeknotet, an ein unter der anderen Achselhöhle liegendes zusammengefaltetes Handtuch befestigt sind. — Der Verband ist vor drei Tagen zum letzten Male gewechselt worden; dennoch werden Sie nichts von fauligem Geruche spüren und die antiseptische Gaze, der wesentliche Verbandtheil, hat also ihre volle Schuldigkeit gethan, noch dazu an einer so unregelmässig gebildeten Oertlichkeit, wo das genaue Anpassen gewiss schwierig ist. Zwischen der Gaze und der Wunde liegt die Schutzhülle — Seite 136 und 162 —, welche den reizenden Einfluss der Karbolsäure abhalten soll und in diesem Falle ganz besonders ihre vorzügliche Eigenschaft bewährt, denn ihr Weglassen würde nicht nur die Vernarbung verzögern, sondern es würde auch, wie mir verschiedene Erfahrung gezeigt hat, das neugebildete Narbengewebe durch den Zug der umgebenden alten Narbe geschwächt und unter dem Einflusse der in der Gaze enthaltenen Karbolsäure wieder wund werden. Unter dem Schutze dieses Wachstaffets aber geht die Verheilung sicher und ohne Unterbrechung vor sich. Er hat übrigens in früheren Verlaufszeiten uns auch noch den Vortheil gewährt, dass er, der Wundfläche am nächsten liegend, das Aneinanderwachsen der entzündlichen Neugebilde unterhalb des Kautschukstreifen verhinderte, der sonst leicht von diesen vollständig umschlossen worden wäre.

Auch dieser Gummistreifen hat sich recht nützlich erwiesen. Je nach der Festigkeit, mit der er umgelegt wird, lässt sich genau der Zug regeln, der auf den Wundwinkel ausgeübt werden soll, um so lange eine offene Wundfläche zu behalten, als nothwendig erscheint. Ohne Schmerz für den Kranken wird der Wundwinkel des ursprünglichen Schnittes weit über seinen ersten Sitz nach oben gedrängt, während er sich sonst sofort mit entzündlichen Neugebilden füllt; in der hier erzeugten Rinne sind deutlich die Fasern des grossen Brust- und breitesten Rückenmuskels sichtbar. — Hat man den Streifen entfernt, so wird er mit wässriger Karbolsäurelösung gut abgewaschen und auf diese Weise, da er die Säure annimmt, selbst für einige Zeit antiseptisch. Die Geschwürsfläche spüle ich nun ebenfalls mit einer wässrigen Lösung — eins zu zweihundert — tüchtig ab, lege dann ein in die gleiche Lösung getauchtes Stück Schutzhülle über, befestige das Gummiband an der äusseren Seite des Wachstaffets, lasse über diesen die Gaze reichlich überragen und wickle dann Arm und Brust gut ein.

Die zum Schutze gegen den Druck des Knotens auf die Schulter gelegte Gutta-perchascheibe ist mit Gaze gepolstert, um auch von hier aus dem Zutritte der Zersetzung entgegenzuwirken, was, wenn man z. B. Watte dazu benutzen wollte, nicht gut zu ermöglichen wäre. Denn der Rand der Schutzhülle erreicht die Gutta-perchascheibe, die Wundabsonderungen könnten also sehr leicht unter dem Wachstaffet bis zur Watte gelangen und hier sich faulig zersetzen. Da nun die Geschwürsfläche durch den Taffot wohl Schutz gegen die Einwirkung der Karbolsäure erhält, aber nicht gegen die Zersetzung, wenn diese von oben her sich ihr mittheilte, so würde dem Umsichgreifen derselben keinerlei Schranke gesetzt sein. Etwas andres ist es, wenn wir als Polster die antiseptische Gaze verwerthen, die uns über diese Schwierigkeit hinwegbringt, da sie mit der in der Achsel liegenden sich berührt und so den Schutz allseitig macht; wir haben nicht ein Mal seit der Operation Zersetzung zu beobachten Gelegenheit gehabt. Noch in einer dritten Beziehung zeigt sich die Gaze von Nutzen, indem sie als Binde verwerthet werden kann, deren jeder einzelne Umgang anstatt ein Nest der Zersetzung zu werden, die antiseptische Wirkung des ganzen Verbandes kräftigt und stärkt.

Es bleibt mir noch, die Bewegungsfähigkeit des Armes zu zeigen. Unmittelbar nach der Narbendurchschneidung vermochte ich das Glied nicht in die wagerechte Stellung zu bringen, was erst nach einigen Tagen möglich war; dann machte sich die Kranke ein Vergnügen daraus, sich zu üben, mit den Fingerspitzen den Griff eines Wandschränkchens zu erreichen, der im Saale aufgestellt war; tagtäglich gewann sie grössere Fertigkeit, vermochte bald zweiundzwanzig Cm. höher zu greifen und jetzt ist sie im Stande beide Hände gut über den Kopf zu erheben und einen Punkt an der Wand mit der einen Hand fast so gut zu erreichen wie mit der andern. Also ohne Anwendung irgend einer gewaltsamen Ausdehnung, ohne Beeinträchtigung der natürlichen Thätigkeit des Gliedes oder seiner Brauchbarkeit hat sich die gute Einwirkung der Durchschneidung fortwährend gesteigert, während man sonst die traurige Beobachtung zu machen Gelegenheit hat, dass die Falte sich wieder bildet und der anfängliche Erfolg der Operation somit verloren geht. Ich denke die Behauptung voll aufrecht erhalten zu können, dass bei einiger Ausdauer, in etwas längerer Zeit zwar, aber auch sicherer alles erreicht werden kann, was überhaupt möglich ist. —

c) Der nächste Fall, den ich Ihnen vorzustellen wünsche, betrifft einen fünfjährigen Knaben, dem das rechte Bein an der Hüfte sofort nach dem Unfalle musste abgenommen werden, ein gewiss nicht gewöhnliches Vorkommen und der als Genesender vor Ihnen steht. Die Veranlassung war eine sehr schwere. Der Knabe hatte versucht einen fahrenden Gepäckwagen zu erklimmen und war dabei mit dem rechten Fusse in einem der Räder stecken geblieben, das ihn nun schrecklich zerstümmelte. Die Kniekehlensehnen und Gefässe waren durchgerissen, das Kniegelenk hinten geöffnet, der Oberschenkel lag zerbrochen in der Wunde und die Weichtheile zeigten sich bis zu einer solchen Höhe zerrissen, dass ich den vorderen Lappen kürzer als gewöhnlich machen und das Fehlende durch den hinteren ersetzen musste; dennoch starb ein kleiner Theil des vorderen ab, weil er noch von der Quetschung erreicht war. Es kam hier Alles darauf an, die Zersetzung in der grossen Wunde abzuhalten, deren Eintritt nach meiner Ueberzeugung dem Knaben das Leben gekostet haben würde. Ich denke, m. H., der Verband hat sich allseitig von seiner vortheilhaftesten Seite gezeigt.

Von allen Schnittwunden bieten gerade die bei Gliedabnahmen gemachten die grössten Schwierigkeiten für die antiseptische Behandlung und von allen Stümpfen ist der am Hüftgelenke in dieser Beziehung der schlechteste. Bei einiger Maassen grossen Stümpfen habe ich ganz genügende Erfolge gehabt, wenn ich den Stumpf mit ungefähr acht Lagen der Gaze umwickelte, und zwischen die beiden letzten ein Stück wasserdichtes Zeug, z. B. Mackintosh legte, damit die Absonderungen erst die ganze Dicke des Verbandes durchdringen mussten, bevor sie mit der äusseren Luft in Berührung treten konnten. Die wesentliche Forderung, dass die umgebende Haut weithin überragt wird vom antiseptischen Verbande, ist somit erreicht und die Zerstäubung hindert beim Verbandwechsel jede Möglichkeit des Eintrittes der Zersetzungskeime. In diesem Falle dagegen konnte ich in der angegebenen Weise nicht verfahren und besonders waren es zwei Schwierigkeiten, die überwunden werden mussten. Die eine bestand darin, dass der innere Wundwinkel in der Nähe des Dammes lag, der so geeignet ist die Zersetzung zu begünstigen. Ich suchte sie möglichst zu umgehen, indem ich hier die Nähte recht dicht anlegte und ein mit öliger Lösung getränktes und in die Wundtiefe gelegtes Stück Lint nach aussen hin mit dem freien Ende hängen liess, um die Absonderungen vom Mittelfleische möglichst abzulenken. Gleichzeitig wurde nur ganz vorzügliche Gaze benutzt, sowohl in Bezug auf ihre antiseptische Eigenschaft wie auf ihre Aufsaugungsfähigkeit und an der Dammseite doppelt zusammengelegt, wodurch der Zweck vollständig erreicht wurde; ebenso trugen die Umgänge der Gazebinden wesentlich zur Verstärkung der Sicherheit bei, die auch den Vortheil haben, dass sie nicht so leicht rutschen wie die gewöhnlichen, sondern wegen ihrer leichten Klebrigkeit fester ansitzen. Beim Verbandwechsel liess ich jede Wundhälfte durch einen Richardson'schen Zerstäuber bestreichen.

Die zweite Schwierigkeit bestand darin, dass die Wunde so nahe dem Betttuche lag. Zogen sich die Absonderungen in dieses hinein, so war ja die Zersetzung unvermeidlich, sowie der Uebergang derselben in den Verband, bezüglich die Wunde. Aber auch diese Gefahr wurde umgangen, durch Lagerung der Hinterbacke auf zusammengelegte Gaze und ein Stück Mackintoshzeug. Auf diese Weise vermieden wir die Zersetzung in der Bettwäsche an dem der Wunde benachbarten Theile vom Anfange bis zum Ende.

Aber noch hat die Gaze einen ganz besonderen Vortheil, indem sie die Ansicht derer am besten widerlegt, die da behaupten, der antiseptische Verband sei nichts weiter als ein Luftabschluss; denn wenn man zweiunddreissig Lagen übereinanderlegt ist man noch im Stande leicht durch sie Luft zu holen. Also nicht die Luftgase schliesst sie ab, sie zerstört nur die kräftige Thätigkeit der in ihnen schwebenden Zersetzungskeime.

X. Vortrag, gehalten in der 39. Jahressitzung der British Medical Association in Plymouth, 8–11. August 1871.

M. H.! Es ist selbstverständlich, dass ich nur einen Gegenstand vor dieser Versammlung besprechen kann, dessen Bedeutung möglichst im Verhältnisse steht zu der hohen Ehre, die mir dadurch zu Theil geworden ist, dass Sie mich überhaupt zum Vortrage bestimmt haben. Ich will aber nicht, wie es von meinen Vorgängern nach verschiedenen Richtungen hin gethan worden ist, eine allgemeine Uebersicht über Chirurgie geben, ich will eine Frage hier zur Erörterung bringen, die, wenn auch in mancher Beziehung nur einem besonderen Zwecke dienend, mir dennoch geeignet scheint, in fast jede Abtheilung der Chirurgie umändernd einzugreifen, ich meine die antiseptische Behandlungsweise. Freilich knüpft sich hieran mein Name und das sollte mich eigentlich davon abstehen lassen; aber andererseits ist es ja dieser Umstand, der mich überhaupt heute hierher gestellt hat, so dass Sie mit voller Bestimmtheit erwarten werden, hierüber etwas zu hören und schliesslich, wenn ich meine innerste Ueberzeugung aussprechen will, wüsste ich die mir gebotene Gelegenheit auch gar nicht besser zu benutzen, als Ihnen, m. H., eine klarere Auffassung von diesem Verfahren zu verschaffen und Sie in die Lage zu bringen, seine Wohlthaten unter den Menschen zu verbreiten.

Wenn bisher dies Verfahren noch nicht allgemein angenommen ist, so mag wohl vor allem dies seinen Grund darin haben, dass verschiedene angesehene Wundärzte glauben, die Zersetzung nicht mit den Luft-Keimen in Verbindung bringen zu dürfen und dadurch, dass sie meinen die Wahrheit erfasst zu haben, während sie sich auf die Seite des Irrthums stellen, wie ich glaube, unbewusst durch ihr Unterlassen mehr Unglück über ihre Mitmenschen bringen, als kaum durch ein beschaulich erlangtes Gutachten zu verbreiten möglich wäre. Denn die wenigsten Praktiker haben die Zeit, die Thatsachen und die Gründe für und wider zu sichten und zu wägen; wird ihnen nun der feste Glaube an den leitenden Grundgedanken genommen, wie sollen sie da zu einem vollen, glücklichen Erfolge gelangen können? Felix, qui potuit rerum cognoscere causas! Wie gut passt das hierher.

Als einen ferneren Grund für die geringere Verbreitung und demnach auch ungenügende Bekanntschaft mit dem Verfahren betrachte ich den Mangel einer genügenden Ausbildung in der Handhabe und mangelhafte Kenntniss der Einzelnheiten des Verbandes selbst. Denn so grosse Mühe ich mir auch gegeben habe, das bezüglich der Einfachheit und Wirkungsfähigkeit so wesentlich verbesserte Verfahren weithin bekannt zu machen, darüber bin ich mir klar, die blosse Beschreibung vermag nicht einen klaren Einblick zu verschaffen. Desshalb haben Die, welche als meine Schüler oder als ausübende Aerzte Gelegenheit hatten, dies Verfahren in unsern Sälen kennen zu lernen und die weithin über dies Land oder andere Erdtheile verbreitet sind, dieselben guten Erfolge aufzuweisen wie ich, Erfolge, welche für Die seltene Ausnahmen bilden, denen diese Gelegenheit nicht zu Theil wurde.

Ich habe nun die Absicht, zunächst in aller Kürze über die allgemeine Grundlage des antiseptischen Verfahrens zu Ihnen zu sprechen, dann die Hauptmittel, die jetzt gebraucht werden, vorzuweisen, soweit dies möglich ihre Anwendung zu zeigen, und endlich mit Ihrer freundlichen Erlaubniss auf einzelne Thatsachen zurückzukommen, von denen ich glaube, dass sie Ihnen zur Genüge darthun werden, wie wir es mit solchen Mitteln, nach solchen Grundsätzen gebraucht, in unserer Hand haben, leicht und sicher Erfolge zu erringen, die sonst nicht zu erreichen waren.

Was ich zunächst vorzubringen habe, bezieht sich auf Pasteurs wohlbekannte Untersuchungen, die ich den meinigen zu Grunde legte — Seite 59 —. Es sind jetzt vier Jahre her, dass ich vier Flaschen zu einem Drittel mit demselben Harne füllte und dann bei dreien die gut gereinigten Hälse über der Spiritusflamme so lang auszog, dass sie Röhren von ungefähr drei Mm. Durchmesser bildeten, die nun verschieden winklig gebogen wurden; den Hals der vierten Flasche machte ich ein klein wenig enger, liess ihn aber kurz und gerade stehen. Dann kochte ich den Inhalt jeder Flasche fünf Minuten lang, dass der Dampf frei herausströmte, zog die Lampe weg und liess nun die Gefässe unverschlossen stehen. Dem Luftwechsel stand kein Hinderniss im Wege; eingeleitet wurde er durch die täglichen Schwankungen der Luftwärme, die wieder eine Verdichtung und Ausdehnung der Flüssigkeiten zu Wege brachte und somit auch ein Steigen und Fallen der über diesen stehenden Luftsäulen. Durch das Kochen sollten alle im Harne oder im Gefässe etwa befindlichen Keime zerstört werden, während die winkligen Biegungen der Hälse den von aussen eindringenden den Zutritt verlegten, da ja nach der Keimlehre nicht die gasigen Luftbestandtheile, sondern die in ihr schwebenden Staubtheilchen die Zersetzung einleiten. Der kurze und gerade Hals der vierten Flasche dagegen sollte den Zutritt erleichtern, um jenen Theilchen Gelegenheit zu geben, ihrer weiteren Ausbildung folgen zu können. In diesem letzten Glase nun entwickelten sich, dem blossen Auge schon sichtbar, zwei verschiedene Pilzarten und gleichzeitig traten mit dieser Bildung Schritt haltend auch die chemischen Veränderungen des Harnes selbst ein, der seine bleiche, strohgelbe Farbe verlor und einen tiefen Ambraton annahm. Von alle dem liess sich aber in den anderen Flaschen nichts wahrnehmen; noch heute ist die in ihnen enthaltene Flüssigkeit vollkommen unverändert und die wenigen glänzenden, in letzter Zeit auf den Boden gefallenen Krystallchen sind jedenfalls Folge der stätigen langsamen Verdunstung. Wie sehr bedaure ich, dass die Fahrt von Edinburg nach Plymouth so weit ist, gern hätte ich die Flaschen Ihnen mitgebracht. damit Sie sich selbst durch den Augenschein überzeugen konnten. Eine gefährliche Reise haben sie schon vor ungefähr zwei Jahren mitgemacht, von Glasgow nach Edinburg nämlich. Im Dampfwagen habe ich sie zur Belustigung meiner Mitreisenden ängstlich gehütet wie eine Mutter ihr Kind, auf der holprigen Fahrt aber von dem

Bahnhofe nach meinem Hause wurde die Flüssigkeit so arg durchschüttelt, dass der ganze obere Theil der Flaschen mit Schaum angefüllt war, aber dessen ungeachtet behielt die Masse ihre ursprüngliche durchsichtige Klarheit und strohgelbe Färbung.

Wollen wir uns nun klar machen, was in diesen Thatsachen liegt, ohne einen Schritt über das hinaus zu thun, was wir nur gezwungen aus ihnen folgern müssen.

Nach dem Zurückziehen der Lampe musste nothwendiger Weise der der kochenden Flüssigkeit entsteigende Dampf sich verdichten und Tröpfchen bilden, die sich anfänglich in der gebogenen Röhre festsetzten, dann aber verdunsteten, so dass diese nun vier Jahre lang vollständig trocken geblieben ist. Vergleichen wir weiter den freien, luftgefüllten Raum der Fläschchen mit dem der engen Hälse, so ist es klar, dass eine ziemliche Menge frischer Luft jede Nacht in das Flascheninnere eingeströmt ist, weil mit abnehmender Wärme eine Zusammenziehung des Harns eintrat, bei Tage dagegen mit zunehmender Wärme und beginnender Ausdehnung ein Theil wieder austrat, wenn auch wegen des Vermischungsvermögens der Gase nicht dieselbe Menge; mit einem Worte, diese zersetzungsfähige Flüssigkeit, dieser gekochte Harn, ist vier Jahre lang dem Einflusse der Luft frei ausgesetzt gewesen, aber eine faulige Zersetzung ist er nicht eingegangen. Ungefähr ein halbes Jahr nach dem Beginne der Untersuchung goss ich etwas Harn in ein Weinglas, um ihn genau zu untersuchen; er hatte noch seinen frischen Geruch und seine natürliche Säure; auch die sorgfältigste Untersuchung mit einem kräftigen Mikroskope vermochte nicht irgend ein pflanzliches oder thierisches Leben zu entdecken. Darauf bedeckte ich das Weinglas, um die Verdunstung einzuschränken; aber schon nach zwei Tagen roch der Harn sehr bedenklich und unter dem Mikroskope wimmelte es von lebenden Wesen, während einige Tage später auch das blosse Auge die wuchernden Pilze entdeckte. Dieser in den Flaschen enthaltene Harn war also immer noch zersetzungsfähig und ein glückliches Nest für neue Lebensbildungen. Aber dennoch blieben diese Veränderungen vier Jahre aus, weil die Luft zwar Zutritt hatte, aber doch erst durch ein enges, trocknes, gebogenes Glasrohr durchtreten musste. Nun, ein solches Rohr vermag nicht die Luft und ihre Gasarten abzuhalten, es ist nur im Stande, dem Luftstaube den Zutritt streitig zu machen. Daraus folgt mit entschiedener Gewissheit, dass nicht die Luftgase, sondern gewisse in ihr schwebende Staubtheilchen es sind, aus welchen jene durch Vergrösserungsgläser erkennbaren Lebensformen sich entwickeln, welche Entwicklung von Veränderungen der betreffenden Flüssigkeit begleitet ist, die wir Zersetzung nennen. Dies müssen wir aus jener Untersuchung als Wahrheit anerkennen, und, m. H., ich leugne nicht, dass mir manchesmal Zweifel an der wissenschaftlichen Genauigkeit mancher unserer Genossen aufkommt und die Schamröthe ins Gesicht steigt, wenn ich die Erklärungen mir ansehe, die über diesen Versuch gemacht sind und ich werde wirklich versucht, bei einigen dieser Erklärer zu zweifeln, ob ihnen je die Vortheile einer ergiebigen logischen oder chemischen Erziehung und Ausbildung zu Theil geworden sind. Die Einfachheit meiner Untersuchungen und die in ihr liegende zwingende Ueberzeugungskraft verleihen ihr einen zauberischen Reiz und machen sie wohl Ihrer ganz besonderen Beachtung würdig. Dennoch würde ich bei dieser Gelegenheit nicht weiter auf sie eingegangen sein, da ich sie bereits vor drei Jahren in einem besonderen Aufsatze veröffentlicht habe, hätte ich nicht eine neue Thatsache hinzuzufügen. Wir sind zu dem Schlusse gezwungen worden, dass, obwohl innerhalb vierundzwanzig Stunden die Luftgase in die Flasche ein- und wieder heraustreten, dennoch die Staubtheilchen trotz ihrer unendlichen Kleinheit durch die winklig gebogenen Röhren abgehalten werden. Dieser Schluss ist aber zur Thatsache erhoben worden durch Tyndall's so einfache aber schöne Untersuchung mit verstärktem Lichte.

Zwei trockne Glasflaschen, deren einer ich den Hals ausgezogen und winklig gebogen hatte, stellte ich unter freundlicher Beihülfe des Herrn Professors Tait so in einem sonst dunkeln Zimmer auf, dass sie von einem eingelassenen, stark gesammelten weissen Sonnenstrahle getroffen wurden, wodurch die auf- und abschwebenden Staubtheilchen sowohl in wie ausser den Flaschen deutlich sichtbar hervortraten. Dann schloss ich mit Siegellack die Flasche mit dem geraden Halse und liess beide ruhig und unberührt stehen. Vierzehn Tage später liess ich wieder den

Lichtstrahl durch beide hindurchgehen, und fand nun, dass der sichtbare Strahl des Lichtes an jeder Seite beider Flaschen in gleicher Weise plötzlich endete, als Beweis, dass die Luft in beiden Gefässen nach Tyndall's Ausdrucke „optisch leer" oder mit andern Worten, dass sie selbst von diesen kleinen Theilchen schwebender Massen entblösst war, welche den schwächsten Nebel hervorzubringen im Stande sind. Die Zeit zwischen den beiden Beobachtungen hatte genügt, selbst diese kleinsten Theilchen nach dem Gesetze der Schwere zur Ruhe und Niederlassung zu bringen und wenn auch die Wärmeveränderungen des Zimmers nothwendiger Weise einen täglichen Luftwechsel in der noch offnen Flasche zu Stande bringen mussten, die gebogene Form und die Enge des Halses, durch welche die Luft einzutreten gezwungen war, hatten diese gewisser Maassen durchgeseiht und von den in ihr schwebenden Staubtheilchen befreit, trotz des sehr staubreichen Zimmers.

Die andere Klasse von Thatsachen in dieser Abtheilung, auf welche ich Ihre freundliche Aufmerksamkeit zu lenken sorgfältig bemüht bin, beruht ebenfalls auf einer Untersuchung Tyndall's mit gesammeltem Sonnenlichte, welche nachweisen sollte, in welcher vollkommnen Weise Watte die Luft von ihren Staubtheilchen durchseiht. Er trieb zu dem Zwecke mit einem Blasebalge, dessen Mundstück reichlich mit Watte bedeckt war, Luft gegen den Lichtstrahl, der, sonst von den beleuchteten Staubtheilchen weiss hervortretend, an der Stelle, an welcher ihn dieser Luftstrom traf, vollkommen dunkel erschien. Daraus musste sich nothwendig der Gedanke herausschälen, ob nicht Watte auch mit Vortheil sich bei dem antiseptischen Verbande verwerthen liesse — ein Gedanke übrigens, dessen Anregung ich meinem Freunde Meredith verdanke — nachdem sie natürlich für diesen Zweck besonders vorbereitet, d. h. mit einem flüchtigen Stoffe durchzogen wäre, der im Stande sein würde, die in ihr lagernden Keime zu zerstören. Hätte man dann auch die Wunde mit derselben Lösung gründlich gereinigt und abgespült, dann müsste, wenn unsere Annahme richtig ist, die auf die Wunde gelegte Watte im Stande sein, in Folge ihrer durchseihenden Wirksamkeit den Zutritt jener Keime zu verhindern und selbst als eine durchaus milde und reizlose Decke zu wirken. Denn jener flüchtige Stoff wird ja sehr bald verfliegen und dem Verbande sowie der Wunde entzogen, die Watte aber dann jeder chemischen Wirkung bar und ledig sein.

Ich bereitete mir demnach verschiedene Proben Watte vor, die ich von Dämpfen des Chlors, der schwefligen Säure, des Benzins und der Karbolsäure durchziehen liess, vier Stoffe, die zwar chemisch sehr ungleich sind, aber sich vereinigen in der Eigenthümlichkeit, die niederen Lebensformen zu vernichten. Vom Chlor, der schwefligen und der Karbolsäure ist ja diese Eigenschaft bekannt; vom Benzin wusste ich, dass die Sammler die Insekten damit tödten; aus eigner Erfahrung hatte ich die Kraft seiner Dämpfe an Läusen erprobt und glaubte desshalb, dass es auch dem vorliegenden Zwecke genügen würde. Ich verband nun damit verschiedene eiternde Geschwüre und Quetschwunden, nachdem ich sie mit den entsprechenden wässrigen Verdünnungen tüchtig abgespült hatte; nur das Benzin gebrauchte ich unverdünnt. In jedem Falle entsprach der Erfolg der vorgefassten Meinung. Nach vierundzwanzig Stunden hatte die Watte unter dem Einflusse der Körperwärme den Geruch nach dem betreffenden Stoffe verloren, der Eiter, das Blut oder das Blutwasser, je nach den Umständen, blieb vollkommen mild für eine gewisse Zeit und die Heilung war in genügender Weise vorwärts gegangen, wie das ja auch bei der Abhaltung aller reizenden Einflüsse nicht gut anders erwartet werden konnte. Nur ein sehr lehrreicher Umstand machte sich geltend und beeinträchtigte wesentlich den Nutzen dieser Verbandweise. Wenn nämlich die Wund- oder Geschwürsabsonderung sehr reichlich war und die Watte durchdringend bis zur Oberfläche sich durcharbeitete, dann trat von hier aus die Zersetzung ein, die sich in die Tiefe bis zur Wunde weiter verbreitete und zwar bei recht reichlicher Entleerung schon innerhalb der ersten vierundzwanzig Stunden. Daraus geht also hervor, dass die Watte nur im trocknen Zustande fähig und geeignet ist, die Entwicklung dieser niedrigsten Lebensformen aufzuhalten, die im reichsten Maasse innerhalb der Maschen der Wattefasern vor sich geht, wenn diese mit einer zersetzungsfähigen Flüssigkeit angefüllt sind.

Und nun, m. H., gestatten Sie mir selbst auf die Gefahr hin, langweilig zu erscheinen, dass ich Ihnen den Schluss, der aus diesen Thatsachen gezogen werden muss, recht klar und deutlich vor Augen legen darf, nachdem ich Ihnen erst genau die Einzelnheiten eines solchen Versuch-Verbandes beschrieben habe.

Die Oberfläche des mit entzündlichen Neugebilden bedeckten Geschwürs oder überhaupt die wunde Stelle wird nebst der umgebenden Haut mit einer wässrigen Karbolsäurelösung — eins zu vierzig — ordentlich abgewaschen und dann mit einem Stückchen Wachstaffet bedeckt, um zu vermeiden, dass nicht das Verbandzeug an die Wundfläche antrocknet. Ein etwas grösseres Stück zusammengelegten Lints, das ebenfalls von Karbolsäuredämpfen durchzogen ist, wird darüber gelegt, um die Absonderungen aufzunehmen, damit diese nicht etwa abfliessen oder die Watte durchdringen und so die Zersetzung einleiten. Darüber kommt endlich ein den bisherigen Verband überragender Watteballen zu liegen, der vielleicht den zweihundertsten Theil seines Gewichtes Karbolsäuredämpfe angenommen hat und mit einer Binde fest gehalten wird. Der Erfolg ist bereits vorher angegeben. Trotzdem der Verband nach ein bis zwei Tagen den Karbolsäuregeruch so gut wie ganz abgegeben hatte, trat dennoch Zersetzung innerhalb einer gewissen Zeit nicht ein, sobald nur nicht die Wundentleerung bis nach aussen dringen konnte.

Betrachten wir nun den Zustand des Blutwassers oder Eiters, der unter dem Wachstaffet hervorquellend in das Stück Lint sich einzieht, meinetwegen eine Woche nach der Auflegung, einer Zeit, innerhalb welcher gewiss alle aufgenommenen Dämpfe der Karbolsäure verschwunden sind, so finden wir, dass diese der Zersetzung so leicht anheimfallenden Flüssigkeiten, die nicht gekocht sind, wie der Harn in den Flaschen, auch nicht von irgend einem chemischen Mittel beeinflusst wurden, dennoch bei der Körperwärme frei blieben von Zersetzung, weil sie mit trockner Watte bedeckt waren. Wie aber hält diese die Zersetzungsursachen der Luft ab? Die Luftgase doch gewiss nicht. Dieselbe Veranlassung, welche die flüchtigen Dämpfe austreten lässt, verursacht auch nothwendig eine fortwährende Vermischung und einen Austausch zwischen der äusseren und der in den Wattemaschen befindlichen Luft, wie Jeder zugeben muss, der mit Graham's schönen Untersuchungen über die Vermischungsfähigkeit der Gase bekannt ist. Als einziger ausschliessbarer Bestandtheil der Luft bleibt demnach nur der Staub, der, wie wir aus Tyndall's Versuchen wissen, auch wirklich ausgeschlossen wird. So haben wir also eine andere Wahrheit gefunden, nämlich die, dass Eiter, Blut und abgestorbenes Gewebe in Quetschwunden sich nicht unter dem Einflusse der Luftgase zersetzen, sondern in Folge der Einwirkung der Staubtheilchen, denen man aber diese Fähigkeit ganz und gar benehmen kann, wenn man sie nur in kräftiger Weise mit den Dämpfen der Karbolsäure oder eines ihr ähnlichen Stoffes bearbeitet. Ich verlange nicht, dass Sie glauben, diese Staubtheilchen seien Organismen. Dass sie sich gleich diesen fortpflanzen, dass ihre Wirksamkeit vernichtet wird durch dieselben Mittel, welche ihre Lebensfähigkeit auslöschen, wie Hitze, verschiedene chemische Stoffe u. s. f., das unterliegt keinem Zweifel und ist von äusserster Wichtigkeit. Wenn aber Jemand trotz dieser Thatsachen und trotz der grossen Aehnlichkeit mit den Hefen- und verschiedenen anderen Pilzen, die wir Schimmel nennen, es vorziehen sollte, diese septischen Theilchen nicht als etwas Lebendiges zu betrachten, wenn Jemand die Vibrionen, die bei jeder Zersetzung stets vorhanden sind, nur als zufällige Begleiter ansieht, als Folgen, nicht als Ursachen der Zersetzung, mit Dem kann ich als praktischer Mann mich nicht in einen Streit einlassen; auch darauf lasse ich mich nicht ein, ob heutzutage noch eine Urzeugung stattfinden kann auf unserer Erde; denn ich würde dadurch in unfruchtbare Streitfragen eintreten, was ich zu vermeiden wünsche.

Aber darum bitte ich von ganzem Herzen, dass alle Die, welche chirurgisch thätig sind, diese einfachen Thatsachen einer ernstlichen Betrachtung für werth halten. Wer aber die von mir gegebene Erklärung für die richtige hält, den bitte ich dringend, sich durch keinerlei Bücher- oder Zeitungsweisheit in seinem Glauben erschüttern zu lassen, dass die faulige Zersetzung, wie wir sie in den Wunden beobachten und die unter dem Einflusse der Luft zu Stande kommt, abhängig ist von den Staubtheilchen, die, allüberall in der Luft gegenwärtig, ausgestattet sind mit einer wunderbaren Kraft und Ausdauer der Fortpflanzung und dennoch wieder leicht dieser Kraft und dieser Ausdauer beraubt werden können durch verschiedene Stoffe, welche wir unbeschadet der mit ihnen in Berührung kommenden menschlichen Gewebe zu diesem Zwecke verwerthen dürfen. Dies als leitenden Grundgedanken hingestellt und festgehalten, werden Sie, m. H., immer einen glücklichen Erfolg von der antiseptischen Behandlung erwarten können; wenden Sie sich irgend welchen andern Anschauungen zu, gleichviel welchen, wollen Sie diese Behandlungsform von andern Gesichtspunkten aus aufbauen, dann werden Sie immer im Dunkeln gehen und desshalb leicht fehl treten.

Und nun komme ich zum zweiten Theile meines Vortrags, zur Aufstellung unserer am meisten gebrauchten Mittel und ihrer Verwendungsweisen.

Um den Zutritt der fauligen Zersetzung abzuhalten, brauchen wir jetzt gewöhnlich die sogenannte antiseptische Gaze, ein lockeres Baumwollengewebe, dessen Fäden von Karbolsäure durchdrungen sind, welche zähe fest gehalten wird durch ein unlösliches Harz, während ein Paraffinzusatz dieser Masse die Klebrigkeit nimmt — Seite 159 und Anmerkung 16 —. Die Zwischenräume zwischen den Fäden, die Maschen, bleiben frei, so dass sie im Stande sind, sich mit den Wundabsonderungen anzufüllen. Die Karbolsäure ist in einem ziemlich kräftigen und glücklichen Verhältnisse in der Gaze, so nämlich, dass sie vom Harze angehalten, die Gewebe nicht zu reizen vermag und doch, wenn die Absonderungen nicht zu übermässig sind, eine Woche lang bei der Körperwärme die Gaze antiseptisch erhalten kann. Nehmen wir an, die Gaze sollte in einem Falle gebraucht werden, bei dem wir eine reichliche Absonderung gewärtigen können, z. B. bei einem grossen Psoasabscesse unmittelbar nach seiner Eröffnung, so lasse ich ein Stück Gaze nehmen ungefähr so gross, als man zwischen den ausgestreckten Armen halten kann und falte es in acht Lagen zusammen. Aber durch diese Hülle allein wird man noch nicht im Stande sein, den angestrebten Zweck zu erreichen, wenn nicht noch Maassregeln ergriffen werden, um zu veranlassen, dass die Entleerungen durch die ganze Breite und Länge der Gaze durchtreten, wesshalb noch eine Lage wasserdichtes Zeug dazwischen gelegt werden muss. Hierbei hat sich als ein billiger und handlicher Stoff der Mackintosh, im Handel auch als „Hutfutter“ bekannt, recht gut bewährt, der ungefähr so gross geschnitten wird, wie die Gaze und zwischen den beiden obersten, nach aussen liegenden Schichten derselben seinen Platz erhält. Dadurch werden die Entleerungen verhindert, gerade nach aussen zu dringen und gezwungen, die Gaze in ihrer ganzen Ausdehnung zu durchsetzen. Hat man also nicht bei der Eröffnung des Abscesses oder bei der unmittelbaren Behandlung der Wunde irgend welche Keime hineingelangen lassen, so kann man vollkommen sicher sein, dass die Absonderungen sich nicht zersetzen, auch wenn sie in den ersten vierundzwanzig Stunden noch so reichlich sind. Das ist eine nicht genug zu schätzende Thatsache. Mindert sich die Menge der Entleerung, so kann der Verband länger liegen, ja er kann für eine Woche aushalten, wenn die abgesonderte Masse ganz unbedeutend ist. — Die Gaze ist auch als Binde recht gut zu verwerthen, dem Hauptverbande eine gesicherte Lage zu geben und die antiseptische Wirksamkeit desselben zu erhöhen, während eine gewöhnliche Binde eher den Hinzutritt der Zersetzung befördern möchte; ausserdem hat die Gazebinde auch den Vortheil, dass ihre einzelnen Umgänge nicht so leicht rutschen wie die der andern, da sie einen gewissen Grad von Klebrigkeit besitzt.

Das sind die Mittel, die wir in gewöhnlichen Fällen anwenden, den Zutritt der fauligen Zersetzung von aussen her auf die Wund- oder Geschwürsfläche zu verhindern. Natürlich muss der Vortheil eines solchen Verbandes verschwinden, wenn wir nicht ängstlich darüber gewacht haben, von jenen Flächen selbst lebensfähige Keime abzuhalten oder die etwa vorhandenen zu vernichten.

Bekommt man eine Wunde zur Behandlung, die nicht unter antiseptischen Vorsichtsmaassregeln vom Wundarzte selbst geschaffen ist, so kann man sicher sein, dass solche Staubtheilchen bereits eingedrungen sind. Es wird demnach gebieterische Pflicht, vor allen Dingen die Fläche und ihre Umgebung mit einer Flüssigkeit gründlich abzuspülen, die im Stande ist, jene Keime zu vernichten, sei es Chlorwasser oder schweflige Säurelösung, oder eine kräftige Lösung der Karbolsäure oder des Chloraluminiums, alles Stoffe, die mit Erfolg hierbei benutzt werden können. Hat man dagegen Veranlassung, die bisher unverletzte Haut zu durchschneiden, so schützt man sich hierbei vor dem Eindringen der Keime durch Erzeugung einer antiseptischen Dunsthülle, indem man eine wässrige Lösung der Karbolsäure mittelst eines Richardson'schen Gerätes zur Herstellung örtlicher Gefühllosigkeit fein zerstäuben lässt. Um diese Zerstäubung — spray — möglichst fein herzustellen, lässt man die Oeffnung am unteren Ende des Wasserrohres fast ganz schliessen, so dass nur ganz kleine Löcher bleiben, die dann einen ausserordentlich feinen Wasserstaub erzeugen helfen, der für alle kleineren Operationen vollkommen ausreicht. Nur auf eine Vorsicht möchte ich hierbei noch aufmerksam machen, dass man nämlich die zu benutzende Flüssigkeit durch ein Battisttuch durchseiht, um irgend welche grössere Theilchen zurückzuhalten, die sonst sehr leicht die feinen Oeffnungen verstopfen könnten, was doch zu recht unangenehmen, ja verhängnissvollen Störungen Anlass geben würde.

Verschiedene Beobachtungen haben mir gezeigt, dass die hierzu erforderliche Lösung der Karbolsäure gar nicht so stark zu sein braucht; es genügt schon ein Verhältniss wie eins zu hundert, das man ganz vertrauensvoll benutzen kann. Diese Abschwächung ist von besonderem Werthe, ein Mal für den Wundarzt selbst, weil stärkere Lösungen die Finger rauh und unansehnlich machen, wohl auch den Lungen unangenehm sind, Nachtheile, die bei so einer schwachen Lösung vollkommen wegfallen, dann aber auch für den Kranken selbst, weil die Reizung der Gewebe natürlich mit der Stärke der Lösung zunimmt. Diese Reizung ist nun einmal ein mit der Wirksamkeit des Mittels eng verbundenes Uebel, das man schon mit dem grossen Nutzen hinnehmen muss. Zu vermuthen aber, dass dieser Nutzen auf einer nur der Karbolsäure eigenen, uns noch unbekannten Art der Wirkung beruht, das ist ein grosser Irrthum, wie ich theils aus Erfahrung, theils aus Wahrscheinlichkeitsgründen bestimmt behaupten kann. — Im Anfange benutzte ich die unverdünnte Säure, sah aber nicht nur Reizung, sondern auch bis zu einem gewissen Grade brandiges, oberflächliches Absterben eintreten. Dann wandte ich eine kräftige Lösung in Oel an, darauf eine kräftige wässrige, noch später eine schwächere und jetzt eine so gelinde, wie ich vorhin angegeben habe, im Verhältnisse wie eins zu hundert, und dies nur in der Form der Zerstäubung, ohne die Gewebe irgendwie einzuweichen oder die Wunde nach vollendeter Operation auszuspritzen, wie wohl früher gethan wurde, um alle eingeführten Keime zu zerstören. In demselben Verhältnisse aber, wie wir die Lösung schwächer machten und ihren Einwirkungskreis verringerten, in derselben Weise wurden die Erfolge genügender, wenn nur die Zersetzung fern gehalten werden konnte.

Es ist nicht immer nothwendig, dass man zum Zerstäuben einen besonderen Beistand hat, das kann ganz gut auch vom Wundarzte selbst besorgt werden. Angenommen, ich will den grossen Psoasabscess verbinden, von dem wir vorhin sprachen, wobei der Zerstäuber eine sehr wichtige Rolle spielt, und den Dunstkegel auf die Oberfläche wirken lassen in dem Augenblicke, in dem ich die Gaze lüfte, so drücke ich die Richardson'sche Flasche fest gegen den Daumenballen der rechten Hand und lege den Gummiball, durch dessen wechselndes Zusammendrücken die Flüssigkeit herausgepresst wird, zwischen die entgegengesetzte Seite der Flasche und die andern Finger. Ist dann die Gaze entfernt und die Schutzdecke, ein in dieselbe Lösung getauchtes Stück Leinwand, übergelegt, so kann man ruhig die Thätigkeit des Zerstäubers so lange einstellen, bis man die benachbarten Theile von jeder Unsauberkeit reinigen will, wozu die Aufdeckung der Wunde nothwendig wird, und den Verband von neuem anlegt.

So vortrefflich nun ein solches Geräth bei kleinen Operationen ausreicht, bei grossen, z. B. bei Abnahmen des Oberschenkels an der Hüfte, genügt es nicht. Um hier dieselben günstigen Erfolge zu haben, liess ich mir ein anderes anfertigen, das freilich plump und schwer ist, aber hoffentlich in nicht zu ferner Zeit in verbesserter Form vor Ihnen stehen wird. Bis dahin, denke ich, ist es besser wie gar keins. Bei seiner Zusammensetzung habe ich mich streng an die Einrichtung der sogenannten „Rafraicheurs" gehalten. Das Luft- und Wasserrohr stehen in einem rechten Winkel an einander, jenes ist stärker als dieses und die Oeffnung des letztern liegt ganz genau der Mitte des erstern gegenüber.

Auf diese Weise erhält man den besten und feinsten Zerstäuber. Nur liessen sich zu unserm Zwecke die gewöhnlichen Einrichtungen nicht verwerthen, weil es darauf ankommt, bei einem so schwer handlichen und schwer zu bewegenden Geräthe Luft und Flüssigkeit auf ziemliche Entfernung hin zu zerstreuen; dies konnte ich aber leicht erreichen, wenn ich die letztere nicht nur durch die Kraft des über die Oeffnung des Wasserrohres streichenden Luftstromes heraustrieb, sondern auch dieselbe Pumpe auf die Flüssigkeit selbst wirken liess, welche den Luftstrom in Bewegung setzte, wobei natürlich die Wassermenge durch einen Sperrhahn geregelt werden musste. Auch darauf musste Rücksicht genommen werden, dass man das feine Ende des Wasserrohres leicht reinigen konnte, falls eine Verstopfung eintrat. Zu dem Zwecke bog ich es kurz vor seiner Mündung rechtwinklig und liess es hier mit einem aufzuschraubenden kleinen Aufsatze versehen, der dann in den genannten Fällen abgenommen und mit einer Nadel oder einem Stückchen dünnen Drahtes gereinigt werden konnte. Bei meinen beiden letzten Gliedabnahmen, einer des Oberschenkels und einer des Armes, habe ich dem oben beschriebenen Zerstäuber zwei Dillen gegeben, die mit den feinen Kautschukröhren in Verbindung gesetzt wurden und je nach Bedürfniss auf die beiden entgegengesetzten Seiten des operirten Theils gerichtet werden konnten, auf welche sie bedeutende Dunstkegel warfen. Ein gleicher, wenn auch nicht ebenso wirksamer Erfolg lässt sich erzielen, wenn die Gehülfen zwei Richardson'sche Geräthe in Bewegung setzen.

Bezüglich der benutzten Schwämme möchte ich doch noch die weise Vorsicht empfehlen, jeden Schwamm, der sich mit Blut voll gesaugt hat, erst mit reinem Wasser auszuwaschen, dann einen Augenblick in eine kräftige Karbolsäurelösung — eins zu vierzig — einzutauchen und zuletzt in eine schwache zu bringen — eins zu hundert — um ihm die nöthige Milde zu geben.

Antiseptisch zubereitete Schaafdarmsaiten — Catgut — benutze ich zu den Unterbindungen durchschnittener Gefässe, die immer unter dem Schutze des Zerstäubungskegels ausgeführt werden. Ueber ihre Zubereitung, die eine sehr sorgfältige sein muss — Seite 100 — kann ich mich hier nicht eines Weiteren verbreiten, nur das will ich hervorheben, dass diese Darmsaite einen auffälligen Wechsel in ihren physikalischen Eigenthümlichkeiten erleidet, wenn sie längere Zeit in einem Gemische von Wasser und Oel liegt, wodurch sie durchscheinend wird und die Fähigkeit verliert, in Flüssigkeiten zu erweichen oder schlüpfrig zu werden, Eigenschaften, die sie für unsern Zweck ganz untauglich machen würden. Gut zubereitet dagegen verdient sie volles Vertrauen und Sie sind im Stande mit einer Saite, die viel dünner als ein gewöhnlicher seidner Faden ist, die Oberschenkelarterie eines Stumpfes fest zu unterbinden, wodurch natürlich nicht ausgeschlossen sein soll, dass man auch stärkere benutzen kann. Auf einen Wickel gerollt, lassen sich viele Ellen davon in der Verbandtasche leicht unterbringen. Genug, ich kann das Catgut, mit einem chirurgischen Knoten fest angezogen und die Enden kurz abgeschnitten, nur als ein vorzügliches blutstillendes Mittel empfehlen, weil es einfach, überall anwendbar ist und nicht als fremder Körper in der Wunde liegen bleibt, denn es kommt, wenn Zersetzung fern gehalten wird, sehr schnell zur Aufsaugung und Sie können dann unter allen Umständen auf erste Vereinigung rechnen, wie wenn gar keine Unterbindungsfäden vorhanden wären. Bei eintretender Zersetzung hatte ich früher die Sorge, das Catgut könnte erweichen und somit eine Blutung zulassen, wesshalb ich verschiedene Versuche damit anstellte. Ich legte ein Gummirohr, das ich in verschiedenen Abständen mit Catgut sehr fest eingeschnürt hatte in fauliges Blutwasser und liess es bei einer Wärme von zweiundvierzig C. ungefähr eine Woche darin liegen. Aber das Rohr war immer noch fest eingeschnürt und das Catgut hatte demnach nichts von seiner Festigkeit eingebüsst, trotz der fortwährenden Spannung an den Knotenstellen. Der Annahme nach müsste allerdings die Darmsaite in wirklich fauligen Wunden ebenso gut schwinden wie Zellgewebstheilchen; ich habe aber unter meinen vielen Fällen von Unterbindungen der mannichfachsten Art, unter denen sich auch solche fanden, bei denen die Zersetzung nicht zu vermeiden war, seit Jahren nie gesehen, dass eine solche Schlinge nachgegeben hätte, nie habe ich Nachblutungen oder Abscessbildung, durch sie veranlasst, beobachtet.

Ich habe vorher von den Unannehmlichkeiten gesprochen, die

von dem Gebrauche der Karbolsäure leider nicht zu trennen sind und die im Zusammenhange stehen mit der Reizung, welche auf die Gewebe ausgeübt wird. Dahin gehört vor allem der sehr reichliche Austritt von Blutwasser während der ersten vierundzwanzig Stunden oder noch länger, für dessen Abfluss Sorge getragen werden muss, weil die sonst eintretende Spannung leicht zur Eiterung führt, wenn auch nicht zu einer durch Zersetzung bedingten. Zu diesem Zwecke verfehle ich nicht einen Streifen Lint in die Wunde zu legen, der getränkt ist mit einer öligen Lösung — eins zu zehn — und den Flüssigkeiten als Wegweiser und Ableiter dient, nach vierundzwanzig oder achtundvierzig Stunden aber unter dem Schutze des Zerstäubungskegels entfernt wird, dessen Weglassen leicht die Zersetzung begünstigen könnte. Unter Umständen kann das Einlegen eines Gummiröhrchens, das vorher in einer Karbolsäurelösung gelegen hat, den Vorzug verdienen; der Gummi nimmt glücklicher Weise die Karbolsäure an und wird dadurch antiseptisch.

Ein anderer Punkt, der Beachtung verdient, bezieht sich auf die Vernarbung, die entschieden verzögert oder ganz verhindert wird, wenn man die Karbolsäure unmittelbar auf die Wunde bringt, weil sie ganz besonders auf die Oberhaut einwirkt, was freilich unter Umständen auch sehr wünschenswerth ist. Halten wir z. B. die Spitze des Zeigefingers eine oder zwei Sekunden lang in eine Karbolsäurelösung, so können wir überzeugt sein, dass die Haut so vollgesaugt ist, dass sie antiseptisch wurde und man kann nun getrost den Finger zur Untersuchung einer Wunde benutzen oder ihn in eine Abscesshöhle einführen. Aber eben diese Einwirkung beeinträchtigt auch andererseits die Vernarbung. Und selbst die Gaze, die doch sonst fast ganz frei ist von irgend welchem reizenden Einflusse auf die Haut oder eine alte Narbe, vermag, unmittelbar auf die Wunde gelegt, häufig genug die Vernarbung zu hintertreiben oder junges, zartes Narbengewebe wieder wund zu machen, wesshalb ein Zwischenlager nothwendig wird. Wir bedienen uns hierzu des Wachstaffets — oiled silk protective —, oder geölter Seide, welche auf beiden Seiten mit Copallack überzogen ist, der die Karbolsäure weniger leicht durchtreten lässt. Leider ist er kein vollkommnes Schutzmittel, wenigstens nicht im durchfeuchteten Zustande. Ich habe mich vielfach bemüht, diesem Uebelstande abzuhelfen und bin in letzter Zeit in einer Art vorgegangen, die mich zwar noch nicht vollkommen befriedigt, aber dennoch Erwähnung verdient, weil sie auch nach einer andern Richtung hin Aufmerksamkeit zu erregen im Stande ist. Ich überstrich die geölte Seide mit Oelfarbe, in der Hoffnung, dass die dicht zusammenliegenden Farbentheilchen den Durchtritt der Karbolsäure besser verhindern würden, wenn auch ihr Bindemittel, das Oel, für die Säure durchgängig ist. Der Erfolg war günstig, nur passte die Steifheit des Stoffes nicht recht zu unserm Zwecke. Da wollte es ein freundlicher Zufall, dass ich beim Besuche einer Gummiwaarenfabrik sah, wie man verschiedene Farbstoffe mit Kautschuk mischte, und es kam mir der Gedanke an, ob denn nicht dieser mit einer Farbe bestrichen eine gute Schutzhülle abgeben würde? Denn wenn er auch an sich für die Säure durchgängig ist, so konnte doch vielleicht die Farbe dies verhindern. Zunächst versuchte ich ein gefärbtes, vulkanisirtes Stück und dabei trat der eigenthümliche Umstand zu Tage, dass der Schwefel chemisch auf die Entleerungen einwirkte, den Geruch nach Schwefelwasserstoff erregte und ein ganz prächtiges Beispiel von Zersetzung ohne Fäulniss lieferte; von einer fauligen Gährung, von einer Ausbreitung der Zersetzung auf das Innere der Wunde oder des Abscesses war keine Rede. Der ganze Vorgang war auf die Aussentheile beschränkt und das Ergebniss der chemischen Einwirkung des frei gewordenen Schwefels auf die Wundabsonderung. Benutzten wir dann den Wachstaffet, so fehlte der unangenehme Geruch gänzlich.

Die Nothwendigkeit, Schwefel von dem uns fehlenden Stoffe fern halten zu müssen, war ein grosses Hinderniss, denn als allgemeine Regel verursacht die Beimengung irgend einer nicht ganz passenden Zuthat zum Kautschuk eine sehr ungelegene Weichheit und Klebrigkeit, Uebel, welche beim Vulkanisiren nicht zur Beobachtung kommen. Eine Ausnahme macht freilich die Bittererde, deren Beimischung in physikalischer Hinsicht ein recht passendes Gemenge liefert, das aber, auf eine empfindliche Haut gebracht, aus einem mir nicht ersichtlichen Grunde ein unerträgliches Jucken und Hautröthe verursacht. Endlich kam ich darauf Schelllack mit Kautschuk zu mischen, der mir ganz reizlos zu sein schien und vielleicht meinem Zwecke entsprach. Denn obwohl der Schelllack, wenn er mit der Karbolsäure gemischt wird, diese sehr zähe festhält, so wird er doch im ungemischten Zustande sehr schwer oder gar nicht von ihr durchdrungen. Als ich meinen Wunsch den Besitzern der North British India-rubber Works mittheilte, denen ich überhaupt für ihr freundliches Entgegenkommen bei allen meinen Untersuchungen öffentlichen Dank schuldig bin, erklärten sie mir, dass sie dahin gehende Versuche bereits gemacht hätten und dass sich beide Stoffe gut miteinander mischten; das Erzeugniss dieser Mischung gebe einen schönen, genügend festen und doch schmiegsamen, durchscheinenden, geruchlosen Stoff ab, der, wie ich ermittelte, für Karbolsäure nicht durchgängig war. So glaubte ich denn endlich erreicht zu haben, wonach ich seit Jahren suchte; ich sah mich schon im Besitze von Erfolgen, wie ich sie nimmer gehabt hatte, denn wir waren ja im Stande die Verheilungen rein unterhautlich verlaufen zu lassen. Noch nie hatte ich Geschwüre so schnell heilen sehen, wie unter dieser Schutzhülle, überragt von der antiseptischen Gaze. Aber zu meinem grossen Bedauern habe ich in den letzten Tagen die Erfahrung machen müssen, dass bei zwei Kranken mit sehr empfindlicher Haut auch dieser Stoff noch eine leichte Reizung hervorbrachte. Dennoch glaube ich auf dem richtigen Wege zu sein, das uns noch fehlende zu finden, d. h. ein Gewebe, das vollkommen mild und reizlos an sich ist und auch ganz undurchgängig für die Karbolsäure oder andere Antiseptika.

So viel also, m. H., über die Mittel und die Verbandstücke, über die wir verfügen; kommen wir zu den Gegenständen der Behandlung selbst.

Die einfachsten Fälle sind die Abscesse, aber auch die dankbarsten bezüglich des Erfolges; einfach, weil wir das Antiseptikum nicht auf den eigentlich betroffenen Theil bringen; wir öffnen den Abscess unter dem Schutze der Zerstäubung durch einen freien Einschnitt und drücken den Eiter heraus, d. h. wir sorgen für die Entleerung des Inhaltes, lassen aber die Möglichkeit des Eintrittes der Zersetzung nicht zu. Das Antiseptikum gelangt nicht in die Abscesshöhle und ich bitte Alle, die noch immer der Ansicht huldigen, dass der wohlthätige Einfluss der Karbolsäure in ihrer Einwirkung auf die Gewebe besteht, recht sorgfältig den Fall eines Abscesses zu beobachten, vielleicht einen mit einem Wirbelleiden zusammenhängenden Psoasabscess. Unter dem Schutze der Zerstäubung machen wir einen reichlichen Einschnitt in die Höhle. Ich will hierbei nicht unterlassen darauf aufmerksam zu machen, welchen besondern Werth die Zerstäubung hier hat. Früher senkte man das Messer mit einem Stosse ein und verletzte man dabei ein Gefäss, so brachte das mancherlei Schwierigkeiten mit sich; bei unserm Verfahren fallen die früher für nöthig gehaltenen Vorsichtsmaassregeln weg, wir machen eine reichliche Oeffnung; wird hierbei zufällig ein Gefäss getrennt, so kann es ohne alle Schwierigkeit unter dem Schutze des Zerstäubungskegels unterbunden werden. — Genug, wir haben den Abscess geöffnet und drücken den Eiter aus, dessen Menge vielleicht ein Quart oder mehr beträgt, am folgenden Tage aber finden wir keinen Tropfen neu gebildeten Eiters mehr, dessen Bildung überhaupt aufhört. Ja, m. H., das sind Dinge, die man selbst gesehen haben muss, um sie zu glauben. Denn es scheint so aller bisherigen Erfahrung zu widersprechen und steht doch in inniger Uebereinstimmung mit der pathologischen Annahme. Nach einigen Tagen lässt sich höchstens etwas klare, durchsichtige, wässrige Flüssigkeit ausdrücken und diese liefert den Beweis, dass die Karbolsäure durchaus nicht in die Abscesshöhle, noch weniger bis zu dem kranken Knochen vorgedrungen sein kann, denn sie würde den Eiweissgehalt der Flüssigkeit haben gerinnen lassen, die somit undurchsichtig erscheinen müsste.

Ich zeige Ihnen hier ein Stückchen Knochen vor, welches aus einem grossen Psoasabscesse stammt, den ich im April d. J. öffnete. Ich mag es nicht herumreichen, weil es mir zu kostbar ist und ein entsprechendes anderes Stück bei einer ähnlichen Gelegenheit abhanden kam. Aber der Herr Vorsitzende wird sich überzeugen, dass es entschieden vom Wirbel herrührt. Der betreffende Kranke war bereits erwachsen und hatte neben andern Erscheinungen einer Wirbelerkrankung auch eine spitzwinklige Krümmung der Rückenwirbel, litt an zusammenschnürenden Empfindungen in der Brust, durchschiessenden Schmerzen nach den Hüften und den untern Gliedmaassen und befand sich in einem Zustande allgemeiner Entkräftung. Ohne Zeugniss dieses Knochenstückchens hätte man vielleicht nicht mit Unrecht sagen können: „der Abscess braucht durchaus nicht mit dem kranken Knochen im Zusammenhange zu stehen; er ist ein einfacher Begleiter des heftigen Wirbelleidens.“ Aber die Gegenwart desselben hob alle Zweifel. Genug, der Kranke fühlte sich nach der Eröffnung ausserordentlich wohl und hatte nicht die leisesten Fiebererscheinungen; die ganzen Entleerungen beschränken sich bis auf den heutigen Tag auf ein wenig wässrige Flüssigkeit, die in der Gaze sitzt, die nur alle vier bis fünf Tage gewechselt wird. Freilich werden Sie sagen, vier Monate ist eine lange Zeit für die Behandlung! Gewiss, aber was ist denn die Kehrseite? Gleichviel ob Sie den Abscess nach dem gewöhnlichen Verfahren eröffnen oder ihn dem Selbstaufbruche überlassen, was ist denn anders die Folge, als in den meisten Fällen der Tod, sei es bald nach einem heftigen Reizfieber, das wir doch sehr zu vermeiden wünschen, sei es später nach einem langwierigen auszehrenden mit vielleicht vielem Leiden. Im vorliegenden Falle hat sich die Entleerung allmälig verringert und nach früheren Erfahrungen habe ich alle Veranlassung, an eine schliessliche glückliche Heilung zu glauben.

Von vielen andern Fällen will ich einen besonders belehrenden hervorheben. Am zwanzigsten Januar 1870 öffnete ich einem siebenundzwanzigjährigen Manne, der seit seinem elften Jahre eine obere Rückenkrümmung hatte, einen Psoasabscess, welcher sich langsam entwickelte, bis in den Oberschenkel hinein sich senkte und ungefähr achtzehnhundert Gramm dicken Eiters mit schmutzigen Flocken und verschiedene kleine Knochenstückchen enthielt. Andere kleine Knochentheilchen fanden sich später in den Verbandstücken. Mein Freund, Herr Dr. Cameron, übernahm die Nachbehandlung; die Verbände wurden immer seltner gewechselt, je geringer die Entleerungen waren und am fünften Februar hatte sich der Abscess vollständig geschlossen. Dem Kranken wurde zur Schonung der Wirbelsäule noch einige Wochen Ruhe angerathen, was ja bei jeder Wirbelerkrankung ohne Abscess in gleicher Weise wünschenswerth, ja nothwendig sein würde und jetzt geht er ganz genesen wie ein gesunder Mensch umher.

Bei diesen Abscessen ist nun aber noch ein sonderbarer Umstand nicht ausser Acht zu lassen, der Ihre Aufmerksamkeit in Anspruch nehmen muss. Es kommt nämlich vor, dass die wässrige Entleerung, die sich in die Gaze gezogen hat, zuweilen zu riechen anfängt, grade wie der Eiter, der mit vulkanisirtem Gummi in Berührung gekommen ist, wenn auch in etwas verschiedener Weise. Den Grund hierfür kenne ich nicht. Die Karbolsäure scheint diese chemische Veränderung nicht zu veranlasen, denn ich habe sie wenigstens beim Gebrauche des Lackpflasters — Seite 82 — nie bemerkt. Ob das Harz in der Gaze dazu beiträgt, ich weiss es nicht. Ich kann nur feststellen, dass dieser Geruch vorkommt, der meist an verdorbenes Heu oder solche Seife erinnert, zuweilen aber ausserordentlich stinkend ist. Wenige Tage, bevor ich Edinburg verliess, öffnete ich bei einem schwächlichen, heruntergekommenen Kinde einen vereinigten Psoas- und Lendenabscess, der mit Wirbelerkrankung in Verbindung stand, durch einen freien Einstich und legte den Gazeverband an. Zwei oder drei Tage später bemerkte ich beim Herantreten an das Bett einen unangenehmen Geruch, der nach Abnahme des Verbandes heftiger wurde. Da dies der erste Fall gewesen war, in dem ich bei einem Psoasabscesse eine Lösung von eins zu hundert zerstäubt hatte und während der Operation die Zerstäubung unterbrochen worden war, so gebe ich gern zu, dass dieser unangenehme Geruch mich aufregte; als ich aber im Stande war, etwas Flüssigkeit herauszudrücken und dieselbe auf ein Täfelchen ausbreitete, um mich genau vom Geruche zu überzeugen, fand ich sie vollkommen geruchlos. Grade wie unter der Schutzhülle aus vulkanisirtem Gummi der Eiter sich zersetzte durch chemische Einwirkung des Verbandes, aber ohne faulige Gährung, genau dieselben Verhältnisse fanden sich hier vor. Wir entfernten während der weiteren Behandlung die Mackintoshschicht aus der Gaze, weil mein Gehülfe glaubte gefunden zu haben, dass unter dieser der Geruch stärker wäre, sich aber abschwächte, wenn nach ihrer Wegnahme den in der Gaze sich bildenden gasigen Erzeugnissen der freie Austritt gestattet würde. In diesem Falle musste natürlich die Gazehülle verstärkt und der Verband täglich erneuert werden. Ungefähr eine Woche nach der Eröffnung des Abscesses verringerte sich die wässrige Entleerung bis auf einige Gramm für den Tag und der Knabe hatte schon prächtige Fortschritte in der allgemeinen Besserung gemacht.

Die Unterbindung der Gefässe in ihrem Verlaufe ist am besten geeignet uns die grossen Vortheile des antiseptischen Verfahrens zu zeigen. Seit der Veröffentlichung meiner Abhandlung über diesen Gegenstand — Nr. IV — habe ich nur zwei Mal Gelegenheit gehabt, Catgut hierbei zu benutzen, beide Male bei Geschwülsten der Kniekehlenschlagader, die einen erschreckenden Umfang angenommen hatten.

Der eine Fall betraf einen Mann von siebenundvierzig Jahren, der die Geschwulst erst seit fünf Wochen beobachtet haben wollte, die dann sehr schnell gewachsen wäre, so dass er täglich die Zunahme hätte verfolgen können. Bei der Aufnahme am einunddreissigsten August 1869 nahm sie die Länge des untern Oberschenkeldrittels ein und verursachte ausserordentlich heftigen Schmerz mit dem Gefühle der Taubheit im Gliede; das Knie stand im rechten Winkel gebogen. Ich unterband die Oberschenkelschlagader mit einem kräftigen Stücke zubereiteter Schaafdarmsaite, schnitt die Enden dicht am Knoten ab und hatte die Freude nach zehn Tagen statt der Wunde ein oberflächliches Geschwür zu sehen, welches ganz in der gewöhnlichen Weise verheilte. Dabei stellte sich ein recht merkwürdiger Unterschied in der Behandlung heraus. Früher lagerte man das Glied über ein Kissen und liess diese Lage gleichmässig einhalten, bis die Schlinge unter Eiterung sich getrennt hatte. Eine solche Trennung trat hier gar nicht ein, ebenso wie nach meiner Ueberzeugung eine Reizung gar nicht vorhanden war. Vom ersten Augenblicke an konnte ich freie Bewegung gestatten und frühzeitig das Knie zur grossen Erleichterung des Kranken strecken lassen. Ich erinnere mich sehr deutlich eines ähnlichen Falles, in dem ich vor Jahren nach dem alten Verfahren und mit einem seidenen Faden unterband; der Kranke vermochte noch nach Wochen, nachdem er das Krankenhaus verlassen hatte, das Knie nicht zu strecken und ich weiss nicht, ob er es heute vermag.

Der andere Fall war noch merkwürdiger, der siebenundvierzigjährige, aber viel älter aussehende Kranke kam im letzten Sommer mit einer gleichen Geschwulst, die sich sehr schnell entwickelt hatte und bereits am Oberschenkel hinauf sich erstreckte, als ich ihn das erste Mal sah, in das Krankenhaus; nach vierzehn Tagen hatte sie sich seitlich ganz bedeutend vergrössert, so dass sie die Verbindung des obern und mittlern Drittels erreichte. Der Kranke war durch Blutverluste und Schmerzen so heruntergekommen, dass einer unserer Hospitalärzte meinte: „er ist unter allen Umständen ein sterbender Mann“. Das Knie war gebogen, der Fuss taub und geschwollen, der Puls in keiner der Schienbeinschlagadern zu fühlen. Was sollte man hier thun? Nach dem alten Verfahren diese Masse spalten, versprach gar nichts; das Glied abnehmen, hiess den Mann sofort tödten; es blieb eben nur die Unterbindung, die allein noch etwas Hoffnung gab, wenn man sich auch bei der grossen Beeinträchtigung des Blutumlaufs die Möglichkeit nicht verhehlen durfte, dass Brand eintreten konnte. Nun entstand die andere Frage, wo sollte unterbunden werden? Je tiefer abwärts, je weiter vom Herzen desto besser, wenn es mit Sicherheit geschehen konnte. Aber gab es denn eine Wahl? war nicht die äussere Darmbeinschlagader die einzige zugängliche Stelle? Am Oberschenkel blieb nur ein Ort, der wegen des Abganges der tiefen Schenkelschlagader und anderer kräftiger Zweige mit Recht als ein gefürchteter und gewisser Maassen als verbotener gilt und grade diesen zu wählen hielt ich mich für berechtigt. Denn ich hatte mich hinlänglich überzeugt, dass eine antiseptisch zubereitete Schaafdarmsaite das Gefäss ganz und gar nicht schwächt und keine Nachblutungen veranlasst, die unter solchen Umständen sonst so gern eintreten, wenn auch nicht am zweiten oder dritten oder vierten Tage oder überhaupt in der ersten Woche, — denn die durch die Unterbindungsschlinge zusammengepresste äussere Haut ist immer noch kräftig genug, dem Blutandrange zu widerstehen und wenn sie auch einem abgehenden Zweige nahe liegt — wohl aber dann, wenn die Gefässgewebe Veränderungen eingegangen, wenn sie erweicht sind durch den Reiz der nicht antiseptischen Schlinge. Hat man aber eine antiseptisch zubereitete Schlinge benutzt, dann fehlt eben jede Reizung und somit die

Veranlassung zur Schwächung der äusseren Haut, im Gegentheile es tritt eine Verstärkung ein, wie ich in einem Falle habe nachweisen können — Seite 98 —, weil das Catgut durch lebendes Gewebe ersetzt wird, das einen kräftigenden und unterstützenden Ring für das Gefäss abgiebt. Dies veranlasste mich die Schlinge so nahe als möglich an die Geschwulst anzulegen, obwohl gerade hier am häufigsten der tiefgehende Zweig zu entspringen pflegt. Ich benutzte etwas kräftige Darmsaite, schnitt die Enden kurz ab und alles ging gut. Keine Eiterung trat ein und die bedeutende Geschwulst wurde allmälig kleiner, wobei uns anfänglich das schnelle Fettwerden des vorher so mageren Kranken täuschte; die Aufsaugung des geronnenen Blutes ging in der That viel schneller vor sich, als unsere Maasse uns anzunehmen gestatteten und war schliesslich eine vollständige, so dass der Mann, der erst auf Krücken sich fortschleppte, dann an einem Stocke ging, sich endlich auch dieses nicht mehr zu bedienen brauchte und jetzt ganz gesund ist. Ich will bezüglich der Operation selbst noch hinzufügen, dass ich, obwohl höher oben einschneidend, als die Geschwulst äusserlich begrenzt erschien, dennoch nach der Trennung der tiefen Schenkelbinde das ergossene Blut weiter aufwärts reichend fand, so dass ich in das Gerinnsel der Schlagadergeschwulst kam. Was würde wohl der wahrscheinliche Erfolg bei einer nicht antiseptischen Behandlung gewesen sein?

Ich habe bis jetzt immer noch Bedenken gehabt, solche Fälle zu veröffentlichen, weil ich mir sagen musste, dass ich vielleicht meine Genossen zur Nachahmung verleitete, die einen unglücklichen Ausgang haben konnte. Es ist noch nicht lange her, dass ein berühmter Londoner Wundarzt an mich schrieb und um Catgut bat, eine äussere Darmbeinschlagader zu unterbinden. Ich antwortete ihm, dass, wenn er sich nicht sicher fühlte, das antiseptische Verfahren leiten und Zersetzung vermeiden zu können, er lieber vom Catgut abstehen sollte; denn er müsste bei eintretender Zersetzung befürchten, dass er ohne Mittel sei, das Catgut zu entfernen, das dann leicht eine schlechte Verschwärung erzeugen und so zur Nachblutung führen könnte, wie es dem Sir Philipp Crampton ging, dessen Fall allerdings nicht antiseptisch behandelt war. Unter der Zerstäubung dagegen ausgeführt, kann man des Erfolges sicher sein, ja ich behaupte, dass die Unterbindung der Schenkelschlagader unter diesem Schutze gleich bedeutend ist mit einem Hautschnitte an der Hand, ja weniger gefährlich, als wenn dieser Schnitt in einem Krankenhause gemacht und ohne antiseptisches Verfahren behandelt wird.

Die Catgutunterbindungsschlinge hat noch mehrfach andere Verwendungen, z. B. zu Nähten, so dass ich um Ihre freundliche Nachsicht und Erlaubniss bitte, einige hierher gehörige Fälle vorbringen zu dürfen. Zwei davon betreffen nicht zurückbringbare Darmbrüche, die auch dem Syme'schen Verfahren widerstanden hatten, das darin besteht, den Kranken bei knapper Darreichung der Nahrung auf dem Rücken liegen zu lassen, öfter Ricinusöl zu geben und täglich zu versuchen, den Bruch zurückzubringen. In einem Falle war es ein Bauchbruch bei einer jungen Frau, von ziemlichem Umfange, der sehr viel Beschwerden machte und der eingeschlagenen Behandlung Widerstand entgegenstellte. Ich öffnete den Sack ausgiebig, um den eingeschlossenen Darm und das Netz frei zu legen und trennte die Verwachsungen unter dem Schutze der noch sehr ungenügenden antiseptischen Mittel, die uns damals zu Gebote standen, indem ich die durchschnittenen Theile mittelst eines Schwammes mit einer wässrigen Karbolsäurelösung — eins zu vierzig — überspülte, die andern aber, mit denen ich nicht unmittelbar zu thun hatte, mit einem in diese Lösung getauchten Stücke Leinwand bedeckte. Nachdem alle Verbindungen entweder durchrissen oder durchschnitten waren, brachte ich die Eingeweide unter der genannten Schutzdecke in die Bauchhöhle zurück, frischte die Ränder der eiförmigen, ungefähr sieben und einen halben Cm. langen Oeffnung an, durch welche der Bruchsack mit der Bauchhöhle in Verbindung stand, trennte das Bauchfell von den Muskel- und Fasergeweben und schloss dann diese Oeffnung mit dicht an einanderliegenden antiseptischen Catgutnähten, deren Enden ich nahe über dem Knoten abschnitt. Die äussere Wunde wurde antiseptisch in der gewöhnlichen Weise behandelt. Beim Anlegen der ersten Naht brach die Kranke heftig, so dass nur ein kräftiger Gegendruck das Wiedervorfallen der Gedärme verhüten konnte; in das Bett gebracht, brach sie von neuem; es war dies gewiss eine fürchterliche Probe für die Haltbarkeit unserer Nähte, aber sie wurde bestanden. Die junge Frau verliess das Krankenhaus ohne Bruch. Eine später unter der Narbe bemerkbar werdende kleine Hervorragung liess sich leicht wegdrücken und durch ein Bruchband zurückhalten.

Der andere Fall betraf einen grossen Nabelbruch; seine Besitzerin, eine Köchin, wurde in ihrem Dienste wesentlich durch ihn gehindert und vermochte schliesslich nicht mehr herum zu gehen. Ich verfuhr, wie vorher angegeben, würde aber gern meine Hände davon gelassen haben, wenn ich einiger Maassen Ahnung von dem Kommenden gehabt hätte. Es war eine mühsame, langwierige Arbeit, die sehr verwickelten Verwachsungen und Anheftungen der Därme zu zerreissen und durchzuschneiden und doch auch gleichzeitig darauf zu achten, die frei liegenden Theile in Ermangelung des Zerstäubens durch eine übergelegte Schutzdecke vor der Berührung mit den Luftkeimen zu hüten. Aber es gelang doch, die ganze Masse wurde in die Bauchhöhle zurückgeschoben, die innere Oeffnung mit antiseptischem Catgut, die äussere mit ebensolchen Seidennähten geschlossen, und hier nur eine Oeffnung für den möglichen Abfluss gelassen. Innerhalb der ersten vierundzwanzig Stunden ergoss sich eine bedeutende Masse Blut in den Bruchsack, so dass die frühere Schwellung aber ohne Spannung ziemlich wieder hergestellt wurde. Und nun trat ein sehr unglücklicher, wenn auch recht belehrender Umstand hinzu. Ich hatte vorher nicht gewusst, dass die Kranke an zeitweisen Anfällen von Wahnsinn litt; ungefähr eine Woche nach der Operation stand sie auf, ging in dem Saale herum und setzte so ebenfalls die Catgutnähte auf eine harte Probe, die aber wieder bestanden wurde. Nach ihrer Heilung übergab ich sie einer Anstalt für Geisteskranke, da sie dauernd gestört erschien, von wo aus sie sechs Wochen später nach einer andern geschafft wurde. Bis dahin war der Bruch nicht zurückgekehrt; über diese Zeit hinaus habe ich nichts wieder von ihr gehört. Sie lernen aber daraus, m. H., dass die Catgutnaht eine entschiedene Zukunft für sich hat; sie ermöglicht tiefsitzende Theile mit einander zu vereinigen, worauf sie selbst durch Aufsaugung entfernt wird.

Ein dritter Fall, den ich noch nicht veröffentlicht habe, betraf einen nicht geheilten Bruch des Oberschenkelhalses eines fünfunddreissigjährigen kräftigen Mannes, der durch einen Fall entstanden war. Jener wurde in einer Anstalt behandelt und nach fünf Wochen entlassen, auf Krücken sich fortbewegend, obwohl er mindestens sechs Wochen mit der langen Schiene hätte liegen sollen; achtzehn Monate später kam er zu mir. Ich fand die gewöhnlichen Erscheinungen eines ungeheilten Bruches des Schenkelhalses, eine drei Cm. betragende Verkürzung des Schenkels, Annäherung des grossen Rollhügels an den Darmbeinrand und Drehung um seine eigne Axe mit knirschendem Geräusche anstatt der Bogenbeschreibung, wenn das Glied drehend bewegt wurde. Der Kranke vermochte das Bein nur ganz unbedeutend zu heben oder zu drehen, wenn er lag und die Rollhügelgegend nicht mit der Hand unterstützte, und schien zu einer lebenslänglichen Unthätigkeit verdammt zu sein. Sein Alter liess indessen hoffen, dass der Bruch ausserhalb der Gelenkkapsel lag und dass es möglich sein würde, die Bruchenden in den Zustand einer frischen Verletzung zu bringen, so dass vielleicht doch noch eine Wiedervereinigung möglich war. Dazu gehörte nun freilich ein reichlicher Einschnitt und meines Wissens nach auch eine Eröffnung der Gelenkkapsel. Liess sich ein solcher Eingriff rechtfertigen? Ich habe mir die Sache hin und her überlegt, aber kam doch zu der Ueberzeugung, dass ich trotz der damals noch mangelhaften antiseptischen Mittel im Stande sein würde, die Zersetzung abzuhalten und somit dem Eingriffe seine Gefahr zu benehmen. Hatte ich aber die Ueberzeugung, dann war es auch meine Pflicht, es zu thun, um dem Manne wieder ein brauchbares Glied zu verschaffen. Und ich wagte es.

Am zweiten Dezember 1868 wurde der Kranke chloroformirt, das Glied dann in allen möglichen Richtungen ausgiebig bewegt, um alle etwaige Verbindungen und Anheftungen zu zerreissen und zu zerbrechen, was auch mit weithin hörbaren Geräuschen geschah, und darauf ein Flaschenzug angelegt, den ich möglichst kräftig wirken liess, um das untere Bruchende herunterzuziehen. Noch während des Zuges legten wir den Kranken auf die gesunde Seite und nun schnitt ich auf dem Rollhügel ein, nachdem ich das Messer mit einer öligen Karbolsäurelösung — eins zu vier —

bestrichen hatte, welche Lösung auch fortwährend auf die Wunde gegossen wurde, ein Verfahren, das freilich der Zerstäubung gegenüber recht mangelhaft und wenig handlich war. Endlich war ich tief genug eingedrungen, um zu meiner Freude mit dem in die Lösung getauchten Finger zwischen die Bruchenden dringen zu können, die, obwohl unregelmässig, sich doch glatt anfühlten, wie wenn sie mit Knorpel bedeckt wären. So weit ich nun vermochte, frischte ich die Enden mit einem in das Oel getauchten Meissel an, wobei eine Menge Knochenschnitzel abfielen, die ich nicht weiter herausnahm, weil ich bei Vermeidung einer fauligen Zersetzung auf ihre Aufsaugung rechnete. Als äussern Verband legte ich dann ein grosses Stück Lackpflaster über — Seite 82 — und befestigte eine lange Schiene. Nun erst löste ich den Flaschenzug ab. Einige Stunden später kam mein Gehülfe und meldete mir, dass eine sehr bedenkliche Blutung eingetreten sei, eine Meldung, die ich leider bestätigt fand durch einen Blutfleck auf den Dielen unter des Kranken Bette. Ohne die Schienen zu stören, entfernte ich vorsichtig das Verbandzeug, um durch den Druck von Lintstreifen, die in ölige Karbolsäurelösung eingetaucht waren, die Blutung zum Stehen zu bringen, in der sichern Ueberzeugung, dass dies genügen würde, weil ich bei der Operation selbst keine ernste Blutung gehabt hatte. Als ich diese Streifen mit der in das Oel getauchten Fingerspitze fest andrückte, und die Menge des Blutgerinnsels und der Knochenspäne fühlte, war ich wirklich über meine eigne Kühnheit erstaunt, freiwillig einen offnen Bruch des Schenkelhalses erzeugt zu haben. Denn es ist etwas anderes eine derartige Verletzung antiseptisch zu behandeln, wie z. B. Cresswell Gelegenheit hatte nach einer Schussverwundung, ein Fall, der wohl verdiente bekannter zu sein, als er es ist — Lancet, 29. August 1868 — und eine solche Verletzung sich selbst erst zu schaffen. Die Wunde wurde indess mit ungefähr zwölf Lintstreifen, zwei und einen halben Cm. breit, siebenunddreissig und einen halben Cm. lang, vollständig ausgefüllt, die Blutung gestillt und das Lackpflaster wieder übergelegt. Nächsten Tags entfernte ich in der damals üblichen Weise die Streifen unter dem Schutze eines grossen, in Karbolsäurelösung getauchten und übergedeckten Verbandstückes mit der Zange, ohne dass eine

Nachblutung eintrat. Das Wundgerinnsel wurde allmälig in Gewebe umgesetzt und von den Knochenspänen kamen zwei kleine Splitter nach langer Zeit zum Vorschein, welche die Spuren bereits begonnener Aufsaugung zeigten. Genug, um nicht in ermüdende Einzelnheiten einzutreten, der Mann erhielt ein vollständig brauchbares Glied, die Verkürzung betrug nur knapp einen Cm.

Eine der schätzenswerthesten und auffallendsten Eigenschaften dieses Verfahrens ist die Freiheit, mit der man Gelenke öffnen kann. Einer meiner ersten Fälle betraf einen losen Knorpel im Kniegelenke, von fast vier Cm. Länge bei zwei Cm. Breite, der für Square's geistreiches und treffliches Verfahren gerade kein günstiger Ausgangspunkt war. Ich schnitt dreist auf dem Knorpel ein, wobei ich Karbolöl auf die Wunde träufeln liess, fasste ihn mit einem scharfen Haken, legte wie im vorigen Falle ein grosses getränktes Stück Leinwand zum Schutze über und zog ihn dann heraus. Seitdem habe ich noch einen ähnlichen Fall behandelt. In beiden liess ich zum ungehinderten Austritte der Absonderung die mit der Gelenkhöhle in Verbindung stehende Wunde offen und habe auch nicht die leiseste Störung beobachtet. Seitdem ich mich des Zerstäubers bediene ist die Operation eben so einfach wie gefahrlos auszuführen. Diese Sicherheit in der Eröffnung der Gelenke ermöglicht auch noch vor Eintritt der Eiterung ausgiebige Einschnitte, die dann am besten der Eiterung vorbeugen und die Gliebabnahme oder Ausschneidung der Gelenkenden unnöthig machen. Von den vielen so behandelten Fällen will ich nur den einer Frau im mittleren Lebensalter erwähnen, die Tag und Nacht die fürchterlichsten Schmerzen im Handgelenke hatte und im Juli vorigen Jahres aufgenommen wurde. Da der Eintritt der Eiterung jeden Augenblick zu erwarten war, das gewöhnliche Verfahren nicht ausgereicht hatte, so schnitt ich auf den Handwurzelknochen in dem Winkel zwischen den Sehnen des eignen Streckers des Zeigefingers und des Daumens ein; die nächste Nacht war ganz frei von Schmerz; Ruhe und der antiseptische Verband liess die Wunde bald oberflächlich werden, ohne dass nur die geringste Gelenkeiterung eingetreten wäre und die Kranke verliess uns mit vollkommen gesunder Hand.

Theilweise Abtragung der Gelenkflächen, die einen so ungenügenden Erfolg hat bei Knochenfrass mit Eitergangbildung, lässt sich zuweilen mit Vortheil ausführen, wenn Eiterung noch nicht vorhanden oder der Eiter in antiseptischer Weise entleert worden ist. Im vergangenen Frühjahre bekam ich einen siebenundfünfzigjährigen Mann in Behandlung, der ein sehr schmerzvolles Leiden des ganzen Handgelenks hatte, namentlich war das Ende der Ellbogenröhre bedeutend geschwellt. Unter dem Schutze der Zerstäubung schnitt ich ein und entfernte mit Knochenscheeren das Gelenkende, dessen Knorpelüberzug rauh und angefressen sich zeigte, ohne dass Eiterung zu bemerken war. In die Mitte der Wunde legte ich einen mit Karbolöl getränkten Lintstreifen zur bessern Entleerung der Absonderungen und die ganze Wunde schloss sich ohne einen Tropfen Eiter. Der Mann wurde mit einer vollkommen brauchbaren Hand entlassen, kam aber einige Wochen später zurück, weil er durch einen unglücklichen Fall die Speiche desselben Armes sich zerbrochen hatte.

Die Behandlung des Altersbrandes wird durch das antiseptische Verfahren ebenfalls eine bedeutende Umänderung erfahren müssen. Man nimmt Anstand, das Glied abzunehmen, weil man fürchtet, dass auch im Stumpfe der Brand wiederkehrt. Aber was ist denn der Grund dieses Absterbens? Die Ursache für den ursprünglichen Brand liegt in der Beeinträchtigung des Blutumlaufs, aber diese Ursache ist doch nur für den Fleck maassgebend, an dem die Krankheit beginnt; der weiteren Ausbreitung liegt dann im Allgemeinen Entzündung zu Grunde. Todtes Gewebe aber erregt nicht an und für sich entzündliche Vorgänge, so wenig wie ein Stück Catgut; sie werden durch die faulige Zersetzung eingeleitet und in ihrer weiteren Ausbreitung unterstüzt durch die Schwächung der umgebenden Theile. Verhält sich dies aber so, dann wird hier bei einer Gliedabnahme das Absterben des Stumpfes nicht Regel sondern Ausnahme werden, sofern man nur die Zersetzung abhält und auch in den Ausnahmefällen wird der örtliche Tod sich nur auf den Bezirk erstrecken, dessen Blutzufuhr durch den Eingriff selbst beeinträchtigt ist. Der folgende Fall gab mir Gelegenheit, meinen schon lange über diesen Gegenstand gehegten Gedanken thatsächlichen Ausdruck zu geben.

Vor einem Jahre kam eine mehr als sechzig Jahre alte Frau ins Krankenhaus; die kleine Zehe war missfarbig; die schwärzliche Verfärbung hatte an der Spitze begonnen und sich allmälig über das ganze Glied erstreckt, begleitet von einem beständig ausserordentlich heftigen Schmerze. — Nach sehr sorgfältiger Abwaschung der ganzen Umgebung mit einer antiseptischen Lösung, ein Verfahren, was in solchen Fällen ganz besonders von Einfluss ist, nahm ich die Zehe ab und führte den Schnitt ungefähr drei Millimeter von dem abgestorbenen Gewebe entfernt. Die Wunde heilte ohne alle entzündliche Störung; ein ungefähr anderthalb Mm. breiter Hautstreifen am Rande des Lappens und ein kleines Stückchen unterhautlichen Gewebes gingen verloren. Ein Jahr später stellte sich das Leiden an sämmtlichen übrigen Zehenspitzen des Fusses ein, die Narbe blieb verschont.

Obwohl ich die mir gestattete Zeit schon weit überschritten habe, bitte ich doch noch um freundliche Erlaubniss, ein paar Worte über die Behandlung der Geschwüre unter der Gaze und der Schutzhülle hinzufügen zu dürfen.

Werden die Geschwüre in gleicher Weise vor dem Reize der Zersetzung wie des Antiseptikums gehütet, so heilen selbst die, welche sonst der Behandlung widerstanden. Ein junger Mann hatte sich vor vier Jahren seinen Fuss schwer verbrannt, indem er in geschmolzenes Metall trat, von dem etwas in seinen Stiefel drang. Das grosse Geschwür, was in der Folge sich bildete, heilte nicht vollständig wegen der Schrumpfung der Narbe, die über dem Fussgelenke am Unterschenkel beginnend längs der äusseren Seite über den Fussrücken weg zu den Zehen verlief, deren äusserste so weit nach hinten gezogen war, dass der Mittelfussknochen den hervorragendsten Theil abgab. Ein Wundarzt von bedeutendem Rufe hatte die Abnahme des Fusses empfohlen; ich habe den Verletzten dann fünf Monate in Glasgow aber ohne besonderen Erfolg behandelt; noch später kam er wieder zu mir und bat um ein Attest, dass er für schwere Beschäftigungen untauglich wäre. Ich nahm ihn wieder auf, um eine Ueberpflanzung der Haut zu versuchen, die aber auch missglückte. Durch kräftige Karbolsäurelösungen gelang es jedoch zunächst das Geschwür zu reinigen und dann durch Lösungen von eins zu vierhundert, sowie durch

Ueberlegung der Schutzhülle und der Gaze, die alle vier bis fünf Tage gewechselt wurden, zur vollen Heilung zu bringen, so dass der Mann wieder ein nützliches Glied bekam, ein Erfolg, der mir ein grosses Vergnügen bereitete. —

Im Anfange, als ich das antiseptische Verfahren bei Geschwüren versuchte, war ich bezüglich der schnellen Heilung zufrieden, wenn ich dieselben Erfolge hatte, wie nach gewöhnlichen Wasserverbänden. Ich wollte zunächst nur die Luft meiner Säle frei halten von den Verunreinigungen, die selbst von den Absonderungen guter Geschwüre entstehen, wenn sie sich zersetzen können, ein Ziel, dessen Erreichung ja ausserordentlich wichtig ist. So habe ich erst gestern zu meiner grossen Freude gehört, dass im Liverpooler Krankenhause Pyämie so gut wie ganz erloschen ist, weil das antiseptische Verfahren eingeführt wurde, meine Erfahrungen im Glasgower habe ich bereits früher veröffentlicht — Nr. VI. —, sie stimmen mit den nun fast zweijährigen in Edinburg überein. Trotzdem hier meine Säle fast sechzig Betten enthalten, eine Anzahl, die nach den neueren Anschauungen zu hoch ist, habe ich nicht einen Fall von Pyämie, Hospitalbrand oder Erysipelas zu verzeichnen gehabt. Ich hatte die Anzahl erst verringert, aber da ich fand, dass trotz der Nachts aufgeschlagenen Strohlager, die eingeschoben wurden, der Gesundheitszustand ein trefflicher blieb, so kehrte ich zu der ursprünglichen Anzahl zurück. Ich bin selbst fünf Viertel Jahre lang Gehülfe in diesem Hause gewesen, unter einem Manne, der Alles leistete, was nur irgend mit den Mitteln seiner Zeit erreicht werden konnte, ich meine Syme, aber zu solch einem Freisein von Hospitalkrankheiten wie nach Einführung des antiseptischen Verfahrens hat er doch nicht gelangen können. Mit meinen Erfahrungen stehe ich ja nicht allein da. Professor Sextorph in Kopenhagen hat Gleiches veröffentlicht; er hatte in seinem grossen Krankenhause die Pyämie so stark, dass oft die kleinsten Wunden sie einleiteten; seit einem Jahre ist es verschont geblieben und wie es ihm scheint aus keinem andern Grunde, als weil er das antiseptische Verfahren in aller Strenge ein- und durchgeführt hat. Eben so glänzende Erfolge hat Dr. Bernard im Seekrankenhause aufzuweisen.

Nachdem also über das, was heut zu Tage als die brennendste medizinische Frage betrachtet wird, Feststellungen so überzeugender Natur gemacht worden sind, so kann ich Angesichts der Gleichgültigkeit, mit welcher sie vieler Orten aufgenommen worden, nicht umhin der Worte unsres grossen Dichters zu gedenken:

> Kann solch Wesen
> An uns vorüberziehn wie Sommerwolken
> Ohn' unser mächtig Staunen?
> (Macbeth, III, 4.)

Bevor ich mich aber niedersetze, m. H., muss ich noch ein Mal um Entschuldigung bitten, dass ich meine eignen Leistungen so in den Vordergrund habe stellen müssen. Ich habe es aber gethan in der festen Ueberzeugung, dass Sie mir nicht selbstsüchtige Gründe unterschieben werden. Mögen auch die Weisen recht verschieden sein, nach denen das antiseptische Verfahren hier oder dort geübt wird, sein Grundgedanke wird immer derselbe bleiben und schliesslich doch als der wichtigste von allen Denen erkannt werden, welche sich mit Chirurgie beschäftigen. Und je eher dies geschieht, um so mehr Segen wird die leidende Menschheit davon haben.

XI. Ein weiterer Beitrag zur Naturgeschichte der Bakterien und zur Keimlehre der Gährungsveränderungen.

Im April dieses Jahres machte ich der Königlichen Gesellschaft zu Edinburg Mittheilung von meinen Untersuchungen über das Aussehen und die Entwicklung der kleinen Lebensformen in gährungsfähigen Flüssigkeiten — Nature, 10. und 17. Juli und in den Transactions of the Royal Society of Edinburg —. Ich habe seitdem den Gegenstand weiter verfolgt und verschiedene neue, bestätigende Thatsachen aufgefunden, deren einzelne ausgewählte in vorliegender Arbeit veröffentlicht werden sollen.

In der früheren Mittheilung hatte ich Beobachtungen angeführt, welche mich zu dem Schlusse veranlassten, dass bei einigen kleinen Arten der Fadenpilze die Keimkörner auf drei verschiedene Weisen sich weiter entwickeln: sie können verhältnissmässig dicke Sprossen bilden, welche junge Pflänzchen darstellen, ähnlich den Alten; oder sie können wie die Hefenpilze sich durch Keime vervielfältigen und unter Umständen kann diese toruloide Entwicklung eine unbestimmte Zeit anhalten, obwohl die entstehende Brut unter dem Einflusse begünstigender Verhältnisse einen dem ursprünglichen ähnlichen Pilz wieder hervorbringen wird und endlich die Keimkörner können Sprossen von äusserster Zartheit ausschiessen lassen, aus welchen Bakteriën entstehen. In Uebereinstimmung mit dieser Entwicklungsweise der Bakterien war gezeigt worden, dass solche Lebensformen, ähnlich den Pilzen, von denen sie abstammen, gänzlich verschiedener Art sein können und dass sie diese Verschiedenheit theils ihrer Gestalt, theils — und zwar in noch höherem Grade — ihrer

Natur nach erkennen lassen, vor Allen durch die bestimmten Kennzeichen der Gährungsveränderungen, welche sie veranlassen, sowie dadurch, dass einige Arten sich überhaupt in Flüssigkeiten nicht entwickeln, in denen andere ganz gut fortkommen. Einige von diesen Arten zeigten die auffallendsten Verschiedenheiten bezüglich der Grösse, Form und Bewegung, wenn sie in verschiedene Flüssigkeiten eingeführt wurden und zuweilen liessen sie ihren Pilzursprung unzweifelhaft durch ihre Verzweigung, in dickeren Formen durch die Gegenwart von Kernen oder Zellchen erkennen. Und dennoch, so verschieden auch solche Abweichungen der Formen in den einzelnen Flüssigkeiten sein mögen, man hat es immer in der Hand, die ursprüngliche Form wieder herzustellen, sobald man diese Gebilde nur in die Flüssigkeit zurückbringt, in der sie zuerst beobachtet wurden.

Aus diesem Grunde muss aber auch jede Eintheilung der Bakterien, wie wir sie bis jetzt von Ehrenberg an bis auf Cohn besitzen, gänzlich unzuverlässig sein, sobald sie auf die Formenkennzeichen allein begründet ist[19]). Um die Art jeder einzelnen Bakterie bestimmen zu können, ist es nicht blos nothwendig, die äussere Erscheinung ins Auge zu fassen, sondern auch die Eigenthümlichkeit der Flüssigkeit, in der sie gefunden wird. Und selbst dann wird uns das blosse Aeussere noch oft genug im Stiche lassen, wenn wir uns nicht auch der physiologischen Merkmale versichern. Nicht ein Mal diese scheinen beständig zu sein. Denn wir werden im Folgenden noch Veranlassung finden, uns der Ansicht zuwenden zu müssen, dass ein und dieselbe Bakterie sich zu verschiedenen Zeiten verschieden zeigen kann in ihren Gährungswirkungen, die sie auf ein und dieselbe organische Masse ausübt.

Es ist klar, dass es ganz unmöglich sein würde, die Abänderungen jeder einzelnen solchen Lebensform durch eine Reihe einanderfolgender Aufenthaltsorte zu verfolgen, wenn die Bakterien oder jede Pilzart fähig wären, sich aus der blos chemischen Zusammensetzung der benutzten Flüssigkeit zu entwickeln; somit wird diese Untersuchung, obwohl sie nicht zur Bekämpfung der Urzeugung ursprünglich angestellt war, doch den möglichst schärfsten Gegenbeweis gegen diese bringen und zu Gunsten der Ansicht sprechen, dass die Gährungsveränderungen mit der Keimlehre in Verbindung zu bringen sind. Denn selbst bei organischen Flüssigkeiten, wie z. B. der Milch, welche am Meisten diese Urzeugung zu begünstigen im Stande sein sollen, braucht man nur recht streng auf die Einzelnheiten der Untersuchung zu achten, um sich der vollen Abwesenheit jeder organischen Entwicklung oder Gährungsveränderung versichern zu können, sobald man nicht Organismen absichtlich hineingebracht hatte. Ist dies aber geschehen, so entwickeln sich die besonderen zur Impfung benutzten Formen unvermischt mit anderen und unter Hinzutritt der chemischen Veränderungen, welche hierbei kennzeichnend sind.

Um aber auch dem Leser Gelegenheit zu geben, sich von der Richtigkeit meiner Behauptungen überzeugen zu können, möchte es doch wohl nothwendig sein, die Einzelnheiten des beobachteten Verfahrens in seiner vollkommensten Form hier wieder zu geben. Nehmen wir z. B. gekochte Milch als Beispiel. Zunächst müssen wir die Gewissheit haben, dass das Innere des Gefässes, das wir zu unsern Untersuchungen benutzen wollen, vollständig frei ist von lebenden Wesen; wir unterwerfen es desshalb einem sehr hohen Hitzegrade, nachdem wir dafür sorgten, dass die Luft, die beim Abkühlen eintreten wird, erst durch eine Schicht Asbest dringen muss, welche hinreicht, sie von den in ihr enthaltenen Staubtheilchen zu befreien. Dies Asbestlager muss ungefähr einen reichlichen halben Cm. dick und zwischen zwei Staniolblätter gelegt sein, die breit und lang genug sind, dass sie den Flaschenhals und eine Glaskappe, welche die Mündung deckt, rund herum umfassen können; dann windet man feinen Eisendraht in dicht an einander liegenden Umgängen um diese Hülle, ein Mal, um sie fest anzupressen, dann aber auch, um sie in guter Lage zu erhalten, wenn die äussere Staniolschicht durch Schmelzung oder Oxydation undicht geworden ist. Nachdem man noch einen starken Eisendraht um die Flasche gelegt hat, an dem sie aufgehängt oder mit der Zange festgehalten werden kann, glüht man sie gründlich über einem Bunsen'schen Brenner aus und hängt sie dann zur Abkühlung auf.

Die nächste Aufgabe besteht darin, die Milch einzuführen, ohne irgend einen andern Theil der Flasche damit zu benetzen, als den untern, der sie aufzunehmen hat. Das bis zum Flaschenboden reichende Rohr eines zu dem Zwecke benutzten Trichters wird vorher mit einem Lappen, der in eine starke Karbolsäurelösung — eins zu zwanzig — getaucht war, tüchtig gereinigt und dann mit einem andern trocken gerieben, welcher mit einer Lösung getränkt wurde, die aus einem Theile Karbolsäure und hundert Theilen wasserfreien Schwefeläthers besteht, der sehr bald verdunstet.

Dies Verfahren ist entschieden besser, als wenn man das dicke Glasrohr ausglüht, wie ich bei meinen früheren Versuchen es machte; überhaupt habe ich mich überzeugt, dass in dieser Beziehung eine kräftige wässrige Lösung auf gleicher Stufe mit der Gasflamme steht. Das so gereinigte und von etwa ansitzenden Keimen befreite Trichterrohr wird nun bis auf den Grund der Flasche eingeführt, nachdem die Asbestschicht vorsichtig entfernt, die Glaskappe gelüftet, auch ihr Rand mit Karbollösung abgewischt ist, falls etwa Keime sich hier niedergelassen haben sollten; zum Ueberflusse windet man auch noch ein karbolisirtes Stück Zeug um den Flaschenhals und das Rohr, um jeden Luftstaub abzuhalten. Darauf wird so viel Milch eingegossen, dass die Hälfte des Flaschenkörpers damit angefüllt ist, der Trichter dann herausgezogen und dabei ängstlich Sorge getragen, dass sein mit Milch benetztes Ende nicht etwa an die Seiten der Flasche anstösst und diese betropft. Ein derber, mit Karbolsäure getränkter Watteballen wird nun über der Flaschenmündung befestigt, um die während der Erhitzung der Milch möglicher Weise eintretende Luft durchzuseihen und der Flaschenkörper dann eine Stunde lang in kochendes Wasser gestellt, wobei man nur darauf zu achten hat, dass die Ebene des Wassers nicht unter die der Milch tritt. Dadurch wird die letztere sicher einem Hitzegrade von 100 Grad C. ausgesetzt und die früheren Vorsichtsmaassregeln geben uns hinlängliche Sicherheit, dass das Innere der Flasche oberhalb ihres Milchinhaltes ebenfalls frei ist von lebensfähigen Keimen.

Dies Einsenken der Flasche in kochendes Wasser, das mir übrigens Godlee anrieth, hat dreierlei Vorzüge vor dem Erhitzen in offner Flamme; es vermeidet das Schäumen der Flüssigkeit, was namentlich bei der Milch sehr störend ist, sowie das Aufspritzen, worauf Roberts in Manchester aufmerksam gemacht hat — Nature, 1873. 20. Febr. —; es verhütet jede Wasserverdunstung und beseitigt so die verdriessliche Frage, ob nicht durch Erhebung des specifischen Gewichtes der Flüssigkeit diese überhaupt zur Entwicklung von Lebensformen untauglich gemacht wird; und endlich verhindert es das Anbrennen der Milch mit den begleitenden chemischen Veränderungen.

Man lässt nun die Milch vollständig abkühlen und giesst dann einen Theil in die zur Untersuchung benutzten einfachen Liqueurgläser, deren jedes mit einer Glasdecke in Form eines Verdunstungsschälchens versehen und mit einer Glasglocke überdeckt ist, die auf einem viereckigen Stücke Spiegelglas steht. Dies letztere hat den doppelten Vortheil, dass man das Glas wegtragen kann, ohne die Glocke dabei abnehmen zu müssen und dann verhindert sie auch, dass die Luft unter der Glocke irgend welche zufällige Gerüche von aussen annimmt, welche das Urtheil über die chemischen Veränderungen mittelst des Geruchsinnes beeinträchtigen würden. Glasdecke und Glasglocke haben beide den Zweck, in möglichst vollständiger Weise den Luftstaub abzuhalten, trotzdem nach dem Gesetze der Untermischungsfähigkeit der Gase zwischen der Luft im Liqueurglase und der Umgebung ein beständiger freier Austausch gestattet ist, da jene beiden Schutzhüllen nicht vollkommen dicht schliessen. Immer natürlich vorausgesetzt, dass das Untersuchungsglas und seine Decke frei waren von entwicklungsfähigen Keimen, ebenso wie die von ihnen eingeschlossene Flüssigkeit, wird diese letztere auf unbestimmte Zeit hin vollständig unberührt bleiben von jeder Veränderung, abgesehen von einer allmäligen Verdunstung und endlichen Eintrocknung.

Weiter hat mir die Untersuchung gezeigt, dass man, ohne alle Gefahr Keime einzuführen, in einem zugfreien Raume des Zimmers Glocke und Schälchen von den Gläsern behufs der Untersuchung oder aus sonst einem Grunde entfernen kann, wenn man nur etwas schnell dabei verfährt und etwa benutzte Geräthe gründlich gereinigt hat. Denn es scheint doch, als wenn die Luft nicht so überreichlich mit solchen Keimen angefüllt ist, wie man es wohl annimmt, ja dass nur ein sehr kleiner Bruchtheil jenes Luftstaubes in einem Zimmer sie einschliesst. So habe ich in meinem Arbeitszimmer frischen Harn in einem Glase der Luft ausgesetzt und doch nur drei verschiedene Arten fasriger Pilzwucherungen beobachten können, deren jede von einem Punkte aus nach allen Richtungen hin sich entwickelte, während die Flüssigkeit sich sonst dem Ansehen nach unverändert erhielt. Diese Thatsache zeigt also, dass unter den vielen Staubtheilchen, die während dieser ganzen Zeit sich auf den Harn niederliessen, doch nur drei entwicklungsfähige Keime sich befanden.

So wahr es nun auf der einen Seite ist, dass bei allen diesen Untersuchungen die ängstlichste Sorgfalt beobachtet werden, dass Nachlässigkeit und Unreinlichkeit in der Ausführung jeden Erfolg in Frage stellen muss, so ist es doch auch andrerseits wahr, dass durch die einfachen Mittel, die ich jetzt anzugeben im Begriffe bin, die ganze Untersuchung mit einer Leichtigkeit und Genauigkeit zu Wege gebracht werden kann, die nichts zu wünschen übrig lässt.

Spiegelglas und Glocke werden einfach abgewaschen und mit einem Handtuche abgetrocknet, das Liqueurglas aber, sowie das Schälchen werden ausgehitzt, indem man sie über zwei Spiritusflammen oder Bunsen'sche Brenner bringt, wobei man jenes an seinem Fusse mit der Hand, dieses mit einer Verbandzange hält; dann befestigt man mit feinem Eisendrahte das Schälchen fest auf das Glas, nachdem man ein hübsches Stück Watte und Muslin, die beide nicht mit Karbolsäure getränkt sind, dazwischen gelegt hat. Die Hitze des Glases zerstört die im untern Theile der Watte befindlichen Keime, die Watte selbst wirkt während der Abkühlung als ein trefflicher Durchseiher. Das Muslin wird allerdings etwas gebräunt, veranlasst aber dadurch im Glase keinen brenzlichen Geruch und auch keinerlei Abfall an den Seiten. Haben sich die Gläser abgekühlt, dann durchschneidet man den Draht und beseitigt die Watte sorgfältig, wobei das Muslin hilft, sie gleichzeitig vom ganzen Glasrande abzuheben und stellt dann beides auf das Spiegelglas und unter die Glocke.

Nachdem man sich ungefähr ein Dutzend Gläser so vorbereitet hat, bleibt nur noch übrig, sie mit der Milch aus der Flasche zu füllen, ein Unternehmen, das ich lieber mit allen seinen Einzelnheiten darlegen will, selbst auf die Gefahr hin, allzu umständlich zu erscheinen.

Man benutzt dazu einen Glasheber, dessen Durchmesser ungefähr drei Mm. beträgt; sein kurzer Schenkel muss etwas länger sein, als die Flasche hoch ist, während der andere um zehn bis zwölf Cm. grösser gemacht wird. Zu seiner Reinigung halte ich es für am besten, ihn auszukochen und um ihn leichter in ein Gefäss zu diesem Zwecke einlegen zu können, setze ich seine Schenkel aus einzelnen Stücken zusammen, die durch Kautschuk verbunden werden, so dass der kurze eine, der längere zwei solche Verbindungen hat, die mit feinem Silberdrahte fest an die Glasröhren angedrückt werden; denn Eisendraht könnte an dem kurzen Schenkel rosten. An dem langen hat übrigens das eine Gummirohr noch den weiteren grossen Vortheil, dass ein Gehülfe den Abfluss durch den Heber überwachen kann, indem er es mit den Fingern zusammendrückt. Ein viertes Gummirohr wird zur Aufnahme einer Spritze an das Ende des langen Schenkels gesteckt, ohne weiter befestigt zu werden. Der so zubereitete Heber wird nun mit Wasser gefüllt und eine halbe Stunde gekocht. Während er noch im heissen Wasser liegt, drückt man die eine Kautschukröhre des langen Schenkels mit einer vorher erhitzten Zange fest zu, damit beim Herausnehmen das Wasser nicht abfliesst, fasst den Schenkel selbst mit einer andern in gleicher Weise erhitzten Zange, hebt ihn aus dem Kochgefässe und befestigt die vorher mit Karbolsäurelösung gewaschene Spritze, deren Spitze erst durch eine Flamme geführt ist, an das bezeichnete Gummirohr. Dann hebt man den kurzen Schenkel auf, steckt ihn schnell durch die Mitte eines mit Karbolsäurelösung getränkten Watteballens und darauf in die Flaschenmündung, deren Watteumhüllung vorher gelockert war, damit sie schnell entfernt werden kann und lässt den Schenkel so weit herabsteigen, dass er ein klein wenig über der Flüssigkeitsebene steht, weil sonst sein Wasserinhalt mit der Milch sich mischen würde; schliesslich bindet man die Watte fest um Flaschenhals und Rohr.

Da der Heber bestimmt ist, dauernd in der Flasche zu bleiben, um jeden Augenblick Milch aus ihr bekommen zu können, so muss man auch darauf sein Augenmerk richten, dass sich nicht in den Flüssigkeitsrückständen, die sich gern zwischen der Kautschuk- und Glaswand an den einzelnen Verbindungen ansammeln, Keime entwickeln können, was man dadurch vermeidet, dass man mit Karbolsäure getränkte Watte um jede einzelne Verbindungsstelle herumwickelt, darüber ein Stück Zeug legt und dies an das Glasrohr ober- und unterhalb jedes Schlauches fest anschnürt. Nun erst wird der Heber mittelst der Spritze seines Wasserinhaltes entleert, um in gleicher Weise mit Milch gefüllt zu werden, nachdem der kurze Schenkel in diese getaucht worden ist. Während jetzt die Spritze und das Kautschukansatzrohr entfernt werden, drückt ein Gehülfe das untere Gummirohr des langen Schenkels zusammen, damit die Milch nicht ausfliesst und schiebt, seine Finger mit Karbolsäure benetzend, über das nun freie Glasende des Hebers eine dünne Gummischeibe von ungefähr fünf Cm. Durchmesser, die eine Mittelöffnung hat, gross genug, dass das Rohr eben leicht hindurchgeht. Diese Scheibe hat den Zweck, dem Untersuchungsglase so lange als Deckel zu dienen und den Zutritt des Staubes abzuhalten, als es mit Milch gefüllt wird. Um sie in richtiger Lage halten zu können, ist sie nahe dem Rande mit feinem Drahte durchzogen und ausserdem zur Reinigung vorher eine halbe Stunde lang in eine kräftige Karbolsäurelösung gelegt worden. Da Kautschuk die Fähigkeit hat, diese Säure einzusaugen und längere Zeit zu behalten, so wird die Scheibe auch nach ihrem Trocknen vollkommen geeignet, etwa mit ihr in Berührung kommende Keime unschädlich zu machen.

Die Untersuchungsgläser, die, bis jetzt noch mit ihren Schälchen bedeckt, in der Nähe des Hebers stehen, werden nun einzeln dicht herangerückt; es wird das Schälchen abgehoben, das Heberrohr in das Glas gebracht, die Kautschukdecke angedrückt; der Gehülfe lässt etwas im Drucke nach, bis das Glas ungefähr zwei Drittel gefüllt ist, und presst dann das Gummirohr wieder zusammen, während der Untersucher das Heberrohr entfernt, dem Glase sein Deckschälchen wieder aufsetzt und es unter die Glasglocke stellt.

Sind in dieser Weise alle die Gläser gefüllt, so schiebt man die Gummischeibe vom Rohre ab, verschliesst sein Ende mit karbolisirter Watte, die man fest an das Rohr anschnürt und giebt ihm eine höhere Lage, als die Ebene der Milch in der

Flasche einnimmt. Der Gehülfe kann nun seine Hand vom Gummischlauche entfernen, der Inhalt des Hebers ergiesst sich in die Flasche zurück und statt dessen füllt sich dieser mit Luft, die erst durch den Wattepfropf hat hindurchtreten müssen, also von den Keimen befreit ist. Will man später eine andere Reihe Gläser füllen, so hat man weiter nichts zu thun, als die Watte vom Heberrohre zu entfernen, das Spritzenansatzrohr wieder anzulegen, das vorher in Karbolsäurelösung getaucht war und dann, wie vorher angegeben, zu verfahren. In dieser Weise erspart man viel Zeit, die man zur neuen Einrichtung eines frischen Hebers brauchen würde.

Ausser der Milch hat man noch andere Flüssigkeiten zu diesen Untersuchungen benutzt, nämlich Pasteur's Lösung, Rübenaufguss, eine künstliche Milch, aus Milchzucker, Eiweiss und Wasser bestehend und Harn.

Bezüglich der Pasteur'schen Lösung weiche ich bei ihrer Zubereitung in zwei Punkten von der gegebenen Formel ab, sowohl was das Verhältniss des Wassers anbetrifft, als auch in Bezug auf die Salze. Ich nahm eine doppelte Wassermenge, um die Masse, wie ich hoffte, geeigneter für die Entwicklung einiger Formen zu machen, die unter dem Verdunstungsverluste entschieden leiden musste und benutzte auch statt des destillirten Wassers das einem Brunnen entnommene, um eine grössere Verschiedenheit der Salze zu haben. Für die Hefenasche, die ausserordentlich schwierig zu bereiten ist, wie Jeder bezeugen wird, der sich damit beschäftigt hat, nahm ich dasselbe Gewicht einer Asche, die ich durch Verbrennen von Reissig verschiedener Bäume und Sträucher erhalten hatte; die durch Auslaugen erlangte Flüssigkeit wurde durchgeseiht und ein Theil davon im Verhältnisse zu dem geschätzten Gewichte der gelösten festen Theile genommen. Es schien mir, dass die auf diese Weise gewonnenen Salze geeigneter für die Ernährung verschiedener Lebensformen sein würden als die, welche nur von einer bestimmten Art Pilzgewächsen herrührten. So hatte meine Pasteur'sche Lösung folgende Zusammensetzung:

Brunnenwasser	300 Gramm.	weinsteins. Ammon.	3 Gramm.
Lumpenzucker	15 „ .	Holzaschensalze	0,3 „ .

Zufällig traf es sich, dass das Alkali der Salze die Säure des weinsteins. Salzes vollkommen ausglich, so dass ich mit einer ganz neutralen Lösung arbeiten konnte. Die Flasche wurde in derselben Weise zubereitet und gefüllt, wie vorher angegeben ist, nur kochte ich die Flüssigkeit zehn Minuten lang über der Flamme.

Zur Herstellung des Rübenaufgusses wurden geschälte Rüben bis zur vollen Weichheit mit so viel Wasser, dass sie eben gerade bedeckt waren, gekocht und dann unter Wasserzusatz zu einem Breie zerrieben, der durchgeseiht und dann eine halbe Stunde lang einer Wärme von hundert Grad C. ausgesetzt wurde.

Die künstliche Milch erforderte eine besondere Zubereitung. Ich löste 9,6 Gramm Milchzucker in dreihundert Gramm Brunnenwasser — ein Verhältniss, wie es nach Miller in der Milch besteht —, liess das Ganze in der vorherbeschriebenen Flasche drei Viertelstunden lang kochen und setzte andern Tages 18,75 Gramm Eiweiss hinzu. Das betreffende Ei hatte ich zwölf Tage zuvor achtzig Minuten lang in eine Karbolsäurelösung gelegt — eins zu zwanzig — und dann mit karbolisirter Watte umhüllt, eine Behandlung übrigens, welche die Eier vor dem Faulwerden schützt und zwar, wie es scheint, auf eine unbegrenzte Zeit hin, trotzdem die Karbolsäure schon nach wenig Tagen die Watte verlässt und die in die Schale eingedrungene nicht genügend ist, das Eiweiss irgendwie gerinnen zu machen. Ich habe erst neulich ein so zubereitetes Ei gegessen, das ich vor mehr als drei Monaten in dieser Weise behandelt und die letzten vierzehn Tage einer Hitze von sechsunddreissig Grad C. ausgesetzt hatte.

Um das Eiweiss mit aller Vorsicht aus dem Ei heraus zu heben, erhitzte ich ein kräftiges Saugröhrchen und schützte es während des Abkühlens vor Staub durch Einwickeln in karbolisirte Watte. Sein oberes Ende verschloss ich mit gleichem Stoffe und setzte es mittelst eines Kautschukrohres mit einer Spritze in Verbindung; nach Anfeuchtung der Finger mit Karbolsäure bohrte ich mit einem heiss gemachten Messerchen die Eischaale ein wenig an, senkte das andere Ende des Röhrchens zwischen Schale und Eigelb, wickelte schnell Watte um, damit das Loch genügend bedeckt würde und zog nun fast das ganze Eiweiss, ohne das Eigelb zu berühren, heraus, um es der Milchzuckerlösung zu vermischen. Die Watte, die um das Röhrchen geschmiegt war, diente gleichzeitig für die Flasche als Deckel, wurde aber nach Herausnahme des Saugröhrchens durch einen kräftigeren ersetzt.

Innerhalb der nächsten vierundzwanzig Stunden wurde die Flasche gelegentlich geschüttelt, damit das Eiweiss sich ordentlich verbreiten konnte und dann ein Heber eingelegt, dessen kurzes Rohr mit einem ausgekochten Schwämmchen umwickelt war, um die ungelösten Eiweissstückchen abzuhalten. Auf diese Weise bekam ich beim Ueberführen in die Untersuchungsgläschen eine nur unbedeutend getrübte Flüssigkeit und der bleibende Rest erhielt sich bis heute, drei Monate nach seiner Zubereitung, unverändert.

Der Harn wurde nicht gekocht, aber in einfacher Weise gut erhalten, indem ich mich auf eine physiologisch und pathologisch recht anregende Thatsache stützte, dass ein gesunder Schleimhautkanal in seiner unmittelbaren Nähe keine fremden Lebensformen aufkommen lässt, so dass man den Harn in ganz geeignetem Zustande erhält, wenn man äusserlich eine Waschung mit karbolsäurehaltiger Lösung — eins zu vierzig — vorher unternimmt. Der so erhaltene Harn mit seinem unveränderten Schleime wird dann ein günstigeres Nest für die Entwicklung solcher Lebensformen abgeben als der gekochte.

Ein anderes Geräth erfordert noch eine kurze Beschreibung, das benutzt wird, die Flüssigkeit aus den Probegläsern betreffs ihrer Untersuchung oder zur Impfung herauszunehmen. Am passendsten hierzu habe ich eine Vorrichtung gefunden, die man Spritzen-Saugröhrchen nennen könnte, und die aus einer sehr kleinen Spritze besteht, an welche mit Kautschuk ein Glasröhrchen befestigt wird, so dass die Verbindung sich zwar selbst trägt, aber doch auch nachgiebig ist. Dieser letztere Umstand lässt die Benutzung eines sehr zarten Röhrchens zu, was von grosser Wichtigkeit ist, ohne dass man der Gefahr des Abbrechens ausgesetzt ist, wenn es die Glaswand berührt. Es kann dann im trocknen Zustande sehr schnell durchhitzt werden, wenn man es ein Mal durch die Flamme eines Bunsen'schen Brenners zieht und kühlt sich in wenigen Augenblicken ab. Das ungefähr zwei Mm. Durchmesser haltende Röhrchen wird noch an dem einen Ende etwas ausgezogen und ungefähr fünf Cm. von der Spritze entfernt im stumpfen Winkel gebogen, damit nicht letztere während der Benutzung gerade über die Flüssigkeit gehalten zu werden braucht. Man hat schliesslich noch sein Augenmerk darauf zu richten, dass nicht aus der Spritze Luft in das Röhrchen kommt, nachdem es durchhitzt worden ist, sondern lieber etwas mehr Flüssigkeit als nöthig eingesaugt wird, damit der im Röhrchen bleibende Rest die aus der Spritze kommende Luft schützt.

Jedem Leser, der solchen Untersuchungen nicht eine besondere Theilnahme abgewinnen kann, wird die Aufzählung dieser Einzelnheiten gradezu unverzeihlich kleinlich erscheinen; wer sie aber nachzuahmen wünscht, wird, denke ich, eine andere Ansicht darüber gewinnen.

Am vierzehnten Juni nahm ich zum ersten Male etwas Milch aus der Flasche, die ich im April der königlichen Gesellschaft in Edinburg als eine solche vorgezeigt hatte, deren Inhalt, vor sieben Wochen zubereitet, noch flüssig und desshalb wahrscheinlich noch unverändert war. Mir hatte damals die Zubereitung der Milch mehr Schwierigkeiten gemacht, als die der andern genannten Stoffe. Denn ich hatte sie noch über der Flamme gekocht und mit dem Aufschäumen und Aufspritzen zu kämpfen gehabt. Auch war die Watte über der Mündung nicht mit Karbolsäure getränkt, sondern nur ein Stückchen Muslin, zwischen der Watte und der Flasche eingelegt, mit der ätherischen Lösung derselben behandelt worden. Nichtsdestoweniger hatte sich der Wattefilter recht gut bewährt, obwohl jedes Mal, wenn ich des Aufschäumens wegen die Lampe wegziehen musste, ein Luftstrom mit leidlicher Gewalt in die Flasche eintrat. Denn die Milch erwies sich vier Monate später vollkommen gut, hatte nur einen leichten Beigeschmack nach dem Rübenfutter, wie das bei Wintermilch nicht anders zu erwarten war und verhielt sich gegen blaues wie rothes Lakmuspapier in der gehörigen Weise. Auch das Mikroskop zeigte nichts von lebenden Wesen oder abgesetzten körnigen Kaseinmassen, die oft auf einen beginnenden Gährungseintritt schon frühzeitig hinweisen, während die Milchkügelchen glänzend und unverändert waren.

Diese Beobachtungen wurden an den ersten Grammen Milch gemacht, die ich aus dem Heber in ein weiter nicht benutztes gewöhnliches Glas hatte laufen lassen, damit erst jeder etwaige wässrige Rückstand im Rohre entfernt und die Füllung der eigentlichen Untersuchungsgläser recht gleichmässig wurde. Eins von den Gläschen, die mit der später abgelaufenen Milch gefüllt waren, setzte ich nach Wegnahme seines Deckschälchens und der Glasglocke in meinem Arbeitszimmer vierzehn Stunden lang der Luft aus und zwar des Nachts und am frühen Morgen, in welcher Zeit die Meubel abgestäubt wurden. Das Glas kam dann abseits der andern in einen Küchenschrank zu stehen, dessen Wärme zwischen achtzehn bis zwanzig Grad C. schwankte. Am zwanzigsten Juni bemerkte ich zum ersten Male einen zartfasrigen Pilz an einem Punkte der Glaswand, der sich ungefähr drei Mm. über die Milchfläche erhob und gleichzeitig eine halbdurchscheinende Lage auf der Oberfläche der Milch, die, bereits zwei Tage früher gesehen, an Dicke zugenommen hatte. Noch zwei Tage später war diese Schicht schon vier Mm. stark und ich schickte mich an, sie näher zu untersuchen, indem ich es für wahrscheinlich hielt, dass diese Veränderung durch das Pilzgewächs veranlasst sein könnte. Aber beim Versuche, mit dem Spritzenröhrchen ein Wenig herauszunehmen, stiess ich auf eine ganz unerwartete Schwierigkeit, die in der ausserordentlichen Zähigkeit der Masse lag. Ich habe früher die Wirkungen beobachtet, die dreizehn verschiedene Organismen, darunter sechs deutlich geschiedene Arten Bakterien auf die Milch ausübten, habe bezüglich der Farbe, der Reaktion und der Festigkeit ganz wunderbare Unterschiede angetroffen, aber diese ungewöhnlich zähe klebrige Masse, in welche die obere Milchschicht sich umgewandelt hatte, war mir noch nicht vorgekommen. Berührte ich mit der Spitze des eingetauchten Saugröhrchens irgend einen Gegenstand, so konnte ich einen Faden von fünfviertel Fuss Länge und von einer kaum fühlbaren Feinheit ziehen; schliesslich machte es mir ein ordentliches Vergnügen, vollständige Gewebe von einem Gegenstande zum andern zu spinnen. Getrocknet zeigten sich diese Fäden sehr fest und dickere zerbrachen mit einem hörbaren Geräusche, wenn man sie nach der Länge zog, während die feineren wie Altweibersommer in der Luft schwebten. Hier hatte man es also mit einer auffälligen chemischen Veränderung der Milch zu thun, die auf die Ausscheidung des Schleims und anderer klebriger Absonderungen im thierischen Haushalte ein eigenthümliches Licht warf. Unter dem Mikroskope fand ich keine Pilzfasern, aber eine grosse Masse bewegungsloser Bakterien, von grosser Zartheit, die oft das Bemerkenswerthe hatten, dass ein Theil des Körperchens viel strahlenbrechender war als der andere. In dem unteren Theile des Glases kamen Bakterien zum Vorscheine, die sich sehr lebhaft bewegten, oft ganz sonderbar schlängelten oder vollständig um eine quere Achse drehten. — Blaues Lakmuspapier wurde übrigens von der Milch roth gefärbt, das rothe dagegen nicht verändert.

Am nächsten Tage übertrug ich mit ein paar ausgeglühten Nadeln etwas von dieser zähen Masse in ein anderes mit Milch gefülltes Untersuchungsglas, und impfte in gleicher Weise ein Glas mit Milch, die, vor siebzehn Tagen bereitet, sich in nichts verändert zeigte, sowie eins mit der Pasteur'schen Lösung, die ich am elften Februar zu recht gemacht hatte und die noch ihre volle Klarheit besass.

Im Laufe der nächsten zwei Tage bemerkte ich an der Oberfläche der Milch ein drei Mm. dickes, durchscheinendes Lager, von dem ich etwas zur Untersuchung wegnahm. Die Masse war deutlich sauer, aber nicht geronnen; liess man ein Tröpfchen auf eine Glasplatte fallen, so sah man eine im Allgemeinen dünne und trübe Flüssigkeit, die aber durchsetzt war mit durchscheinenden Punkten, welche sich mit der Nadelspitze ebenso in Faden ausziehen liessen, wie die Masse in dem ersten Gläschen. Unter dem Mikroskope zeigten diese Punkte zahlreiche bewegungslose Bakterien, deren Enden ebenfalls das Licht in entschieden anderer Weise brachen, als der übrige Theil, während die dünne, trübe Flüssigkeit feinkörnig erschien und ähnliche Bakterien enthielt, die aber viel geringer an Anzahl waren und sich theils frei bewegten, theils bewegungslos waren. Diese letzteren hatten sich mit einem durchsichtigen Hofe umgeben, der einen grösseren oder geringeren Umfang zeigte, zuweilen mit einem andern zusammenschmolz und seine dichte Beschaffenheit dadurch am besten erkennen liess, dass keines der sich frei bewegenden Bakterien in ihn einzudringen vermochte. Offenbar waren diese Höfe nur die Verkleinerungen jener durchscheinenden Punkte, die ich als schöne Beispiele der Veränderungen betrachte, welche Bakterien in der sie umgebenden Flüssigkeit zu erregen vermögen, sei es in Folge ihrer Lebensthätigkeit oder in Folge der Ausscheidung des sogenannten chemischen Gährungsstoffes, die während des Lebens oder nach dem Tode erfolgt.

Pasteur's Lösung und die künstliche Milch wurden schon andern Tags trübe; die letztere zeigte unter dem Mikroskope ausserordentlich feine, wie zwei kleine Körnchen aussehende Bakterien, die aber am andern Tage grösseren wichen, welche dieselben Eigenthümlichkeiten wie die in der Milch gefundenen hatten. Aehnliche fand ich auch in der Pasteur'schen Lösung. Dagegen konnte ich in diesen beiden Flüssigkeiten weder zu dieser Zeit noch später etwas von jener zähen Masse auffinden, woraus ich wohl zu folgern berechtigt war, dass sie keine wesentliche Beigabe für diese Lebensformen war, sondern nur die Folge einer Einwirkung der Gährungsthätigkeit derselben auf einzelne Stoffe. — Ich darf aber dabei nicht unerwähnt lassen, dass im Verlaufe des nächsten Monats an den Wänden beider Gläser eine Ablagerung vor sich ging, wie ich sie auch noch nicht beobachtet hatte und die ein Häutchen zusammensetzte, das in der künstlichen Milch der Zähigkeit nach geronnenem Faserstoffe ähnelte, in der Pasteur'schen Lösung dagegen wohl zähe, aber nicht klebrig erschien und den Eindruck machte, als wenn bewegungslose Bakterien, welche in beiden Gläsern die Ablagerungen bildeten, durch eine geringe Menge eines Bindemittels zusammengeklebt wären.

Meine nächste Beobachtung bezieht sich auf den Ursprung der Bakterien. Der Leser wird sich erinnern, dass sechs Tage nach der Aussetzung des ersten mit Milch gefüllten Glases ein fasriger Pilz sich entwickelte. Er breitete sich immer weiter aus und da sein Aussehen am zehnten Tage auf eingetretene Fortpflanzungsreife hinzudeuten schien, so kratzte ich mit einem vorher erhitzten und in Karbolsäure getauchten Sehnenmesser etwas von der Wand ab und brachte es unter das Mikroskop. Ich fand einen grossen schönen Pilz aus verzweigten Faden bestehend, mit Keimkörnern, die oft gefächert und durch eine unreine Terrasienafarbe gekennzeichnet waren, welche, wie man zuweilen deutlich unterscheiden konnte, auf eine äussere Hülle sich begrenzte. Was bei Pilzen von solcher Kleinheit sonst nicht gewöhnlich ist, ich vermochte an diesem mit aller Bestimmtheit und Entschiedenheit die drei Fortpflanzungsweisen deutlich zu verfolgen, die ich vorher angedeutet habe. Viele von den Keimkörnern hatten dicke Sprossen getrieben, welche junge Pflänzchen darstellten, wobei es sich zuweilen traf, dass ein Theil der braunen Hülle schon mit verwendet war, während der Rest bewies, dass man ein und dasselbe Korn vor sich hatte. Andere keimten nach Art der Hefenpilze; die Keime blieben entweder im Zusammenhange mit dem Mutterfaden oder sie waren frei und wohl auch abgetheilt; bei andern Formen blieb es zweifelhaft, waren sie Keimkörner, die durch Sprossen sich vervielfältigen oder junge braun gefärbte Pflänzchen; denn es kamen hier und da solche vor, die noch die braune Hülle der Keimkörner zurückbehalten hatten. Da nun unter den hyphomycetischen Pilzen die Ordnung Dematium sich durch eine dunkel gefärbte Haut der Faden und Keimkörner auszeichnet und de Bary einem eng sich anschliessenden mikroskopischen Pilze den Namen Dematium pullulans gegeben hat, so wage ich für diese Art die Bezeichnung Dematium fuscisporum vorzuschlagen. — In andern Fällen sah man von den Keimkörnern ausserordentlich zarte Faden ausgehen oder wohl auch eine Verbindung derselben mit hefenpilzartiger Keimung an ein und demselben Keimkorne. Endlich fanden sich noch in Menge zerstreut liegende freie Körperchen, die bezüglich der Grösse, der Form und Strahlenbrechung genau Theilen dieser zarten Sprossen ähnelten; zuweilen waren sie verzweigt und bekundeten unzweifelhaft ihre Bakteriennatur durch die kennzeichnenden Bewegungen, trotzdem sie eigentlich von der Artgestalt durch jene Verzweigung und die fehlende doppelte Stäbchenform abwichen. Fassen wir nun all die Einzelnheiten zusammen, so müssen wir drei verschiedene Formen der weiteren Entwicklung der Keimkörner ein und desselben Pilzes anerkennen, deren dritte wohl zweifellos den Ursprung der Bakterien uns angiebt.

Es wird dem Leser nicht unbemerkt geblieben sein, dass das Bakterium, welches so reichlich zwischen den Fäden des Dematium an dem trockenen Glase zur Entwicklung kam — Bakterium Nr. II — sich wesentlich dem Ansehen nach von dem unterschied, was in der Milch gefunden wurde und — es ist wohl gerechtfertigt dies zu behaupten — Anlass zu der klebrigen Gährung gegeben hat — Bakterium Nr. I —. Aber der Unterschied war nicht nur auf das Aeussere beschränkt; ich denke wir haben ein Recht, beide als zwei gänzlich verschiedene Arten anzusehen, von denen die eine, wie es scheint von Dematium oder einem andern der Form nach sehr ähnlichen Pilze entstammt, und gleichzeitig in der Milch mit der andern vergesellschaftet vorkommt, sich aber anfänglich der Beobachtung entzieht, weil die letztere sich eher entwickelt; dies geschieht häufig genug, wenn Keime verschiedener Arten zusammen in ein und dieselbe Flüssigkeit gebracht werden. Am dreissigsten Juli hatte ich einen Theil jener klebrig zähen Masse des zweiten Milchglases in frischen Harn gethan; fünf Tage später machten sich durch ein mattes Aussehen desselben die ersten Spuren der Entwicklung bemerkbar, aber eine Aehnlickeit mit den das Licht so eigenthümlich brechenden Körperchen — Bakterium Nr. I — liess sich nicht erkennen, im Gegentheile, die Durchmesser sowohl wie die verlängerte oder gebogene Form erinnerten vielmehr an die von Dematium abstammenden. Wir können also nur annehmen, dass entweder die neue Flüssigkeit, in die wir Bakterium Nr. I brachten, verändernd auf das Aussehen einwirkte oder dass zwei Bakterien zusammen in der Milch lebten, deren eines unfähig wurde im Harne sich weiter zu entwickeln vielleicht auch seine Lebensfähigkeit in den fünf Wochen bereits verloren hatte, welche seit seiner Einführung verflossen waren, während dem Bakterium Nr. II dieselbe wohl erhalten blieb. Das letztere scheint das Richtige zu sein. Denn bei der Ueberführung des neuen Bakteriums in die Milch und die Pasteur'sche Lösung, in denen beiden es sich weiter entwickelte, behielt es die im Harne gezeigten Eigenthümlichkeiten, und veranlasste nicht die Bildung der klebrig zähen, in der Milch beobachteten Masse. Führte man Bakterium Nr. II in künstliche Milch ein, in der das Bakterium

Nr. I so gut gedieh, so kam es überhaupt nicht fort, wenigstens zeigte die Flüssigkeit innerhalb sechsundzwanzig Tagen nicht die leisesten Veränderungen.

Dieses zweite Bakterium bot übrigens noch manche andere bemerkenswerthe Eigenthümlichkeiten, die wohl der Erwähnung werth sind. Als ich es zuerst im Harne sah — am vierten August —, war es unverzweigt und hatte drehende Bewegungen; zwei Tage später — am sechsten August — erschien es grösser, oft deutlich gezweigt, aber ohne alle Bewegung. An demselben Tage führte ich einen Tropfen dieses Harns in den Rübenaufguss über, der, am vierundzwanzigsten Februar zubereitet, an seinem Aussehen, seinem frischen Geruche und der schwach sauren Wirkung auf Lakmuspapier nichts verloren hatte. Zwei Tage nachher, also am achten August, zeigten sich die ersten Bakterien, die den am vierten August im Harne gefundenen sehr ähnlich waren, keine Zweige hatten, und sich wo möglich noch lebhafter in wedelnden Bewegungen ergingen. Aber auch diese verloren nach zwei Tagen — am zehnten August — ihre Bewegungsfähigkeit, waren mehr gewachsen und oft deutlich gezweigt. Der Aufguss nahm übrigens an diesem Tage einen Geruch an, der dem einer kräftigen Rübensuppe ähnelte. Vier Tage später — am vierzehnten August — konnte ich diesen Geruch in der Glasglocke nicht mehr bemerken und ich glaubte schon, die Gährung sei vorüber, aber zu meiner Ueberraschung fand ich Bakterien in einem Tropfen im Uebermaasse, nur waren die grossen und mit Abzweigen versehenen verschwunden und hatten einer Nachkommenschaft Platz gemacht, von einer Kleinheit, wie ich sie noch nie bemerkt habe. Zuweilen sah man die für Bakterien so kennzeichnende doppelte Stäbchenform, sowie lebhafte drehende oder wedelnde Bewegungen.

Die einzige Erklärung, die ich hierfür geben kann, liegt in der Annahme, dass ein bestimmter Stoff im Rübenaufgusse von nicht bedeutender Menge unter der Gährungseinwirkung der Bakterien einen andern flüchtigen erzeugt hat — vielleicht denselben, der den Suppengeruch hervorbrachte —, welcher, so lange er zurückblieb, einen umändernden Einfluss auf die Organismen ausübte, durch welchen die verzweigten und bewegungslosen Formen entstanden; nach seiner Verflüchtigung aber, welche durch den geruchlosen Zustand der Flüssigkeit angezeigt wurde, konnten die Bakterien wieder zu ihrer früheren Form zurückkehren und Beweglichkeit annehmen. — Diese Ansicht fand ihre Bestätigung durch den Erfolg eines andern Versuches, indem ich in ein zweites Glas Rübenaufguss etwas aus dem ersten — vom vierzehnten August — that, in welchem die Bakterien zum zweiten Male, aber klein und beweglich erschienen waren; man konnte hier genau dieselbe Reihe der Veränderungen beobachten. Ich halte viel auf diese Thatsache, denn sie giebt uns ein Beispiel der Umänderungen, welche Bakterien durch die verschiedenen Zustände derselben Flüssigkeit erleiden und andrerseits auch der Verzweigung, die Cohn in seinem bereits angeführten Werke — Anmerk. 19 — als etwas dieser Klasse von Lebensformen fremdartiges bezeichnet. Auch glaube ich hoffen zu dürfen, dass Thatsachen wie diese dem Leser Zutrauen zu meiner Art der Untersuchung einflössen werden.

Noch ein anderer Umstand, der sich auf Bakterium Nr. II bezieht, verdient Erwähnung. Wie schon erwähnt, wächst es, in gekochte Milch gebracht, sehr schnell und zeigt lebhafte Bewegungen; die Milch selbst erleidet keine Veränderung in ihrem Ansehen, ihrem Geruche oder ihrem Verhalten gegen Lakmuspapier. Aber schon nach dem Verlaufe weniger Tage nimmt der obere Theil eine goldgelbliche Färbung an und vierzehn Tage später sah es so aus, als wenn das Gelbe eines Bantameies oben auf schwämme, während auch eine ähnliche Masse auf dem Boden des Glases sich bemerkbar machte, der übrige Theil der Milch aber rahmartig wurde. Man konnte jetzt auch deutlich die obwohl nicht stark saure Beschaffenheit der Milch feststellen; die Luft in der Glasglocke hatte keinen sauren, eher einen etwas harnartigen Geruch. Der rahmähnliche Theil der Flüssigkeit bildete ein reiches Gerinnsel, und war oben dünn und durchscheinend; zwischen beiden lag die vorher erwähnte hellgelbe Masse. Unter dem Mikroskope fand ich bewegungslose, ungezweigte Bakterien, nur waren sie etwas breiter als die andern und jedenfalls von gelber Farbe, aber zu klein, um an dem Einzelnen diese erkennen zu lassen. Merkwürdiger Weise zeigte dasselbe Bakterium in Pasteur's Lösung nicht diese gelbliche Färbung, sondern es gab der am Boden des Glases abgesetzten Masse ein blass fleischrothes Aussehen. In dieser Zeit musste ich meine Untersuchungen unterbrechen und konnte nur noch beobachten, dass die Bakterien das Gerinnsel in eine durchscheinende Flüssigkeit umzuwandeln schienen, wenigstens wurde das obere durchsichtige Lager von Tag zu Tag dicker. Betrachtete man jetzt das zweite Milchglas, in dem früher die zähe, klebrige Gährung Platz genommen hatte, so bemerkte man, dass der obere Theil dieser zähen Masse ebenfalls sich goldgelb gefärbt zeigte. Unter dem Mikroskope war Bakterium Nr. I nicht mehr zu finden wohl aber das zweite. — Diese gelbliche Farbe der Milch habe ich übrigens durch keine andern Organismen wieder entstehen sehen.

Die letzten Beobachtungen, auf die ich jetzt noch aufmerksam machen will, betreffen die gewöhnlichsten aller Gährungsveränderungen, deren die Milch fähig ist, nämlich jene, welche auf die sehr schnelle Entwicklung der Milchsäure und den folgenden Niederschlag des Käsestoffes — Quark — hinauslaufen, Veränderungen, die Pasteur der Thätigkeit eines besonderen Organismus zuschrieb — Mémoire sur la Fermentation appellée Lactique, Annales de Chimie et de Physique, 3me série, tome III 1858. — Die Häufigkeit dieser Veränderung in der Milch scheint indessen nicht mit einer besonders ausgedehnten Verbreitung des Gährstoffes im Zusammenhange zu stehen, sondern mehr mit dem Umstande, dass die näher zu betrachtende Lebensform, sobald sie Zutritt zur Milch erhält, vor andern den Vortritt in der Entwicklung nimmt und dass Milchkammern bei der jetzt üblichen Einrichtung diesen eigenthümlichen Gährstoff im Ueberflusse enthalten, so dass die aus ihnen genommene Milch ihn sicher einschliesst. Denn es ist eine auffallende und der Aufmerksamkeit des sogenannten Holländers werthe Thatsache, dass im häuslichen Gebrauche Milch bei Sommerwetter schon innerhalb vierundzwanzig Stunden sauer wird, während ich auch nicht in einem einzigen Falle die wahre Milchsäure-Gährung eintreten sah, trotzdem ich so oft die Veränderungen der Milch beobachtet habe, welche durch Lebensformen angeregt wurden, denen die freie Einwirkung der äusseren Luft den Eintritt ermöglichte. Einige dieser Wesen haben eine anfängliche, bald starke bald schwache alkalinische Veränderung veranlasst, andere eine schwache und sich langsam entwickelnde saure und noch andere haben weder nach der einen noch nach der andern Seite hin Einfluss ausgeübt.

Da scheint es denn wohl der Mühe werth, bevor wir unsere Forschung abschliessen, bei welcher den Gährungsveränderungen der Milch eine so hervorragende Stellung eingeräumt war, unsere Untersuchungsweise auf die am häufigsten vorkommenden und darum auch anregendsten von allen anzuwenden. So liess ich mir denn am vierzehnten August aus einer Milchniederlage nahe bei Edinburg, in welcher der gewöhnliche saure Geruch vorherrschte, ungefähr dreihundertundsechzig Gramm Milch kommen, die vier Stunden vorher abgemolken war und vollständig frisch schmeckte. Die Milchfrau schöpfte sie aus dem Asche mit einem zinnernen Gefässe und füllte sie in eine von mir zubereitete reine Glasflasche. Ungefähr eine Stunde später goss ich dreihundert Gramm unter sorgfältiger Beachtung aller früher gegebenen Vorsichtsregeln in eine vorher durchhitzte Flasche, setzte sie einer Hitze von 100° C. drei Viertelstunden lang aus und füllte dann andern Tages mittels des Hebers vier Untersuchungsgläser mit je funfzehn Gramm. Die zuerst abgelassene Milch liess ich in ein besonderes Glas laufen; sie hatte den vollkommnen Geschmack frischer gekochter Milch, verhielt sich wie gewöhnlich gegen Lakmuspapier und zeigte unter dem Mikroskope nur Milchkügelchen von allen Grössen bis zu ausserordentlich kleinen herab. Die in der ursprünglichen Flasche zurückgebliebenen sechzig Gramm waren mittlerweile die gewöhnlichen Veränderungen eingegangen. Dreiundzwanzig Stunden, nachdem die Milch der Kuh entnommen war, schmeckte sie deutlich sauer, hielt sich aber immer noch flüssig, färbte blaues Lakmuspapier scharf roth und zeigte unter dem Mikroskope bewegungslose Bakterien in beträchtlicher Anzahl, von weicher, zarter Beschaffenheit und zu zwei oder zu vier oder kettenweise zusammenliegend — Leptothrixfaden —. Fünf Stunden später war die Flüssigkeit noch schärfer in ihrem Geschmacke, noch entschiedener in ihrem Verhalten gegen Lakmuspapier geworden. Brachte man etwas davon zwischen zwei Glasplatten, so bildeten sich kleine, weisse Massen, die unter dem Mikroskope körnig erschienen — ausgeschiedener Käsestoff — und im Ueberflusse bewegungslose Bakterien erkennen liessen. Auch hatte sich bereits weicher Quark in grösserer Menge ausgeschieden. — Von dieser Flüssigkeit wurde nun ein Tropfen herausgenommen und in eins der Untersuchungsgläser mit gekochter Milch gethan, das wir bezeichnen wollen mit: gekochte Milch Nr. I.

Funfzehn und eine halbe Stunde später, nachdem der Tropfen in das Untersuchungsglas übergeführt war, hatte sich zwar das äussere Ansehn der Milch nicht auffällig verändert, aber die Luft unter der Glasglocke zeigte bereits einen schwach sauren Geruch, während der nach frisch gekochter Milch verschwunden war. Ein mit dem Saugröhrchen weggenommener Tropfen röthete blaues Lakmuspapier stärker als am Tage vorher, wenn er auch noch rothes schwach bläute, und liess unter dem Mikroskope die bewegungslosen Bakterien in Unmasse erkennen, die denen der ungekochten Milch genau ähnelten, nur stellenweise grösser waren. — Vierundzwanzig Stunden nach der Ueberführung des Impftropfens roch die Luft unter der Glasglocke angenehm leicht sauer, Lakmuspapier wurde stark geröthet, aber die Milch hielt sich immer noch flüssig und erst sechs Stunden später bildete sie eine feste Masse.

An demselben Tage — funfzehnten August — wurden die entsprechenden Versuche mit Rübenaufguss und Harn angestellt, deren jeder ein kleines Tröpfchen der sauren Milch erhielt. Der benutzte Rübenaufguss war von dem im Februar bereiteten genommen und zeigte weder dem blossen Auge noch unter dem Mikroskope die leisesten Veränderungen; der gebrauchte Harn — Harn Nr. I — gehörte ebenfalls dem früher verwendeten an und hatte in den siebzehn Tagen nichts von seiner guten Beschaffenheit verloren. Am sechszehnten August war von Bakterien noch nichts zu spüren, am folgenden Tage wurden die Flüssigkeiten deutlich wolkig und unter dem Mikroskope fanden sich zahlreiche bewegungslose Bakterien, die aber in beiden Gläsern deutliche Abweichungen erkennen liessen. Im Rübenaufgusse unterschieden sich die Gebilde nicht wesentlich von den in der gekochten Milch gefundenen, nur war die Leptothrixform seltner, die paarweise auftretenden waren grösser und auch einzelne fanden sich, die eine ziemliche Länge hatten. Im Harne dagegen war die Umformung eine ganz entschiedene. Einige zwar hatten noch annähernde Aehnlichkeit mit der ursprünglichen Leptothrixform, aber selbst bei ihnen fand man einzelne verlängerte Kettentheilchen, die auf diese Weise Zwischenglieder zwischen den Ketten und der weit verschiedenen Spirillumform bildeten. Andern Tages war das Ansehen unverändert, nur wurde eine vorhergemachte Beobachtung bestätigt, dass die dickeren Bakterien kleine Zellen umschlossen. Aber es gab noch eine Abweichung von der Urform, die man noch kürzlich für unveränderlich in der gesammten Bakteriengruppe gehalten hat und woher die Bezeichnung schizomycetisch, auf eine gänzlich verschiedene Ordnung der Pilze anwendbar, abgeleitet ist, die Abweichung nämlich, dass die Vervielfältigung dieser Arten nicht durch quere Abtrennungen vor sich geht, sondern durch Austreiben von Knospen, ähnlich wie bei den Hefenpilzen und dass diese Knospen nicht immer in einer Linie mit der Längsaxe des Körperchens liegen. Und trotzdem waren es dieselben Bakterien, was sich ja leicht aus den Uebergangsformen nachweisen liess sowie aus einzelnen Körperchen, bei welchen wir in ein und derselben Kette das für Leptothrix Kennzeichnende in Verbindung sahen mit langen, dicken, Zellen einschliessenden, Knospen treibenden Formen. Aehnliche Beobachtungen wurden am folgenden Tage gemacht und jetzt konnte man auch in den kleinsten, den Bakterien am Meisten sich anschliessenden Gebilden eine kleine Zelle erkennen. — Diese Erscheinungen überraschten mich nicht in dem Grade, wie es der Fall gewesen sein würde, hätte ich nicht schon früher ganz Aehnliches beobachtet, wenn auch an andern Bakterien und unter ganz verschiedenen Umständen.

Um mich zu überzeugen, wie sich wohl diese Formen verhalten würden, wenn ich sie aus dem Harne in Pasteur's Lösung brächte, übertrug ich am achtzehnten August einen Tropfen aus jenem Gläschen in eins mit dieser Lösung gefülltes. Am nächsten Tage, zwölf Stunden nach der Impfung, erschien die vor eine Flamme gehaltene Flüssigkeit deutlich trübe; das Mikroskop liess bewegungslose Bakterien in nicht zu grosser Anzahl erkennen, aus derem zarten Aussehen entschieden auf eine neue Bildung geschlossen werden musste. Die einzelnen Theilchen waren ziemlich dick und lang und liessen einen merkwürdigen Wechsel von Licht und Schatten in ihrer Masse erkennen. Am häufigsten kamen einzelne vor. Ein ganz anderer Anblick bot sich aber weitere zwölf Stunden später dar, insofern nicht nur die Anzahl eine viel bedeutendere geworden war, auch an Grösse hatten die Körperchen beträchtlich abgenommen und erschienen jetzt meistens paarweise, das gewöhnliche Ansehn der kleinen Bakterien zeigend; und um die Umwandlung vollständig zu machen fanden sich verschiedene, die in der üblichen Weise selbstständig schwammen. Zwei Tage später war die Flüssigkeit um vieles trüber und schmutziger geworden, wie wenn etwas Tinte darunter gegossen wäre und ein gleiches Aussehen zeigte der am Boden des Glases befindliche Niederschlag, eine Erscheinung, die ich an der Pasteur'schen Lösung noch nie zu machen Gelegenheit hatte. Die unter dem Mikroskope erscheinenden Formen waren stellenweise so klein, dass eben nur ihre Bewegung sie von blossen Körnchen unterschied; überhaupt war die Beweglichkeit häufiger als sonst.

Ich wollte mich nun überzeugen, ob diese kleinen beweglichen Bakterien, in den Harn zurückgebracht, Veranlassung zur Entstehung derselben Formen geben würden, die wir als ihre Eltern zu betrachten allen Grund haben. Ich nahm zu diesem Zwecke ein Glas mit Harn, der am ersten März zubereitet war, aber nichts destoweniger Glanz und Geruch sich rein bewahrt hatte, blaues Lakmuspapier roth färbte und unter dem Mikroskope keinerlei Lebensformen zeigte — Harn Nr. II —. Zwölf Stunden nach der Impfung, am einundzwanzigsten August, war er bereits deutlich trübe und auf jedem Gesichtsfelde zeigten sich vier bis fünf Bakterien, die sich von den eingeführten dadurch unterschieden, dass sie selten paarweise vorkamen, dabei lang, breit und oft gekrümmt waren. Es hatte also eine entschiedene Annäherung an die vorher im Harne beobachteten Formen stattgefunden, nur kam jetzt als Abweichung eine kennzeichnende, wenn auch langsame Bewegung zur Beobachtung. Nach weiteren zwölf Stunden wurde die Aehnlichkeit eine noch grössere, indem die einzelnen Abtheilungen sich verlängerten. Ich impfte noch ein anderes Glas mit diesem Harne — Harn Nr. III — und schon nach zwölf Stunden fanden sich prächtige Proben der spirillumartigen, nicht gegliederten Bakterien, die langsam sich bewegten. — Um die Geschichte dieser Lebensformen möglichst zu vervollständigen, will ich noch hinzufügen, dass nach weiteren vierzehn Tagen sie ihre Bewegung verloren hatten, kleiner geworden waren und kaum noch im Aussehen sich von denen unterschieden, die wir ursprünglich in der sauren Milch fanden.

Damit ich die volle Ueberzeugung gewann, dass die kleinen Bakterien in der Pasteur'schen Lösung auch wirklich genau dieselben waren wie die grossen im Harne gefundenen, nahm ich eine kräftige Glasplatte, die in der Mitte mit einer kreisförmigen tiefen Rinne versehen war, so dass ein Theil der Oberfläche inselförmig abgeschlossen wurde; die Rinne sollte gewisser Maassen als Luftbehälter dienen. Die Glasplatte, mit einem dünnen Deckgläschen versehen, wurde nun — damit sie nicht springen sollte — zwischen zwei Metallplatten stark erhitzt und abgekühlt, ohne dass Staub auf sie fallen konnte. Dann hob ich das Deckgläschen mit einer heiss gemachten Zange etwas auf, und brachte auf die Glasinsel ein wenig von einem Gemische, das aus einem kleinen Tropfen der Pasteur'schen Lösung und einem grossen Tropfen Harn bestand, die beide auf einer vorher gut durchhitzten Glasplatte unter einander gebracht waren. Nun liess ich einen Tropfen Wasser, der unter dem Schutze karbolisirter Watte gekocht und abgekühlt war, mittelst eines Saugröhrchens in die Rinne fallen, um die Luft unter dem Deckgläschen feucht zu erhalten und klebte das letztere mit geschmolzenem Paraffin fest an. Unmittelbar darauf brachte ich das Ganze unter das Mikroskop und sah die kleinen Bakterien der Pasteur'schen Lösung in frischer Bewegung. Nach fünf Stunden hatten ihre Stelle grössere eingenommen, die aber immer noch Bewegung zeigten, wenn auch eine langsamere; es hatte also die kurze Zeit genügt, die eine Form in die andere umzuwandeln. Dies Verschwinden der kleineren Sorte, die grosse Anzahl der dicken lässt wohl kaum die Annahme zu, dass die letzteren eine besondere Art wären, herstammend von einem Keime, der vielleicht auf der Glasplatte gelegen hätte, ohne von mir bemerkt worden zu sein. — Genug, ich denke damit den Beweis geliefert zu haben, dass die kleine Bakterie der Pasteur'schen Lösung und die grossen im Harne gefundenen genau dieselben sind. — Aber es blieben noch andere bemerkenswerthe Thatsachen. Am Morgen des zweiundzwanzigsten August wollte ich mir den Nachweis schaffen, ob diese Organismen, die auf ihrem Wege durch Harn, durch die Pasteur'sche Lösung und dann wieder durch Harn so wunderbare Veränderungen erlitten, ob diese noch die Fähigkeit sich erhalten hätten, die Milchsäuregährung einzuleiten. Zu dem Zwecke nahm ich von dem Harne, der mit der Pasteur'schen Lösung geimpft war — Harn Nr. II —, einen Tropfen und that ihn in ein zweites Glas Milch — gekochte Milch Nr. II —. Schon nach neun Stunden röthete sich Lakmuspapier, wenn auch schwach und in jedem Gesichtsfelde erschienen fünf bis sechs Bakterien, meist einzeln aber auch paarweise, ungefähr so dick wie die in dem benutzten Harne sich aufhaltenden, und auch von derselben Länge. Vier Stunden später aber sah ich auf derselben Stelle noch andere Bakterien, viel geringer an Grösse, die sich drehten oder kräftig vorwärts bewegten, und am nächsten Morgen konnten nur diese überhaupt aufgefunden werden. Die saure Beschaffenheit der Milch trat jetzt entschiedener hervor, und nahm immer mehr zu, bis endlich nach drei Tagen die Milch in eine feste Masse umgesetzt war.

Neben der Milchsäuregährung ging noch eine andere Veränderung während der ersten vierundzwanzig Stunden Hand in Hand. Beim ersten Blicke auf das Glas am Morgen des dreiundzwanzigsten August, also einundzwanzig Stunden nach der Einimpfung, war ich erstaunt, auf dem Boden des Glases einen schwarzen, wie Pech aussehenden Niederschlag zu bemerken, der im starken Gegensatze zu der weissen Farbe stand, ungefähr drei Mm. dick war und sich im Laufe der folgenden Zeit nicht weiter vermehrte. Wohl aber war in den nächsten vierundzwanzig Stunden ein eigenthümlicher, fast fäulnissartiger Geruch zu bemerken, der sich mit dem in der Luft der Glasglocke vorhandenen sauren mischte und schliesslich ganz zurücktrat, als die Abscheidung des Käsestoffes vollendet war, worauf der rein saure der Milch allein vorherrschte. Am sechsundzwanzigsten August nahm ich den

Käsestoff weg, um die schwarze Masse zu untersuchen. Sie hing dem Glase fest an, so dass sie mit einem Kameelhaarpinsel von den anhängenden Milchtheilchen gereinigt werden konnte, ohne sich abzulösen; schälte man sie mit dem Messer vom Glase ab, so war die diesem entsprechende Fläche glänzend glatt. Die feste Schaale, die es bildete, stand hinsichtlich der Dichte zwischen Leder und Horn und hatte auf der oberen Fläche zahlreiche glatte, runde Eindrücke mit zwischenliegenden Brücken, so dass man anzunehmen berechtigt war, der Farbstoff hatte sich zunächst als eine schwere Flüssigkeit gesenkt und die Einzelntheilchen waren dann auf dem Boden des Gefässes miteinander verklebt, um schliesslich eine feste Masse zu bilden. Unter dem Mikroskope zeigte sie selbst in den allerfeinsten Blättchen deutliche Sepiafärbung, Gleichartigkeit und völligen Mangel an Gefüge. Dennoch war diese dunkle Masse nicht etwas gefärbtes Organisches, sondern ein Farbstoff, der sich aus der Milch in Folge der Entwicklung einer Lebensform in ihr abgeschieden hatte. Im Wasser, Weinspiritus, wasserfreien Aether und in kräftiger Lösung von Aetzkali war er unlöslich, gleichviel ob die Flüssigkeiten siedend oder kalt waren, ebenso in kalter Salpetersäure. Dagegen löste er sich in kochender und gab ihr eine gelbe Farbe. In einer Glasröhre unter Luftzutritt erhitzt, verbrannte er ohne zu schmelzen mit Hinterlassung einer weissen Asche.

Es drängt sich hierbei von selbst die Frage auf, was war denn die Ursache dieser eigenthümlichen Farbstoffbildung in der Milch? Dass eine eingeführte Lebensform sie veranlasste, unterliegt wohl keinem Zweifel; aber war jene dieselbe, welche in den beiden, gekochte und ungekochte Milch enthaltenden Gläsern nur die milchsaure Gährung zu Wege brachte, aber verändert in ihrer Thätigkeit, weil sie durch ihren Aufenthalt in einer andern Flüssigkeit eine Formveränderung erlitt? oder ist das Hervortreten jenes Farbstoffes einer andern Art dieser Geschöpfe zuzuschreiben, vielleicht Cohn's Pigmentbakterien, die gleichzeitig mit der sauren Milchgährung in der Flüssigkeit vorhanden war?

Bevor wir hier in die Streitfrage eintreten können, muss ich die Aufmerksamkeit noch ein Mal auf das Glas mit der Pasteur'schen Lösung lenken, von der ab das zweite Glas mit Harn gereinigt war. Wir erinnern uns, dass schon zur Zeit der Impfung in jener Lösung eine dunkle schmutzige Färbung sich bemerklich machte, die mir bis dahin neu gewesen war; andern Tages schon hatte sie sich merklich gesteigert und eine Taschenlupe reichte hin, eine Anzahl kleiner, dunkelbrauner Punkte aufzufinden, die über das Glas hin zerstreut waren und bis dicht an die Oberfläche der Flüssigkeit reichten. Jeder dieser Flecke hatte ein nach abwärts gerichtetes strichartiges Anhängsel. Bei der Untersuchung ergab sich, dass sie aus einer Masse der bewegungslosen, gewöhnlich geformten und an und für sich farblosen Bakterien bestanden, die aber zwischen sich zerstreut sepiafarbige Theilchen umschlossen, welche dieselbe Färbung des vorher genannten Milchfarbstoffes zeigten, sehr unregelmässige Form hatten und in der Grösse bedeutend wechselten von punktförmigem Umfange, viel kleiner als die Bakterien bis zu beträchtlich grössern Maassen. Ihr Vorkommen mitten unter den Bakterien deutet doch gewiss darauf hin, dass sie unter dem Einflusse dieser entstanden sind; andrerseits konnten sie wie in der Milch nur als gestaltlose, nicht organisirte Erzeugnisse aufgefasst werden. Verfolgen wir so diese farbebildende Thätigkeit rückwärts durch den Harn, in dem sie nicht bemerkt wurde, bis zur Pasteur'schen Lösung, so müssen wir zu dem anregenden Schlusse kommen, dass diese Bildung nicht als etwas diesen Lebensformen wesentlich Angehöriges zu betrachten ist, sondern nur ähnlich wie jene klebrig zähe Masse unter dem Einflusse des Bakterium Nr. II in der Flüssigkeit zu Tage treten kann, welche den zur Entwicklung nöthigen Stoff zu bieten im Stande ist.

Der Umstand nun, dass die den Farbstoff erzeugenden Bakterien im Harne sowohl wie in der Pasteur'schen Lösung vorhanden waren, wird uns die Beantwortung der Frage erleichtern, ob jene verschieden oder den die Milchsäuregährung einleitenden gleich zu stellen sind, und das wollen wir nun untersuchen.

Angenommen, sie gehörten einer besonderen Form an, so ist es überhaupt nicht gut wahrscheinlich, dass sie gerade während der kurzen Zeit, die zur Herausnahme der Flüssigkeit nöthig war, Zutritt in die mit Harn oder Pasteur'scher Lösung angefüllten Gläser erhalten haben sollten, wenigstens ist mir nicht ein Fall bekannt, in dem auf diesem Wege Bakterien eingeführt wären. Auch in der ursprünglichen Milch konnten sie nicht vorhanden gewesen sein, denn sonst würde ich Farbstoff in den unmittelbar aus ihr geimpften Flüssigkeiten gefunden haben, es müsste denn der Zufall im Spiele gewesen sein, dass sie unmittelbar vor Impfung des ersten Glases mit Harn in die ungekochte Milch gelangten und dass gerade der sie enthaltende Tropfen zur Benutzung genommen sei; ein zwar möglicher aber nicht wahrscheinlicher Fall.

Aber selbst, wenn wir trotz der Schwäche, welche in der Annahme eines solchen Zufalles liegt, dennoch zulassen wollen, dass ein derartiges vereinzeltes „Pigmentbakterium“ seinen Weg in das erste mit Harn oder Pasteur'scher Lösung gefüllte Glas gefunden hat, so stossen wir auf eine weitere Reihe von Unwahrscheinlichkeiten. Wir müssten annehmen, dass die beiden so neben einander vorhandenen Bakterien durch die beiden Flüssigkeiten in gleicher Weise bezüglich der Form umgeändert, dass beide plump und langgegliedert im Harne, beide klein und der gewöhnlichen Bakterie im Aussehen ähnlich in der Pasteur'schen Lösung geworden wären; denn dort wurde keine von der kleineren, hier keine von der plumperen Art gefunden. Wir müssten ferner annehmen, wenn das „Pigmentbakterium“ in die Milch eingeführt wäre, dass es in den ersten vierundzwanzig Stunden bedeutend gewachsen, dann aber plötzlich abgestorben sei, weil wir gesehen haben, dass nach der ersten Nacht ein weiterer Niederschlag nicht erfolgte, obwohl die Milch noch beträchtlich längere Zeit flüssig blieb und andern Tags bei der mikroskopischen Untersuchung eines Tropfens aus der obern Schicht der Flüssigkeit, als körnige Massen von Käsestoff auf die bereits begonnene Gerinnung hindeuteten, auch nicht eine Spur von Farbstoff aufgefunden werden konnte. Ein anderer Beweis für das schnelle Absterben dieses „Pigmentbakteriums“ würde darin gefunden werden müssen, natürlich immer angenommen, dass so ein vereinzeltes Zutritt Statt gefunden hätte, dass ein wenig Quark, der aus diesem Glase am Ende des dritten Tages in ein anderes mit derselben abgekochten Milch angefülltes übertragen wurde, zur Entstehung der reinen, einfachen Milchsäuregährung Anlass gab, ohne die

Bildung von Farbstoff und ohne den fauligen Geruch anzuregen, welcher dort jene Abscheidung begleitete. — Es wäre vielleicht die Annahme zulässig, dass das „Pigmentbakterium“ gewisser Maassen vergiftet sein könnte durch die unter dem Einflusse des vermutheten anderen Körperchens erzeugte Milchsäure, aber wir finden ja, dass diese Farbebildung auch im Harne nur vorübergehender Natur ist. Denn, wie bereits vorher mitgetheilt wurde, ich hatte am Tage nach der Impfung der gekochten Milch Nr. II aus dem Harne Nr. II, einen Tropfen des letzteren in ein anderes Glas Harn gethan und den Erfolg gehabt, dass die lange ungegliederte Form der Bakterien in grosser Schönheit sich wieder entwickelte. Nach zwei Tagen hatte ich aus diesem Harne Nr. III ein viertes Glas mit gekochter Milch geimpft, in der Hoffnung, die Farbstoffbildung zu erlangen, die aber ausblieb und nur die Milchsäuregährung trat ein. Es ist also kaum denkbar, dass das als gegenwärtig angenommene „Pigmentbakterium“ im Harne wie auch in der Milch so schnell sollte untergegangen sein. Denn wir dürfen nicht übersehen, dass der erstere durch die Bakterienentwicklung nach seiner Impfung wenig verändert war, dass er am Ende des zweiten Tages seine Säure noch hatte und auch sein Geruch kaum eine Abweichung zeigte. Ausserdem hätte dieses Bakterium, wenn es aus dem ursprünglichen die saure Milch enthaltenden Glase stammen sollte, drei Tage im Harne verweilen müssen, der ursprünglich geimpft wurde.

Nehmen wir auf der andern Seite an, dass nur eine Lebensform vorhanden war, die aber durch die verschiedenen Flüssigkeiten sowohl der Form wie der Thätigkeit nach umgeändert wurde, so wird dies mit dem Verlaufe der Erscheinungen übereinstimmen. In der Pasteur'schen Lösung war während der ersten sechsunddreissig Stunden der Niederschlag weiss geblieben und erst nach dieser Zeit hatte sich die Farbeentwicklung geltend gemacht. Ist es da nicht natürlich anzunehmen, dass in derselben Flüssigkeit, in welcher die Form so wesentlich umgeändert und gleichzeitig den vorher bewegungslosen Körperchen lebhafte Beweglichkeit übertragen wurde, dass in dieser Flüssigkeit auch die Fähigkeit der farbigen Gährung zur Entwicklung kam? Denn gerade wie die Formveränderungen, die ein Bakterium in irgend einer Flüssigkeit erleidet, mehr oder weniger schnell verloren gehen, sobald es in seine frühere Behausung zurückgebracht wird, so, lässt sich vermuthen, werden auch die umgeänderten Lebensthätigkeiten in gleicher Weise sich verhalten und dieses Bakterium, aus der Pasteur'schen Lösung in Milch oder Harn versetzt, wird mehr oder weniger schnell die neue Gährungseigenthümlichkeit verlieren, die es sich zu eigen gemacht hatte.

Ein recht klarer Beweis für die Erlangung einer neuen Thätigkeit seitens des Bakteriums liegt in der kräftigen Bewegung, welche es anfänglich in der genannten Lösung zeigte, so dass, wenn wir die Sprache einiger Forscher uns aneignen wollten, welche der Bewegung in der übertriebensten Weise die Wichtigkeit eines unterscheidenden Merkzeichens beigelegt haben, wir sagen müssten: dass dies Körperchen in jener Flüssigkeit aus einem Bakteridium in ein Bakterium umgewandelt sei. In den Harn zurückgebracht wird aber die Bewegung desselben träger und hört nach ungefähr zwei Tagen ganz auf. In der Milch dagegen wurde die Bewegungsfähigkeit in einer dauernden Weise beibehalten und die eigne Bewegung erhielt sich noch fünf Tage nach der Ueberpflanzung aus der Pasteur'schen Lösung.

Es giebt noch eine andere Möglichkeit, den Nachweis zu führen, dass die Annahme eines bestimmten „Pigmentbakteriums" mehr als zweifelhaft erscheinen muss. Würde ein solches wirklich vorhanden sein, das im Stande wäre im Vereine mit der Milchsäuregährung solche auffällige Erscheinungen zu veranlassen, so müsste solche schwarze Milch häufiger zur Beobachtung kommen, während sie, wenigstens meines Wissens zum ersten Male beobachtet ist; sie kam überhaupt nur zur Beobachtung, weil die ganzen Verhältnisse ihre Herstellung begünstigten. Vielleicht hat es sich früher nie so getroffen, dass die hierbei in Betracht kommenden Lebensformen sich unvermischt mit andern im Harne oder der Pasteur'schen Lösung haben entwickeln können, denn während sie in der Milch den Vortritt vor andern haben, ist dies im Harne und sehr wahrscheinlich auch in Pasteur's Lösung nicht der Fall. In wie weit der vorherige Aufenthalt im Harne dies Bakterium günstig vorbereitet haben wird für die Entwicklung der farbigen Gährung in Pasteur's Lösung, können allein nur weitere Untersuchungen bestimmen. Genug, die Verhältnisse, unter denen diese Formen sich entwickelten, waren bisher neue und ungewöhnliche, und desshalb brauchen auch neue äussere Erscheinungen uns nicht in Erstaunen zu versetzen. Genau dasselbe haben wir ja bei Bakterium Nr. II gesehen. Die auffällige Umwandlung der Milch in diese eigenthümliche zähe, klebrige Masse unter dem Einflusse jener Formen ist einfach erfolgt, weil andere zufällig ausgeschlossen waren, die vielleicht sonst das Zustandekommen dieser Art Gährung verhindert haben würden.

Ich habe absichtlich lange bei diesen Auseinandersetzungen verweilt, weil mir der aus ihnen folgende Schluss von grosser Wichtigkeit zu sein scheint. Denn wenn dasselbe Bakterium in Folge sich ändernder Verhältnisse im Stande ist, in ein und derselben Flüssigkeit Gährungsveränderungen hervorzubringen, die sich weit von einander unterscheiden, wie z. B. Milchsäuregährung und schwarze Farbebildung in der Milch, so ist es auch begreiflich, dass dieselbe Lebensform, die in dem einen Falle unter gewöhnlichen Umständen verhältnissmässig harmlos sein kann, zu andern Zeiten Erzeugnisse zu liefern im Stande ist, die für den menschlichen Körper den grössten Nachtheil bringen müssen. So wird z. B. das verständlich, was namentlich in den früheren Jahren meiner wundärztlichen Thätigkeit mich so oft beunruhigt hat, wenn es auch jetzt nach Einführung des antiseptischen Verbandes glücklicher Weise nicht mehr vorkommt — dass nämlich Hospitalbrand zu einem Geschwüre oder einer Wunde sich hinzugesellte, deren Verband längere Zeit ungewechselt blieb, während in demselben Saale täglich verbundene ruhig fortheilten. Wenn wir annehmen, wozu wir jedenfalls kein Recht haben, dass nur eine bestimmte Lebensform als Ursache der Krankheit festzuhalten ist, dann möchte es schwer verständlich werden, warum das Eigengift des Hospitalbrandes in dem einen Falle mehr als in dem andern zu einem Geschwüre hinzutritt. Dieser Annahme eines besonderen Eigengiftes bedarf es ja gar nicht mehr. Wir sehen jetzt, dass

Lebensformen, die allen Geschwüren in den Krankensälen eigen sind, besondere Eigenthümlichkeiten in Entleerungen annehmen, welche unter lang liegenden Verbänden faulige Zersetzung eingegangen sind. In gleicher Weise können wir es uns recht wohl denken, dass der ungesunde Zustand eines alten verwahrlosten Krankenhauses nicht auf der Einführung neuer solcher Formen beruht, sondern nur auf einer Veränderung derer, welche alten wie neuen Gebäuden dieser Art gemeinsam sind.

Diese der Chirurgie entnommenen Beispiele liessen sich leicht durch ebenso gewichtige, der innern Krankheitslehre angehörige vermehren.

Ausser dieser Farbebildung hatte Pasteur's Lösung noch eine andere bemerkenswerthe Eigenthümlichkeit gezeigt, nämlich den fauligen Geruch und einen auffälligen, leicht bitteren und dabei zusammenziehenden Geschmack, durch den ich mich sogar zu einer Untersuchung auf Gall- oder Gerbsäure verleiten liess, die allerdings erfolglos blieb. —

Wir können also wohl ruhig die Annahme zulassen, dass wir es hier mit nur einem Bakterium zu thun haben, welches in formlicher und natürlicher Beziehung Eigenthümlichkeiten darbietet, die uns berechtigen es als eine bestimmte Art anzuerkennen, der ich die Bezeichnung „Bacterium lactis" geben möchte; wobei ich allerdings nicht übersehen will, dass bis jetzt noch kein Bakterium nach zuverlässigen Kennzeichen bestimmt worden ist. Ob es das einzige sein wird, welches Milchsäuregährung zu erregen im Stande ist, kann ich nicht sagen; es möchte aber doch recht unwahrscheinlich sein, dass sich noch irgend eine Art finden sollte, in der sich all die Eigenthümlichkeiten vereinigten, die wir hier näher betrachtet haben. Auch darüber bin ich mir unklar, mit welchem Pilze ich es in Zusammenhang bringen soll, wenn es überhaupt nicht voreilig ist, einen solchen Ursprung als allgemein gültig schon jetzt anzunehmen. Doch mag das sein, wie es will. Jedenfalls haben wir da, wo bestimmte Kennzeichen der Bakterien vorhanden sind, nur ein Recht von ihnen als Arten zu sprechen in Form eines Uebereinkommens, gerade wie wir es mit verschiedenen hyphomycetischen Pilzen machen, die als Unterarten der askomycetischen Formen bekannt sind.

Welches die Thätigkeiten der Bakterien bezüglich der Physiologie der Pilze sind und ob ein von einem Pilze abstammendes je fähig ist zur Form seiner Eltern zurückzukehren, das sind Fragen, über welche vorstehende Untersuchungen keine Aufklärung gebracht haben.

XII. Verbesserungen der Einzelnheiten des antiseptischen Verbandes.

Seit der Veröffentlichung meines in Plymouth gehaltenen Vortrags — Nr. X — sind verschiedene Verbesserungen von mir vorgenommen worden, die sich theils auf die bisher üblichen Mittel beziehen, theils in der Heranziehung neuer bestehen.

Zunächst aber will ich mich beeilen eine frühere Angabe über das Mischungsverhältniss der wässrigen Karbolsäurelösung zu verbessern, welche zur Reinigung der Schwämme bei Operationen sowie des beim Verbandwechsel gebrauchten Zeuges benutzt werden sollte. Bemüht, die Stärke der Lösung auf ein möglichstes Mindermaass zurückzuführen, um eine nutzlose Reizung der Gewebe zu vermeiden und dem Wundarzte äusserliche Unannehmlichkeiten zu sparen — Seite 184 — hatte ich, auf Beobachtungen gestützt, dies Verhältniss angegeben wie eins zu hundert. Aber weitere Beobachtungen und Erfahrungen veranlassen mich zu der Annahme, dass ich da doch über die Grenzen der Sicherheit hinausgegangen bin und zur Rückkehr zu dem alten Verhältnisse eins zu vierzig, während die gesättigtere Lösung eins zu zwanzig immer noch benutzt wird, wenn es sich darum handelt, die Oberhaut eines zu operirenden Theiles oder Geräthe und Schwämme zu reinigen oder eine durch Zufall entstandene Wunde gründlich auszuwaschen und von etwa eingeführten Keimen zu befreien. Bei offnen Knochenbrüchen, die erst mehrere Stunden nach dem Unfalle zur Behandlung kommen, habe ich mich sogar einer noch stärkeren Lösung bedient, nämlich eins zu fünf Weingeist, um mittelst eines elastischen Katheters und einer damit verbundenen Spritze alle Buchten und Winkel zu reinigen.

Das Verhältniss eins zu vierzig empfehle ich auch bei der Zerstäubung, wenn man sich des gewöhnlichen Druckgebläses bedient. Benutzt man aber, was ich recht passend finde, den Dampf als treibende Kraft, wie z. B. beim Siegle'schen Dampfinhalator, der natürlich zu diesem Zwecke etwas umgeändert werden muss, aber den Vortheil hat einen Gehülfen zu ersparen, weil er sich selbst treibt und lenkt, so muss man das Verhältniss eins zu dreissig nehmen. Denn der Wassergehalt des verdichteten Dampfes verdünnt die Säure beim Zerstäuben. Bei den gewöhnlichen Geräthen der Art wird ein Theil Wasser verbraucht um drei Theile Lösung herauszutreiben, die sich vermischen, so dass also bei einer Lösung von eins zu dreissig die Zerstäubung durch Dampf das Verhältniss eins zu vierzig annimmt.

Die antiseptische Gaze hat sich dauernd bewährt als ein treffliches zuverlässiges Mittel, die Zersetzung fern zu halten, sobald sie gut zubereitet allseitig die Wunde weit überragt und beim Verbandwechsel, der je nach der Entleerung in Zwischenräumen von vierundzwanzig Stunden bis zu einer Woche stattzufinden hat, jedes Hinzutreten der Keime ängstlich vermieden wird.

Unter gewöhnlichen Verhältnissen gebrauchen wir die Gaze immer noch in achtfacher Lage, verstärkt durch ein zwischen die beiden äussersten Schichten eingelegtes gutes wasserdichtes Stück Zeug, welches das Durchdringen der Wundentleerungen nach aussen und dadurch bedingte Zersetzung verhindern soll — Seite 183 —. Wir benutzen ebenfalls zu diesem Zwecke das schon früher erwähnte Mackintoshzeug, das, wenn es von guter Beschaffenheit ist, für Wochen in demselben Falle gebraucht werden kann. Freilich darf man dabei nicht vergessen, dass dieses Zeug ausser seiner Undurchdringlichkeit keine weiteren antiseptischen Eigenschaften besitzt und wenn in einem gegebenen Falle ein reichlicher Erguss von Blut oder anderen Entleerungen der Wunde die Gaze schnell durchtränkt und so zum Mackintosh gelangt, ohne eine irgend genügende Menge Karbolsäure in sich aufgenommen zu haben, so kann die Zersetzung sehr leicht durch Keime eingeleitet werden, die an ihm sitzen, weil nichts zu ihrer Vernichtung geschehen ist. Aus diesem Grunde wird es sich besonders empfehlen, vor der Anlegung das zu benutzende Stück in eine kräftige Lösung zu tauchen, z. B. bei Amputationen, wo die Wundentleerungen gerade am ersten Tage in ziemlicher Menge sich ergiessen können. Für den späteren Verlauf genügt es auch zwei Stücke abwechselnd so zu gebrauchen, dass man den Verband schon am Tage vorher zurecht macht, in welchem Falle dann der Kautschuküberzug der Baumwolle von der Karbolsäure der Gaze durchzogen wird.

Noch ein anderer Punkt bezüglich der Gaze verdient Beachtung. Die Zähigkeit, mit welcher das Harz die Karbolsäure in den Fäden zurückhält und welche jene zu einem so schätzenswerthen, milden und in seinen guten Wirkungen ausdauernden Verbandmittel macht, wird nämlich auch gleichzeitig zu einer Quelle ernster Gefahr im Augenblicke der Benutzung. Denn bei der gewöhnlichen Lufttemperatur wird die Karbolsäure von der Gaze in so ausserordentlich kleinen Mengen abgegeben, dass auflagernde Staubkeime kaum ihrer zersetzenden Thätigkeit beraubt werden können, wie das z. B. eine Lösung von eins zu vierzig zu thun im Stande ist. Kommt demnach solche Gaze im trocknen Zustande mit einer stark absondernden Wunde oder einem reichlich entleerenden Abscesse in Berührung, so können sich ansitzende Keime sehr leicht mit diesen Wundflüssigkeiten mischen, der folgenden Einwirkung der Karbolsäure entziehen und in dieser Weise die Zersetzung nach innen tragen. Dass dies nicht öfter zur Beobachtung kommt ist nur der Anfeuchtung zu verdanken, welche die Gaze bei der Zerstäubung an der unteren Fläche erhält. Bei der Kürze der Zeit aber, welche dabei verwandt wird, möchte es doch unvorsichtig sein, sich auf eine solche Reinigung der Oberfläche von den Keimen allein zu verlassen; ich empfehle daher dringend, entweder die der Wunde anliegende Fläche der Gaze mit einer Lösung eins zu vierzig zu benetzen oder noch sicherer lieber ein Stückchen Gaze in diese Lösung einzutauchen, unmittelbar damit die Wunde zu bedecken und erst hierüber die achtfach zusammengelegte trockne zu legen.

Alle diese Einzelnheiten, deren Beschreibung und Angabe gewiss langweilig sein mag, lassen sich viel leichter ausführen und alle die Aufmerksamkeit, die man ihnen zuwendet, wird reichlich belohnt durch eine Stätigkeit des Erfolges, der wenig zu wünschen übrig lässt.

So schätzenswerth auch die Gaze ist, ihre Verwendung wird leider durch den hohen Preis, den sie im Handel hat, beeinträchtigt. Ich werde mir desshalb erlauben, das Verfahren ihrer Zubereitung anzugeben, wie es seit lange im Edinburger Königlichen Krankenhause gehandhabt wurde mit dem Erfolge, dass sich der Herstellungspreis um die Hälfte verringerte.

Die Hauptauslage kommt auf den Baumwollenstoff, die übrigen Zuthaten berechnen sich für den Geviertmeter zu einem nicht nennenswerthen Preise. Man thut desshalb gut, wenn man die Gaze aus den Fabriken im Ganzen entnimmt und zwar ungebleichte, die etwas billiger zu stehen kommt. Ferner braucht man einen Theil krystallisirte Karbolsäure, fünf Theile gewöhnliches Harz und sieben Theile festes Paraffin, welches der Masse die Klebrigkeit nehmen soll und vor andern mir bekannten Stoffen von ähnlicher Dichtigkeit den Vortheil hat, dass es in der Kälte sich überhaupt nicht mit Karbolsäure mischt und somit das Harz- und Säuregemisch nur einfach verdünnt, ohne irgend die Zähigkeit zu beeinträchtigen, mit welcher das Harz die Säure festhält. Mischt man z. B. statt der fünf Theile Paraffin ebensoviel Wallrath darunter, so wird man bei der Berührung mit der Zunge eine stechendere Empfindung erhalten, als wenn Säure und Harz allein vermengt sind, trotzdem dort nur halb so viel Säure vorhanden ist; denn der Wallrath mischt sich zwar in gleicher Weise mit dieser wie das Harz, hält sie aber weniger fest und giebt sie an die umgebenden Stoffe leicht ab. So vortrefflich demnach solch ein Wallrathgemisch auch ist bezüglich seiner Dichtigkeit, was Milde und anhaltende Wirkung anbetrifft steht es unter dem Gemenge der Karbolsäure mit dem Harze allein. Andererseits hat das Paraffin ausser dem schon angedeuteten Zwecke nur die Wirkung das Gemisch noch etwas milder zu machen. Ich muss dies ganz besonders hervorheben, weil aus mangelhafter Kenntniss der hier maassgebenden Verhältnisse Veränderungen vorgeschlagen sind mit Weglassung des Paraffins, die ganz entschieden Nachtheil im Gefolge haben müssen.

Um nun die Gaze mit den genannten Stoffen zu durchtränken,

schmilzt man zunächst Harz und Paraffin im Wasserbade und setzt dann erst die Säure hinzu, die durch Umrühren möglichst vermischt wird. Aber auch die Gaze selbst bedarf der Vorbereitung; denn sie muss vorher bedeutend durchwärmt, nach der Durchtränkung aber einem gelinden Drucke ausgesetzt werden.

Man schneidet demnach die Gaze in Längsstreifen, sechs Meter lang und einen Meter breit, faltet sie so zusammen, dass sie ungefähr einen halben Meter im Geviert umfasst und legt sie in eine trockne heisse Kammer, die durch zwei Zinnkasten hergestellt wird, welche in einander liegen, aber einen freien Raum zwischen sich lassen. In diesem wird Wasser kochend erhalten, wesshalb auch am obern Rande ein Rohr für den Austritt der Dämpfe angebracht ist sowie ein Glasrohr, um den Wasserstand berechnen zu können. Die Kammer hat einen genau schliessenden Deckel, ihr Boden ist durch eine eiserne Platte verstärkt, um den Druck des Gewichtes auszuhalten, mit dem die durchtränkte Gaze später zusammengepresst wird. Dies besteht aus einem Stücke Holz von ungefähr zwei Zoll Stärke, das die Kammer fast ausfüllt, mit Tafelblei überzogen und so schwer ist, dass es ein Mann mittelst zweier an der obern Fläche angebrachten Handhaben heben kann. Dies Gewicht wird zugleich mit der Gaze erhitzt, die oben lose darauf liegt, damit die heisse Luft besser einwirken kann, was ungefähr zwei bis drei Stunden in Anspruch nimmt. Dann nimmt man Gaze und Gewicht heraus und bringt beides zum Schutze gegen die Abkühlung in eine hölzerne Kammer, obwohl es zu diesem Zwecke passender wäre, eine zweite durchhitzte zu benutzen, weil bei kaltem Wetter die Gaze sich sehr leicht abkühlt trotz der hölzernen Umgebung. Man schreitet nun zur Durchtränkung, und verwendet dazu an Masse ungefähr die Gewichtstheile der Gaze oder etwas weniger. Um das Gemisch möglichst gleichmässig überzubreiten, benutzt man eine Spritze, deren Körper und Stempel zum Schutze gegen die Hitze mit einer hölzernen Handhabe versehen sind, während das Rohrende von einer Menge kleiner Oeffnungen durchbohrt ist. Sie nimmt so viel in sich auf, dass jedes Mal die Hälfte eines Gazestückes genügend überspritzt werden kann. Zu dem Zwecke legt man ein zusammengefaltetes Stück auf den Boden der heissen Kammer, hebt seine obere Hälfte auf und hält sie abseits, während die untere überspritzt wird; dann legt man sie wieder zurück und besprengt mit einer zweiten Ladung sie selbst. Dasselbe wiederholt sich nun bei allen andern Stücken, das Gewicht wird dann übergelegt und die Kammer mit dem Deckel geschlossen. Ein bis zwei Stunden genügen, um die Gaze vollständig und allseitig von der Masse durchziehen zu lassen und sie so zur Benutzung fertig zu stellen.

Die ganze oben beschriebene Einrichtung, die jeder Zinngiesser herstellen kann, kostet sechsundsechzig Thaler, der Geviertmeter fertige Gaze kommt dem Krankenhause ungefähr sechszehn Pfennige zu stehen. In Anstalten lässt sich der Preis noch mehr herunterdrücken als in der Privatpraxis, weil man die benutzten Stücke vollständig von den eingeprägten Stoffen wieder befreien kann, indem man sie mit einem entsprechenden hölzernen Geräthe tüchtig im kochenden Wasser ausdrückt. Getrocknet ist dann die Gaze noch viel geeigneter für unsere Zwecke, weil sie nun des Gummis oder der Stärke beraubt ist, die ihr im frischen Zustande die Steifheit gaben. Auf diese Weise kann dem Krankenhause ein beträchtlicher Theil der Kosten erspart oder doch verringert werden, wobei wir allerdings nicht übersehen wollen, dass allerdings nur bei grösseren Verbandstücken die Kosten des Waschens sich verlohnen.

Karbolsäurelösungen in fetten Oelen, welche bezüglich der Zähigkeit, die Säure festzuhalten, einen mittleren Platz einnehmen zwischen den wässrigen und harzigen Mischungen in der Gaze, sind zum grössten Theile durch diese verdrängt worden. Die wässrigen sind wirksamer und reinlicher, wenn es sich um Säuberung einer Wunde oder eines Geschwürs handelt, während die harzigen milder und anhaltender wirken und desshalb für einen dauernden Verband sich besser eignen. Doch giebt es einzelne Ausnahmen, in denen die ölige Lösung ihr Recht behält. Zum Einölen der Katheter, der Bougies, der Sonden und Geräthe zur Steinzertrümmerung habe ich mich seit langer Zeit einer öligen Lösung von eins zu zwanzig bedient, die ohne die Harnröhre zu reizen mit Erfolg antiseptisch wirkt und in der Blase faulige Gährung verhindert, ein Umstand, der in sehr vielen

Fällen als Lebensfrage zur Beachtung kommt. Da das Innere eines Katheters beim besten Willen nicht ganz sauber zu halten ist, sondern immer mehr weniger von fremden Körpern belegt sein wird, die zufällig beim Gebrauche in die Blase gelangen können, so ist es dringend zu empfehlen, jenen entweder mehrere Minuten lang in die ölige Lösung zu halten oder was weniger zeitraubend ist, ihn mit einer kräftigen wässrigen — eins zu zwanzig — auszuspülen und dann erst mit der öligen zu bestreichen. Dies Auswaschen aller solcher Geräthe hat den weiteren Vortheil, dass man sich gegen die Uebertragung bestimmter Gifte von einem Kranken zum andern sichert. Denn eine lang fortgesetzte Beobachtung und Erfahrung betreffs der vorzüglichen Wirksamkeit dieser Lösung in der Vernichtung kleiner Wesen von Pilz- oder Bakteriennatur lässt wohl kaum einen Irrthum in der Annahme zu, dass sie auch zerstörend nach dieser Richtung hin wirkt. Dasselbe gilt bei der Benutzung der Geräthe für die Untersuchung der weiblichen Geschlechtstheile, durch welche nicht so selten beklagenswerthe Uebertragungen stattgefunden haben.

Zeitweise kommen uns wohl Fälle vor, in denen es recht erwünscht wäre, ein Antiseptikum zu haben, das in dauernder Weise kräftig auf das Wundinnere einwirkte und so die häufige Erneuerung des Verbandes ersparte. Dem entspricht eine Lösung in zehn Theilen Olivenöl recht gut. Gegen die Benutzung des Leinöls spricht seine Eigenthümlichkeit, bleibende Flecke in der Leinwand und der Wäsche zu hinterlassen; dagegen ist es unübertrefflich zur Bereitung des Kittes — Seite 38 —, der in Ermangelung der Gaze ein gutes Ersatzmittel bleibt.

Als ein Beispiel für diese angedeuteten Fälle will ich erwähnen, dass ich seit mehreren Jahren bei theilweisem Knochenfrasse der mittleren oder vorderen Fusswurzelknochen mit Eitergängen so verfahre, dass ich die Weichtheile des Fussrückens quer durchschneide, die Fusswurzel an der kranken Stelle von Seite zu Seite vollständig öffne, den Fuss kräftig nach unten beuge, so dass alle erkrankten Theile leicht zu übersehen sind und dann alles entferne, was nur irgend krank oder verdächtig aussieht. Dies ganze Vorgehen kann unter Benutzung des „blutlosen Verfahrens“ noch um vieles knapper und genügender gemacht werden. Bevor Professor Esmarch seine Verfahrungsweise bekannt gemacht hatte, suchte ich die Blutleere dadurch zu erreichen, dass ich den Fuss mehrere Minuten lang möglichst hoch halten und dann ein gewöhnliches Turniket so schnell und so fest als möglich anlegen liess, um den Blutumlauf nach Kräften aufzuhalten; jetzt ersetzte ich das Turniket durch eine Gummibinde.

Nachdem die Gefässe unterbunden sind, bleibt die Wunde zu verbinden. Wollte man dabei so verfahren, dass die Zersetzung ungehindert sich ausbreiten könnte, so würden durch Uebergreifen derselben auf das Sprunggelenk ernste Gefahren entstehen. Andererseits enthalten die mit der Wunde in Verbindung stehenden Eitergänge Zersetzungsmasse genug, und es würde desshalb nutzlos sein unter dem Schutze der Zerstäubung zu operiren und einen äusseren Gazeverband anzulegen. Was hier noth thut, das ist der Ausbreitung der Zersetzung von den schon vorher ergriffenen Punkten aus auf den Rest der Wunde entgegenzuwirken. Und das lässt sich am besten erreichen, wenn wir zunächst die durchschnittene Fläche mit einer Zinkchloridlösung — eins zu zwölf — ordentlich auswaschen, ein Verfahren, das überall von dem besten Erfolge begleitet ist, wo man wegen der Gegenwart von Eitergängen oder wegen der Oertlichkeit, z. B. Mund- oder Dammgegend, nicht im Stande ist, die Ursachen der Zersetzung anders von der Wunde abzuhalten. Bei vorhandenen Eitergängen rieth ich früher vor Beginn der Operation sie mit einer Zinkchloridlösung auszuspritzen. So passend dies nun ist, um diese Flüssigkeit in die entferntesten Winkel zu bringen, so habe ich doch die Erfahrung gemacht, dass durch die angewandte Kraft ein Zerreissen der Eiterhaut der Gänge leicht möglich ist und dadurch ein Austritt in die Gewebe erfolgen kann. In zwei Fällen, ein Mal bei Knochenfrass des Handgelenks und ein anderes Mal bei einer Abnahme des Oberschenkels durch die Knorren hindurch, führte dieser Umstand zu einem ausgedehnten Absterben der Hautdecken, wesshalb ich mich in den letzten drei Jahren damit begnügte, die Eitergänge erst am Schlusse der Operation auszuspritzen, weil sie dann frei offen liegen und die erwähnte Gefahr nicht zu besorgen ist.

Chlorzink hat unter allen antiseptischen Mitteln die hervortretende Eigenthümlichkeit, dass es auch bei nur einmaliger Anwendung in der genannten Stärke ohne einen sichtbaren Brandschorf zu veranlassen auf Tage hin der Zersetzung auf der Schnittfläche vorbeugt, selbst wo der Stoff dazu vorhanden ist: die Wundentleerungen, wo sie, wie z. B. bei Geschwulstwegnahmen der Kiefer oder der Entfernung eines Zungentheils frei abfliessen können, zeigen vom Anfange bis zum Ende keinerlei Geruch und die Schnittflächen bleiben gerade in der gefährlichsten Zeit, vor Entwicklung der entzündlichen Neugebilde beschützt vor den traurigen Einwirkungen der Zersetzung.

Um aber zu der Fusswunde zurückzukehren, bei Anlegung eines dauernden Verbandes würde das anfänglich ergossene und im Innern der Wunde mehr oder weniger angesammelte Blut und Wasser durch das auf die Schnittfläche gebrachte Zinkchlorid nicht vor der Zersetzung bewahrt bleiben und nur in seltnen Fällen werden Einspritzungen in die Eitergänge die Keime gänzlich zu vernichten im Stande sein. Und doch ist dies unser wenn auch schwer zu erreichendes Ziel. Um die weitere Ausbreitung von den einzelnen bereits befallenen Punkten aus auf die übrige Wunde zu vermeiden, muss der Verband häufig erneuert werden. Man legt desshalb Lintstücke ein, die in eine ölige Lösung — eins zu zehn — getaucht sind und sich leicht wieder herausnehmen lassen. Damit aber das Mittel recht ausgiebig wirken kann, hält man die Wunde klaffend, indem man den Schenkel auf M'Intyre's Schiene legt und das Fussstück mitsammt den Zehen stark abwärts drückt. Während der ersten vierundzwanzig Stunden lässt man das Lint Tag und Nacht dreistündlich erneuern und dann die Zwischenräume verlängern, sowie die Entleerungen sich mindern, bis nach drei oder vier Tagen ein Verband täglich genügt.

Das freie Offenlegen der Wunde hat auch den weiteren grossen Vortheil, dass der Wundarzt von Zeit zu Zeit mittelst des eingeführten Fingers sich überzeugen kann, ob die Knochen mit weichen entzündlichen Neugebilden sich bedeckt haben; denn erst dann wird er sicher sein, dass jene auch vollkommen gesund sind. Wenn dies der Fall ist, wird das Fussstück der Schiene zum Unterschenkel im rechten Winkel gestellt, um die Verheilung der körnigen Flächen zu erleichtern. In den vier Fällen, die ich bis jetzt so zu behandeln Gelegenheit hatte, wurde die unmittelbare Absicht erreicht, der Fuss blieb frei von Entzündung und das Allgemeinbefinden von fieberhaften Störungen. Der eine derselben ist zur Zeit in Behandlung und noch nicht ganz vernarbt; zwei andere sind verheilt und der Fuss gut und kräftig geworden, obwohl mehr oder weniger verkürzt; im vierten Falle war das Glied monatelang unbehindert benutzt worden, als ein Rückfall eintrat, der eine Abnahme am Knöchel nothwendig machte.

Zu dieser Behandlungsweise war ich verleitet worden durch den bemerkenswerthen günstigen Erfolg in einem Falle, in dem eine Kreissäge die Weichtheile der inneren Seite vollständig durchtrennt und das Knöchelgelenk frei offen gelegt hatte. Die antiseptische Behandlung hinterliess nicht nur ein vollständig bewegliches Gelenk, es war auch keine Spur einer Störung betreffs des äusseren Aussehens oder der Thätigkeit zurückgeblieben; eine Narbenlinie an der Innenseite war das einzige Merkmal.

Uebrigens kehrte in den oben erwähnten vier Fällen nicht nur die Streckungsfähigkeit der Zehen zurück, auch das Gefühl stellte sich wieder ein, trotz der durchschnittenen Sehnen und Nerven.

Einen ferneren Nutzen haben die geölten Lintlappen bei Abscessen am Mastdarme, bei denen die Nähe des Afters das Anlegen eines dauernden Gazeverbandes nicht gut möglich macht. Man reinigt die Umgebung mit wässriger Lösung — eins zu zwanzig — öffnet unter Zerstäubung den Abscess und bedeckt ihn mit einem in ölige Lösung — eins zu zehn — getauchten Lintpolster, welches durch eine Tbinde fest gehalten und alle fünf bis sechs Stunden gewechselt wird. Will der Kranke sein Bedürfniss verrichten, dann zieht er Binde und Polster nach der Seite hin, an welcher die Wunde liegt, so dass diese vollständig gedeckt bleibt, so lange der After frei ist, der dann sorgfältig mit geöltem Linte gereinigt werden muss, bevor der Verband wieder in Ordnung gebracht wird. Das unter die Hautfalten dringende Oel ist in dieser Gegend nützlicher zu verwerthen als die Gaze, selbst wenn man sie häufig erneuern wollte. — Nach Verlauf von zwei oder drei Tagen kann man die ölige Lösung schwächer machen — eins zu zwanzig —, wenn die erstere etwa reizen sollte. Ich habe verschiedene derartige Fälle in solcher Weise sowohl im Krankenhause als auch in meiner eignen Praxis behandelt und habe nie Eitergänge zurückbleiben sehen; obwohl in einigen Fällen noch vor der Eröffnung durch die Untersuchung mit dem Finger nachgewiesen werden konnte, dass Eiter im Unterschleimhautgewebe vorhanden war, ein Zustand, der nach meiner Ueberzeugung bei der gewöhnlichen Behandlungsweise unvermeidlich zur Eitergangbildung führt. Selbstverständlich ist die gewissenhafteste Sorgfalt von Seiten des Kranken hierbei nothwendig und wesentlich für den Erfolg, die übrigens nie fehlen wird, wenn man nur den Leuten recht klar macht, dass sie entgegengesetzten Falles einen solchen Eitergang behalten.

Es blieb eine anregende pathologische Thatsache, dass der weitere Fortgang in derselben Weise zufriedenstellender Art war, gleichviel ob der Eiter bei der Entleerung unangenehm roch oder ob er keinen Geruch hatte und nach der Entfernung des ursprünglichen Inhaltes ein blosses wässriges Aussickern erfolgte. Daraus scheint gefolgert werden zu können, dass der Geruch nicht mit irgend einer organischen Gährung — Bakterien — im Zusammenhange stand, sondern nur mit einer eigenthümlichen Thätigkeit des Theiles selbst. Denn wären septische Lebensformen vor der Eröffnung des Abscesses zugegen gewesen, so würden sie sich auch später noch weiter entwickelt haben, trotz der antiseptischen Behandlung und die Folgen wären dieselben gewesen, als wenn man Umschläge oder Wasserverbände angewandt oder was auf eins hinauskommen würde, wenn man den antiseptischen Verband in achtloser Weise benutzt hätte. Denn es bedarf wohl kaum einer besonderen Erwähnung, dass weder Zerstäubung, noch äusserlich angewandte Karbolsäure, noch das als Ableiter eingelegte Lint im Stande sind die Zersetzungsgährung zu verbessern, wenn diese in der Abscesshöhle sich ein Mal entwickelt hat. Denn hier wie überhaupt bei jeder antiseptischen Behandlung sind die Mittel nur darauf berechnet der Zersetzung vorzubeugen, nicht der vorhandenen entgegenzutreten.

Bei solchen Abscessen neben dem Mastdarme empfiehlt es sich übrigens, ein in Karbolsäure getauchtes Stück Lint zum bessern Abflusse einzulegen, da ein Kautschukröhrchen hier schwer in Lage zu erhalten ist. Sonst aber verdient dies den unbedingten Vorzug, weil es unter allen Umständen den Abfluss der Wundentleerungen befördert, bis zu jeder beliebigen Tiefe eingeführt und ohne alle Schwierigkeit herausgezogen und wieder eingelegt werden kann. Ein solches den Verhältnissen entsprechendes schmales Röhrchen, durch eine einfache Stichöffnung oder zwischen die Nähte eingebracht, ist alle Mal wirksamer und besser als ein reichlicher Einschnitt oder eine weit klaffende Wunde ohne Röhrchen. Man benutzt die einzelnen Grössen, je nachdem man die Menge der Wundflüssigkeiten glaubt annehmen zu können, von der Dicke einer Rabenfeder an bis zu der des kleinen Fingers; die Fensteröffnungen müssen dem halben Durchmesser des Rohres entsprechen. Das äussere Ende hält man mit der Haut in gleicher Ebene, zu welchem Zwecke an zwei entgegengesetzten Punkten je ein seidner Faden durchgezogen wird, dessen Enden man drei bis sechs Cm. vom Rohrrande entfernt knotet und dann auf jeder Seite gerade über die Haut legt. Sie hindern, dass das Rohr nach innen gezogen wird, während der darüber liegende Verband einem Heraustreten wehrt. Auf diese Weise bleibt das äussere Ende in der Hautebene, worauf ein grosser Werth gelegt werden muss. Es empfiehlt sich desshalb auch, das Röhrchen an seinem obern Ende entsprechend schief zu schneiden, wenn es nicht anders als in schiefer Richtung eingelegt werden kann, weil es sonst zu leicht zusammengedrückt und verstopft wird. Dies kann auch unter andern Verhältnissen vorkommen, wenn z. B. bei langwierigen Wirbelabscessen die schwammigen entzündlichen Neugebilde in die Seitenöffnungen dringen, dieselben ausfüllen und gleichzeitig Schwierigkeiten im Herausnehmen und Einlegen bereiten, eine Unannehmlichkeit, die sich leicht vermeiden lässt, wenn man diese Fenster mehr in der Nähe des untern, tiefer einliegenden Endes anbringt, weil die genannten Wucherungen besonders gern an oder nahe den Hautdecken sich entwickeln. In Fällen dieser Art sind überhaupt die Oeffnungen nur für die Tiefe nöthig.

Bei frischen Wunden oder nach Operationen hielt ich es früher für gut und nothwendig andern Tages die Röhren herauszunehmen und von den Blutgerinnseln zu reinigen. Ich habe mich aber überzeugt, dass diese Vorsicht ganz unnütz ist, denn das Schrumpfen des Gerinnsels beugt einer Beeinträchtigung des Abflusses der Wundentleerungen vor, so dass man die unmittelbar nach der Operation eingelegten Röhrchen ruhig drei bis vier Tage kann liegen lassen, in welcher Zeit die rund herum und anliegenden Gewebe sich zu einem glatten Kanale umformen, in dem das Herausnehmen und Wiedereinführen leichter vor sich geht, als wenn man das Röhrchen am Tage nach der Operation entfernt hat. Bei grossen und tiefen Wunden, wo man für reichlichen Abfluss Sorge zu tragen hat, wird es zweckentsprechender sein, wenn man statt einer starken Röhre lieber mehrere kleinere neben einander einlegt, die bei voller Genüge den Vortheil haben, dass sie die Wundränder nicht so klaffend halten wie ein grosses. Man zieht dann im weiteren Verlaufe eins nach dem andern, je nach Bedürfniss heraus, wie die Entleerungen sich mindern.

Die Wichtigkeit dieser Abflussröhrchen ist gar nicht zu überschätzen. Bei Abscessen lässt man sie so lange liegen, bis die Höhle sich vollständig geschlossen hat und bei Wunden bringen sie nicht nur in den ersten vierundzwanzig Stunden den grössten Vortheil, wenn durch den Reiz der Karbolsäure veranlasst die Absonderungen reichlicher fliessen, auch später bei nur einiger Tiefe der Wunde sollte man sie so lange gebrauchen, als irgend aus dem Inneren wässrige Entleerung wahrnehmbar ist. Denn bei einiger Maassen gehemmtem Austritte sammelt sich dann die Masse in der Höhlung an und giebt Anlass zur Entwicklung einer Spannung, die zu entzündlichen Störungen, Eiterung und Wiederaufbruch in grösserer oder geringerer Ausdehnung führen kann.

Als Erläuterung für die Wichtigkeit der Abflussröhren auch in dem späteren Verlaufe der Wundbehandlung kann ich den Fall einer Kniekehlenschlagadergeschwulst hier anführen, in dem ich die Schenkelschlagader letzten Sommer unterband. Der Kranke, ein achtunddreissigjähriger Soldat, war am sechszehnten Juni aufgenommen worden mit einer Geschwulst in der linken Kniekehle, welche ungefähr die Grösse einer Orange hatte, alle Zeichen eines solchen Leidens besass und ganz plötzlich vor fünf Monaten entstanden war, während der Mann mit übergeschlagenen Beinen ruhig da sass; gleichzeitig hatte sich ein klopfendes Gefühl eingestellt, das seit dieser Zeit anhielt und sich verstärkte. Das linke Bein war sehr schwach und Sitz gelegentlicher schiessender Schmerzen, der Fuss etwas wässrig geschwollen. Dabei war das Aussehen des Kranken recht schlecht, im Herzen liessen sich Fehler nachweisen, sowohl an den mitralen wie an den Aortenklappen.

So prachtvoll auch zuweilen die Erfolge sind, die man durch Zusammendrücken des betreffenden Gefässes erhalten hat, so glaubte ich doch, dass für des Kranken Wohl am besten gesorgt sein würde, wenn ich die Schenkelschlagader antiseptisch unterbände, natürlich im vollen Vertrauen einerseits auf die unbedingte Zuverlässigkeit des Catgut und andererseits auf die Abhaltung der Zersetzung in der Wunde während der Nachbehandlung. Am vierundzwanzigsten Juni legte ich die Unterbindungsschlinge zehn Cm. unter dem Poupart'schen Bande an, in der Gegend, welche Symo anzurathen pflegte, weil man hier vor jedem beträchtlichen Zweige ziemlich sicher wäre, obwohl durch die antiseptische Behandlungsweise dieser Vorsicht ihre Bedeutung genommen wird, wie auch dieser Fall wieder zu zeigen vermag. Ich benutzte hierbei Catgut, das etwas stärker war als das gewöhnlich bei Gefässunterbindungen in Wunden gebrauchte — es hatte ungefähr die Dicke eines halben Mm. — und das ich selbst vor einem Jahre in der früher angegebenen Weise zubereitet hatte — Seite 100 —. Erfahrungsgemäss wird es um so zuverlässiger, je länger es in der zubereiteten Flüssigkeit liegen bleibt. Die Enden schnitt ich nahe dem Doppelknoten ab. Die ganze Operation wurde unter dem Schutze der Zerstäubung und mit all der Vorsicht ausgeführt, welche die Keimlehre der fauligen Zersetzung voraussetzt. Und gern will ich die Gelegenheit nicht unbenutzt vorüber gehen lassen, hierbei auf einen Punkt aufmerksam zu machen, der so sehr leicht übersehen werden kann.

Wenn ein Messer oder ein anderes Geräth nach seiner Benutzung während der Operation zeitweise bei Seite gelegt oder nur eine ganz kurze Zeit ausserhalb des antiseptischen Dunstkreises gebracht ist, so übersehe man ja nicht, es vor seiner Wiederbenutzung von neuem durch eine Karbolsäurelösung zu reinigen, sei es durch Abreiben mit einem karbolisirten Schwamme, sei es, dass man es dicht vor die Mündung des Zerstäubers hält, wo der Dunst noch nicht mit so viel Luft vermischt ist; denn bei Unterlassung dieser Vorsicht muss man befürchten, septische Stoffe in der Tiefe der Wunde mit dem Blute in Berührung zu bringen; ein flüchtiges Hinhalten in den Zerstäubungskegel kann nicht schützen. Es ist dies ein wesentlicher Punkt, der von grosser Wichtigkeit ist, wenn man die Zersetzung vermeiden will, der uns lebhaft erinnert an die Gegenwart der septischen, in der uns umgebenden Welt so verbreiteten Keime, und der die Umsicht des Operateurs wohl wach zu halten vermag. Aber noch eins will ich hier nicht unberührt lassen. Selbst wenn Jemand zu der Ansicht neigt, dass der septische Stoff nichts von der Natur der lebenden Wesen besitzt, sondern nur ein sogenannter Gährungsstoff ist, der Lebensthätigkeit baar, aber mit einer Kraft der Selbstvervielfältigung ausgestattet, gleich der des Wesens, mit dem er verbunden ist, so wird in praktischer Beziehung wenigstens einer solchen Ansicht eine gleiche Bedeutung mit der Keimlehre eingeräumt werden können, — wenn sie sich auch wissenschaftlich nicht gut halten liesse — da die Behandlungsweise auf eins hinauslaufen würde. Ich muss auf das volle Verständniss dieses Umstandes einen besonderen Nachdruck legen, da viele Männer der Wissenschaft, welche keine genaue Kenntniss von der Keimlehre besitzen und für sie alle nur möglichen Annahmen unterschieben, die antiseptische Behandlungsweise umstossen, welche, ich wiederhole es, durch diesen Unterschied in der Voraussetzung und Annahme nicht im Geringsten berührt werden kann.

Um zu unserm Kranken zurückzukehren, die Wunde wurde nun mit karbolisirten Seidenfäden — Seite 158 — geschlossen mit Ausnahme einer Stelle, in welche zwei kleine Abflussröhrchen zu liegen kamen, die neben einander gelagert bis zur tiefsten Stelle der Wunde reichten, dann wurde auf die Wunde selbst ein Streifen Wachstaffet gedeckt, darüber der Gazeverband gebreitet, das ganze Glied in Watte gehüllt und der Kranke ins Bett gebracht. Nächsten Tages fand sich der Verband ganz ausserordentlich mit Blutwasser durchtränkt, doch fehlte jede entzündliche Schwellung oder eine fieberhafte Störung. Am dritten Tage wurde der Verband wieder gewechselt und ein Röhrchen entfernt, alles natürlich unter dem Schutze der Zerstäubung, die ich mit voller Kraft auf die Wunde richten liess, besonders beim Herausnehmen des Röhrchens, da sein Platz sofort von der nachdringenden Luft eingenommen wurde, die, wäre sie nicht auf diese Weise gereinigt, höchst wahrscheinlich septische Keime mit hineinbringen würde.

Nach zwei Tagen wurde die Wunde wiederum frei gelegt; die Nähte nahm ich sämmtlich heraus, da sie mir eine geringe Spannung zu veranlassen schienen; die Wärme der Wunde war nicht erhöht, der wässrige Erguss verringert.

Am sechsten Tage nach der Operation war der Schmerz im Gliede, über den der Kranke beim letzten Verbandwechsel geklagt hatte, verschwunden, nur zeigte sich die Gaze wieder beträchtlich vom Wasser durchtränkt; das Abflussröhrchen wurde etwas verkürzt durch Abschneiden am untern Ende. Zwei Tage später entfernte ich zum ersten Male die Watte vom ganzen Gliede und fand den Fuss frei von wässriger Schwellung und natürlich in seinem Aussehen; die Geschwulst war bedeutend gemindert und bildete nur noch eine abgeplattete Masse, die querüber ungefähr vier Cm. Durchmesser hatte und sich frei von Pulsation zeigte. Jede Spur des früheren Schmerzes war verschwunden und das Allgemeinbefinden hatte sich entschieden gebessert. Die Wunde war bis auf die Stelle, an der das Röhrchen lag, verheilt; die Absonderung so vermindert, dass ich jenes bis auf sechs Mm. verkürzen konnte und erst drei Tage später den Verband zu erneuern brauchte. Aber ich war überrascht, jetzt zu finden, dass die Entleerung genau noch den Umfang wie beim letzten Verbandwechsel zeigte und dass ich durch Druck auf die der Wunde benachbarte Haut einen Tropfen hellen Wassers zu entleeren vermochte. Ich konnte als Veranlassung hierzu nur annehmen, dass das verkürzte Röhrchen doch nicht seinem Zwecke voll entsprochen, sondern einer bestimmten Menge der Wundflüssigkeit sich anzusammeln gestattet hatte, die, so gering sie auch war, früheren Erfahrungen zufolge genügte, durch die verursachte Spannung das weitere Aussickern jener in die Länge zu ziehen. Ich legte ein neues Röhrchen von gleichem Durchmesser aber doppelter

Länge ein, schob es so weit in die Tiefe, als ich es, ohne Gewalt anzuwenden, vermochte und brachte den Verband wieder in Ordnung. Der Erfolg war ein gewünschter. Nach zwei Tagen war die Durchtränkung der Gaze fast Null, aus dem Röhrchen liess sich ebenfalls nichts herausdrücken, und ich konnte es desshalb wieder etwas verkürzen. Vier Tage lang liess ich nun den Verband unberührt und fand bei der Wegnahme, dass das Röhrchen durch die im Innern der Wundhöhlung vor sich gegangene Verwachsung herausgetrieben war; auf der Gaze zeigte sich nirgends ein Fleck und auch aus der Oeffnung liess sich nichts herauspressen. Das Röhrchen nahm ich nun selbstverständlich weg und als ich am neunzehnten Juli, fünfundzwanzig Tage nach der Operation und sechs nach dem letzten Verbande wieder nachsah, fand ich vollständige Vernarbung. Vom ersten bis zum letzten Augenblicke war auch nicht ein Tropfen Eiter gebildet worden.

Am dreizehnten Juli, oder neunzehn Tage nach der Operation, also in einer späteren Zeit, als der, in welcher die nicht antiseptisch angelegte seidne Schlinge sich zu lösen pflegt, konnte in der Schenkelschlagader in der Gegend der Vereinigung des unteren und mittleren Drittels der Einschnittswunde oder, mit andern Worten, genau an der Stelle der Unterbindung Pulsation gefühlt werden. Es musste also ein Zweig von nicht gewöhnlicher Grösse hier dicht am unterbundenen Theile seinen Ursprung genommen haben, so dass oberhalb ein Gerinnsel sich gar nicht hatte bilden können, nach dem gewöhnlichen Verfahren ein unglücklicher Ausgang durch Nachblutung nicht so unwahrscheinlich gewesen wäre. Einen besseren Beweis für die Sicherheit, welche die antiseptische Unterbindung in der Nachbarschaft eines bedeutenden Schlagaderzweiges im Gefolge hat, kann es wohl kaum geben.

Doch kehren wir zu dem Punkte zurück, von dem ab wir zu diesem Falle überschweiften, zu dem Vortheile nämlich, welchen die Abflussröhrchen mit sich bringen auch in dem späteren Verlaufe der Wundbehandlung. Hätte ich, wie vorher mitgetheilt, anstatt ein längeres Röhrchen am achten Tage einzuschieben, weil das kurze sich unzureichend erwiesen hatte, ganz und gar auf die weitere Benutzung überhaupt verzichtet, so würde der wahrscheinlichere Verlauf der geworden sein, dass die äussere Oeffnung sich mehr oder weniger durch entzündliche Neugebilde verengt hätte; eine grössere Menge der Absonderung wäre zurückgehalten worden, die dadurch erzeugte Spannung würde zur Eiterung geführt haben und die fast vernarbte Schnittwunde wäre wieder aufgebrochen.

Die Erregung entzündlicher Störungen durch solche Ansammlung und den Nutzen der Abflussröhrchen in Verbindung mit antiseptischer Behandlung kann man unter solchen Verhältnissen am besten beobachten bei langwieriger Entzündung des Kniescheibenschleimbeutels mit Erguss in den Sack. Man wäscht die benachbarte Haut gut ab mit einer Lösung von eins zu zwanzig Wasser, macht unter der Zerstäubung einen Einstich mit einem Sehnenmesser, gross genug, um ein Röhrchen vom Umfange einer Krähenfeder einzulegen und achtet nur darauf, dass man auch ordentlich in den Sack eindringt, der meist wegen der bedeutenden Verdickung seiner Hülle und der umgebenden Gewebe ziemlich tief liegt. Das Einbringen des Röhrchens kann man sich oft wesentlich erleichtern durch eine geringe Abänderung der Verbandzange, die ich seit Jahren eingeführt, aber noch nicht veröffentlicht habe. Ich lasse nämlich die gestreckten Blätter so weit verjüngen, dass sie an ihren Enden den Umfang einer Sonde erreichen, so dass sie auch in sehr kleine Oeffnungen einzudringen vermögen, wodurch sie zu verschiedenen andern Zwecken geeignet werden. In Edinburg sind sie unter dem Namen Fistelzangen bekannt.

Die helle klare Flüssigkeit wird nun ganz ausgedrückt, und ein Gazeverband übergelegt, der mit einer Achterbinde in Lage zu halten ist. Andern Tages wechselt man den Verband, findet die Gaze beträchtlich durchnässt, aber bei passendem Röhrchen vermag man nichts aus der Höhlung selbst zu drücken; gleichzeitig wird letzteres mit seinem oberen Ende nicht mehr in der Ebene der Haut, sondern etwas darüber hinaus liegen, kann auch nicht gut in seine frühere Stellung zurückgebracht werden, so dass man gezwungen ist, es entsprechend zu verkürzen. Dies hängt damit zusammen, dass bereits innerhalb der ersten vierundzwanzig Stunden nach dem Eröffnen des Sackes die Verdickung der umgebenden Gewebe merklich nachlässt. Noch auffallender tritt dieser Umstand hervor, wenn nach weiteren achtundvierzig Stunden der Verband wieder gewechselt wird und die Entleerung wahrscheinlich nur einen kleinen Bruchtheil der früheren ausmacht; das Röhrchen muss dann abermals verkürzt werden.

Es ist vortheilhaft, wenn man nach zwei oder drei Tagen den Verband von neuem abnimmt, weniger um seine antiseptische Wirkung aufrecht zu erhalten — denn die Entleerung wird wahrscheinlich so unbedeutend sein, dass kaum ein Wechsel auf eine Woche hin erforderlich ist, sondern um sich zu vergewissern, ob nicht die Entfernung des Röhrchens nöthig wird, unter Festhaltung der Regel, dass es so lange liegen bleibt, als der unbedeutende wässrige Fleck an der Gaze grösser ist, als sich aus der kleinen Stichöffnung erklären liesse. Dies wird wahrscheinlich innerhalb der Woche nach der Eröffnung eintreten und man legt dann ein Stückchen Wachstaffet auf die Stichöffnung und unter die Gaze, um nun die Vernarbung einzuleiten, die nach ein oder zwei Tagen vollständig ist. Im Sacke wird sich dann nichts mehr von wässrigen Ansammlungen zeigen, die Verdickung der umgebenden Theile ganz oder doch zum grössten Theile verschwunden sein.

Der ganze Vorgang ist ein durchaus sicherer, schneller und abgesehen von dem Einstiche auch schmerzloser; und selbst den Schmerz des Einstiches kann man wesentlich mildern, wenn man durch Aetherzerstäubung vorher eine starke Kälte auf die Haut einwirken lässt, nachdem man sie mit einer Karbolsäurelösung abgewaschen hat und dann unter dem Dunstkegel der letzteren das Sehnenmesser einsenkt. So kann man dies störende Leiden beseitigen durch eine Behandlung, deren Erfolge auch eine bedeutende theoretische Anregung geben. Die Einführung des Röhrchens allein ohne gleichzeitige antiseptische Behandlung würde unvermeidlich zu einer heftigen Entzündung des Synovialsackes und folgender Eiterung führen. Dabei dringt das Antiseptikum nicht in den Hohlraum dieses Sackes ein, kann also nicht etwa eine unmittelbare Einwirkung ausüben. Alles, was die Behandlung leistet, besteht darin, dass sie, die faulige Zersetzung abhaltend, dafür sorgt, jeden Erguss aus dem Synovialsacke im Augenblicke seiner Bildung sofort nach aussen abzuleiten und so jeder Ansammlung wehrt. Unter dieser Bedingung sehen wir dann die Entzündung, die vielleicht schon den Schlaf raubte und eine bedenkliche Reizung hervorrief, unmittelbar sich setzen, die krankhafte Neigung der Synovialhaut sich bald ganz verlieren und die Verdickung der umgebenden Theile schwinden. Daraus müssen wir folgern, dass die Gegenwart dieser Flüssigkeit allein genügt, die schleichende Entzündung auf unbestimmte Zeit hin zu unterhalten. Und doch lässt sich diese Störung nur auf mechanischem Wege erklären, da die chemische Zusammensetzung durchaus nichts reizendes an sich hat. Mit andern Worten also, Spannung ist die Veranlassung, durch welche die langwierige Kapselentzündung unterhalten wird, die nächst der Zersetzung die allergewöhnlichste Ursache der Entzündung in der chirurgischen Krankenbehandlung abgiebt. Dabei ist aber nicht nothwendig, dass der Sack immer ganz übermässig ausgedehnt sein müsste; er kann selbst schlaff sein, aber die angesammelte Flüssigkeit unterhält die Neigung zur regelwidrigen Ergiessung von der synovialen Oberfläche her, sowie die entzündliche Uebernährung der umgebenden Theile. Diesen Punkt muss man sich ganz besonders klar machen, denn die Möglichkeit der Störungen durch solche schlaffe Ansammlungen erklärt nicht nur die Hartnäckigkeit langwieriger wässeriger und synovialer Ergüsse, sondern erhellt auch andere wichtige Verhältnisse, z. B. den nachtheiligen Einfluss selbst leichter Anhäufungen von Wasser in einer Wunde oder des Inhaltes gewisser schlaffer, langwieriger Abscesse, welcher die Eiterung unterhält. Andererseits befähigt uns die Kenntniss dieses Umstandes die wohlthätige Wirkung zu verstehen, die wir oft nach blosser Entleerung wässriger oder eitriger Ansammlungen eintreten sehen, sei es als einer einfachen Maassnahme oder um Gegenreiz einzuleiten. Wird die Entfernung durch den Aspirator bewirkt, dann sollte man nicht verabsäumen, die Spitze desselben vor ihrer Einführung in Karbolsäure zu tauchen. Verstopft sich die enge Röhre durch Gerinnsel oder Flocken, was ja häufig geschieht, dann benutzt man einen Trokar von einiger Dicke, natürlich ebenfalls erst, nachdem man ihn mit antiseptischem Oele bestrichen hat und unter dem Zerstäubungskegel.

Nach meinen Erfahrungen indess erreicht man selten bei

Abscessen Heilung, wenn man den Inhalt aus einer Oeffnung sich ergiessen lässt, die sich leicht schliesst, weil die nach der Entleerung sich neu ergiessende, fast immer zurückgehaltene Flüssigkeit genügt, eine Spannung zu veranlassen, welche zur Eiterung führt. Legt man aber ein Abflussröhrchen ein und darüber den antiseptischen Verband, unter dem die stetige Entleerung vor sich gehen kann, dann wird die eiterliefernde Haut von der anfänglichen, sie fortwährend zur Eiterung drängenden Reizung befreit, d. h. von der durch Spannung unterhaltenen entzündlichen Aufregung, die grösser oder geringer ist, je nach dem Grade der Heftigkeit des Falles, während der mit entzündlichen Neugebilden sich ausfüllende Sack vor dem neuen Reize geschützt bleibt, welcher bei der gewöhnlichen Behandlungsweise nicht ausbleiben würde, nämlich vor der chemischen Reizung der Zersetzungsmasse, wie das früher schon eines weiteren erwähnt ist — Seite 37 u. ff. — Genug, würde die antiseptische Behandlung nichts weiter bezweckt haben, als die Behandlung der Abscesse umzuformen und ihre Krankheitslehre aufzuhellen, sie würde sich dadurch allein den Dank der Wundärzte verdient haben.

Um aber solche Erfolge erzielen zu können, dazu gehört eben, dass die vorher genannten Bedingungen erfüllt sind: vollkommen ungehinderter Abfluss der Entleerungen und genügender antiseptischer Verband vom Anfange bis zum Ende. Vernachlässigung des ersten Punktes hat entzündliche Eiterung durch Spannung veranlasst im Gefolge oder bei geringerem Grade vermehrtes und dauerndes Aussickern wässriger Ergüsse; ungenügender antiseptischer Verband dagegen, sei es, dass er zu lose angelegt ist und sich verschiebt oder zu früh abgelegt wurde, bevor der Abscessgang sich ordentlich geschlossen hatte, wird Veranlassung werden, dass sich faulige Eiterung mit ihren Folgen einstellt, die dann reichliche Einschnitte und Gegenöffnungen erfordert oder bei Wirbel- und Gelenkleiden vielfache Uebelstände mit sich bringt.

Ein in eine wässrige Lösung — eins zu zwanzig — getauchter und gut ausgedrückter Schwamm giebt eine schätzenswerthe Unterstützung und Beihülfe für die Abflussröhrchen ab, indem er bei Wunden mit einer beträchtlichen Höhlung, z. B. nach Geschwulstherausschälungen, während der ersten vierundzwanzig

Stunden der Blutanhäufung vorbeugt. Syme hat sich lange Zeit mit Vorliebe des Schwammes unter solchen Umständen bedient und war auch der erste, welcher ihn mit gutem Erfolge antiseptisch bei einer schon älteren Frau benutzte, der eine Ohrspeicheldrüse weggenommen war. Hat man die Wunde genäht, die Röhrchen eingelegt und die Schnittlinie mit einer Schutzhülle belegt, dann deckt man einen weichen, wie vorher erwähnt, gereinigten Schwamm über, der gross genug ist, die Wunde hinreichend zu verhüllen und breitet erst darüber die Gaze aus, die natürlich nach jeder Richtung den Schwamm überragen muss. Das Ganze wird dann durch eine passend fest angelegte Binde in Lage gehalten, welche den elastischen Schwamm zusammendrückt, der seinerseits wieder die Wundflächen aneinander hält, den Erguss wässriger Massen dadurch verhindert und das aus den Röhrchen Kommende in sich aufsaugt in dem Maasse, wie es unter der Schutzhülle hervorsickert. —

Diese Verbandweise liefert uns ausserdem einen klaren Beweis für die vernichtende und zerstörende Thätigkeit einer kräftigen wässrigen Lösung gegenüber den septischen Gährungskeimen. In unserm Krankenhause benutzen wir die Schwämme, so lange sie eben halten und bewahren sie nach ihrer Benutzung in einer wässrigen Lösung auf. In der Privatpraxis dagegen verfahre ich seit Jahren so, dass ich die bei einer Operation verwendeten Schwämme in ein Gefäss mit Wasser legen lasse, worin sie so lange liegen bleiben, bis der Faserstoff in ihren Poren sich zersetzt und in eine schleimige Masse umgewandelt hat, die sich leicht auswaschen lässt. Dann drückt man sie in immer frischem Wasser aus, bis dasselbe nicht mehr schmutzig erscheint, ringt sie ganz rein aus und feuchtet sie nun mit einer Karbolsäurelösung eins zu zwanzig gründlich an. Den so behandelten Schwämmen wird immer noch ein Zersetzungsgeruch anhangen, was aber ohne Bedeutung ist; denn die Gegenwart einiger weniger Zersetzungsprodukte schadet nichts, wenn nur die Ursachen der Gährung zerstört sind. Und dass dies der Fall ist, sollen die folgenden Betrachtungen lehren.

Der Schwamm, der soviel wie nur irgend möglich ausgedrückt auf die Wunde gelegt wird, enthält nur eine Kleinigkeit der wässrigen Lösung, die sich auf die der Wunde benachbarten Theile noch verbreitet oder durch das ergossene Blut und Wasser verdünnt wird, dessen Menge zuweilen gar nicht so unbedeutend ist. Würde also irgend ein lebensfähiger Gährungskeim noch in den inneren Theilen des Schwammes vorhanden sein, so müsste das Blutwasser der Zersetzung verfallen, da das Verhältniss der vorhandenen Karbolsäure nicht hinreichend kräftig ist, antiseptisch zu wirken. Dennoch kann ich versichern, dass mir weder in der Krankenhaus- noch in meiner Privatpraxis irgend ein Fall bekannt geworden ist, in welchem Zersetzung eingetreten wäre, vorausgesetzt, dass die Bereitung des Schwammes zuverlässig und auch sonst beim Verbande die nöthige Vorsicht nicht versäumt war. Daraus folgt also, dass der Schwamm keine entwicklungsfähigen Keime enthielt, die vor seiner Behandlung mit Karbolsäure im reichen Ueberflusse vorhanden waren. Denn ganz abgesehen von den Zersetzungsstoffen, die bei einem eiligen und unsaubern Auswaschen zurückbleiben, das Wasser selbst, das zum Reinigen benutzt wurde, wimmelt von septischen Keimen, wie es Sanderson vor Jahren schon nachgewiesen hat — Quarterly Journal of Microsc. Science 1871 pag. 321 —. Da sie nicht alle ausgewaschen sein können, sondern als solide Theilchen in der lockeren Masse des Schwammes massenhaft zurückgeblieben sein werden, so bleibt eben nur als die einzige Annahme, die Abwesenheit der Zersetzung zu erklären, die, dass die Karbolsäure sie vernichtet hat. So werden wir also zu dem Schlusse gedrängt, dass dieses Mittel in Form einer kräftigen wässrigen Lösung vollständig und dauernd die septische Thätigkeit dieser Keime zu zerstören vermag.

Würde es über allem Zweifel stehen, dass die septischen Keime wirklich lebende Wesen wären, so hätte man schon aus der Vergleichung und Uebereinstimmung mit andern das Recht zu schliessen, dass sie fester Natur sein müssten und nicht aufgelöst im Wasser vorkommen könnten, obwohl ich ein Mal aus dem Munde eines sehr bedeutenden Chemikers die Behauptung hörte, dass die niedersten Lebensformen im aufgelösten Zustande zu bestehen vermöchten. Vielleicht hat sich dieser Gedanke aus dem Nachweise Sanderson's herausgebildet, dem zufolge ein

Tropfen Wasser, in dem durch das Mikroskop keine Bakterien zu erkennen waren, dennoch für die Entwicklung dieser Formen geeignet wurde, sobald man ihn mit einer Flüssigkeit in Verbindung brachte, welche der Bildung jener förderlich war. Mit mehr Recht können Die für die Löslichkeit eintreten, welche jene Keime durchaus nicht als Organismen ansehen, sondern sie für sogenannte chemische Gährstoffe halten. Dieser Punkt hat eine ebenso praktische wie spekulative Wichtigkeit und ich freue mich daher um so mehr, durch eine einfache Untersuchung einen überzeugenden Beweis erhalten zu haben, dessen ich hier kurz gedenken will.

Eine Reihe von Untersuchungsgläsern wird unter Beachtung der schon früher angegebenen Vorsichtsmaassregeln — Seite 211 — mit irgend einer Flüssigkeit gefüllt, die für die Entwicklung solcher Wesen geeignet und zu Gährungsveränderungen geneigt, im Augenblicke der Verwendung aber frei ist von irgend welchen lebenden Organismen. Man lässt die Gläser ungestört ruhig stehen; die einzige Veränderung, welche die Flüssigkeit dann erleidet, besteht in ihrer langsamen Verminderung durch Verdunstung. Sowie man aber einem Gläschen ein oder zwei Tropfen Trinkwasser hinzusetzt, so wird man nach zwei bis drei Tagen finden, dass sein Inhalt von Bakterien wimmelt, aber auch gleichzeitig chemische Veränderungen eingegangen ist, ein Verhalten, wie es auch Sanderson beobachtet hat. Fügt man aber statt eines ganzen Tropfens vielleicht nur den sechszehnten Theil desselben hinzu — was sich leicht mittelst einer kleinen Glasspritze ausführen lässt, deren Spitze durch Kautschuk mit einem Glasröhrchen verbunden ist, dessen freies Ende ganz fein ausgezogen wurde —, so ist der Erfolg ein ganz anderer. Einige von den Gläsern zeigen keine Spur von Veränderung, wie wenn nichts geschehen wäre, in anderen greift die Bakterienentwicklung um sich; aber die Zeit, in welcher diese vor sich geht und sich durch Trübung oder sonstwie kenntlich macht, wird nicht für alle Gläser die gleiche sein; die Bakterien werden bei der mikroskopischen Untersuchung sich wesentlich in den einzelnen unterscheiden und auch die entsprechenden Gährungsveränderungen verschieden sein. Es ist wohl kaum zu bemerken nöthig, dass wenn diese die Gährung veranlassende Masse gelöst in dem Wasser enthalten wäre, nothwendiger Weise eine gleiche Vertheilung vorhanden sein müsste und dieselben Wirkungen in allen Gläsern durch die Hinzufügung einer noch so kleinen Wassermenge zur Beobachtung kommen würden. Damit ist denn wohl auch der Beweis geliefert, dass jener Stoff, welcher in organischen Flüssigkeiten — soweit sie wenigstens der Untersuchung unterworfen sind, nämlich Pasteur's Lösung und gekochte Milch — zur Bakterienentwicklung und zu Gährungsveränderungen führt, im Wasser sich nicht im Zustande der Lösung befindet, sondern in der Form schwebender Theilchen darin enthalten ist, verschieden in der Art und, wenn auch sehr zahlreich gegenwärtig, keineswegs gleichmässig vertheilt, sondern zerstreut in der Wassermenge, wie die Amöben oder andere ihre Bevölkerung bildende Thierchen.

Wir wollen nun noch kurz auf eine Verbesserung unserer Behandlungsweise kommen, die auf der Einführung eines neuen antiseptischen Stoffes beruht.

Zu der Heranziehung dieses neuen Mittels gab mir folgender Fall Veranlassung.

Ein vierzig Jahr alter Mann kam mit einem seit acht Jahren im Gesichte bestehenden ulcus rodens in Behandlung, welches die gewöhnlichen Eigenschaften zeigte: die Oberfläche war glatt, die Absonderung beschränkt, die umgebende Härte schmal und bestimmt abgesetzt; dabei fehlte jede entzündliche Erscheinung und jede Anschwellung der benachbarten Drüsen, ebenso wenig war Schmerz vorhanden.

Nach dem Herausschneiden mit dem Messer stellte es sich heraus, dass der verhärtete Grund eine verschiedene, fünfviertel bis drei Mm. betragende Dicke, sowie ein nelkenfarbiges, gleichmässiges Ansehen hatte, sonst aber in nichts an das Epiteliom erinnerte, nur dass sich die M. Schultze'schen Riffzellen vorfanden, welche in diesem Falle wenigstens das ulcus rodens jenem anreihten; wie gewöhnlich bei dem Epiteliom zeigten auch hier die Zellen ihre Eigenthümlichkeiten in ausgeprägter Weise; wir fanden gut entwickelte Formen der Riffzellen mit grossen Kernen und gefingerten Fortsätzen.

Die grosse Ausdehnung des Geschwürs und sein Erstrecken über einen bedeutenden Theil der Wange, beider Lider und Nasenlöcher, der oberen und unteren Lippe, machte es unmöglich, die Wundfläche plastisch bedecken zu können. Es wurde desshalb die Heranziehung kräftiger antiseptischer Mittel nöthig, um jeder entzündlichen Störung durch Ausbildung der Zersetzung vorzubeugen. Der gewöhnliche Verband konnte nicht zur Anwendung kommen, da unter dem Wachstaffet von Mund und Nase her die Zersetzung sich würde haben ausbreiten können; denn jenes schützte wohl die Wunde vor dem Einflusse der Karbolsäure, trat aber auch ihrer antiseptischen Wirkung entgegen.

In solchen Fällen muss das Antiseptikum, soll es sonst Einfluss haben, unmittelbar auf die blosliegenden Gewebe selbst zu liegen kommen, aber andererseits darf es auch nicht reizen und die Vernarbung verhindern.

Diesen beiden Bedingungen wurde in folgender Weise entsprochen. Ein Theil fein gepulverte Borsäure, ein Theil weisses Wachs, zwei Theile Mandelöl und ebensoviel Paraffin werden nach dem Schmelzen und Vermischen des Wachses und Paraffins in einem gewärmten Mörser bis zur Verdickung der Masse gerieben und dann zur Abkühlung bei Seite gesetzt. Darauf nimmt man die abgekühlte Masse nach und nach heraus und reibt sie in einem kalten Mörser zu einer gleichmässigen weichen Salbe an. Diese wird auf weiches Baumwollenzeug dünn überstrichen und hat sich das Oel vermöge der Kapillaranziehung der äusseren lockeren Fläche bald ausgeschieden, so bleibt ein plattes festes Lager zurück, das sich von der Haut leicht abheben lässt, ohne irgend einen schmierigen Rückstand zu hinterlassen. Die Entleerungen werden nicht zurückgehalten, können frei abfliessen, werden aber fortwährend mit einer hinlänglichen Menge der Borsäure versehen, so dass jede Zersetzung fern gehalten, die Vernarbung aber nicht beeinträchtigt wird. Unter diesem Verbande heilte die grosse Wundfläche auf das schönste und trotz der empfindlichen Theile war weder Röthe noch Schwellung in der

Umgebung zu bemerken, auch hatte der Kranke ausser am Tage der Operation über keinerlei Unbequemlichkeiten zu klagen.*)

---

*) Leider hat mir der Herr Verfasser den letzten Theil dieser Abhandlung so spät zukommen lassen, dass er nicht in dem ursprünglich beabsichtigten Umfange hat Aufnahme finden können. Die hier mitgetheilte Krankengeschichte des ulcus rodens ist übrigens im Edinb. Med. Journal vom Sept. d. J. bereits vom Verf. veröffentlicht worden. Er theilt mir brieflich mit, dass das betreffende Verbandzeug von den Mssrs Lang et Cousin in Glasgow zu beziehen ist, das Yard, resp. Meter zu anderthalb pence, also ungefähr fünfzehn Pfennigen.

Der Uebersetzer.

Anmerkungen des Verfassers.

1) Karbolsäure kommt im Handel unter zweierlei Formen vor: krystallisirt und fest bei gewöhnlicher Temperatur, und flüssig; letztere wird wohl auch als deutsches Kreosot bezeichnet. Die flüssige Form gelangt mannichfach verunreinigt in den Handel; die roheren Sorten lassen sich an ihrem scharfen Geruche erkennen, während die gut gereinigten fast angenehm riechen. Da ich aber gefunden habe, dass sich verschiedene Proben wesentlich unterschieden in ihrer Wirksamkeit, so möchte ich es für besser halten, lieber die krystallisirte Säure zu benutzen, die man leicht zum Schmelzen bringen kann, wenn man das Gefäss, in der sie aufbewahrt wird, wenige Minuten in warmes Wasser hält. Karbolsäure ist fast gänzlich unlöslich im Wasser, aber leicht löslich in verschiedenen organischen Flüssigkeiten, z. B. den gewöhnlichen fetten Oelen und Glycerin (vergl. Anmerkung 4). — S. 4. —

2) Wenn man zu einer beträchtlichen Menge der krystallisirten Karbolsäure einige Tropfen Wasser setzt, so nimmt sie dauernd eine flüssige Form an. — S. 45. —

3) Ich habe Gelegenheit gehabt einen solchen ausnahmsweisen Fall zu beobachten, in dem ein mit dem Grimmdarme im Zusammenhange stehender Abscess einen sehr scharfen, Vibrionen enthaltenden Eiter entleerte. — S. 50. —

4) Verunreinigungen der Karbolsäure beeinträchtigen ihre Löslichkeit im Wasser. Ich hatte anfänglich mit einer unreinen, flüssigen, im Handel unter dem Namen „deutsches Kreosot" vorkommenden Masse gearbeitet, die sich unlöslich im Wasser zeigte, vielleicht weil die beigemengten organischen Verunreinigungen

eine grössere Verwandtschaft zur Säure besitzen. So kam ich zu dem falschen Schlusse, dass Karbolsäure überhaupt im Wasser nicht löslich sei. — S. 72. —

5) Man kann dieser Unannehmlichkeit dadurch begegnen, dass man Tag und Nacht in kurzen Zwischenräumen frisches Oel auf den Verband bringt, was aber wegen der damit verbundenen Störungen nicht immer gut angeht. Doch giebt es Fälle, wo sich dies Verfahren empfiehlt, z. B. bei Verletzungen am Damme. Bei geringer Absonderung genügt ein einmaliger Wechsel in vierundzwanzig Stunden. — S. 75. —

6) Zur Herstellung des Pflasters schmilzt man Bleipflaster und Wachs, mischt beides gut zusammen und lässt die Masse soweit abkühlen, dass sie anfängt dick zu werden. Unter fleissigem Umrühren setzt man nun die Säure hinzu und rührt so lange weiter, bis die Masse zum zweiten Male dick wird, damit sich das Wachs nicht in Kügelchen ausscheidet. Das so Erhaltene lässt sich nicht gut streichen. Ich habe nun gefunden, dass man durch Vermehrung der Bleiglätte dem Pflaster den gewünschten Grad von Festigkeit geben kann, vorausgesetzt, dass nicht Wasser bei der Zubereitung benutzt wird, wie es die Pharmakope bei den von ihr zu Grunde gelegten Verhältnissen der Bleiglätte und des Olivenöls verlangt, um eine Vereinigung des Bleioxyds und der fetten Oele zu ermöglichen. Es ist eine anregende chemische Thatsache, dass, wenn man die Bleiglätte in vier Mal stärkerem Verhältnisse nimmt, die Vereinigung ohne Wasserzusatz unter lebhafter Hitzeentwicklung mit grosser Schnelligkeit vor sich geht. Darauf stützt sich folgende Zubereitungsweise. Man erhitzt sechs Theile Olivenöl auf gelindem Feuer, setzt allmälig zwölf Theile Bleiglätte hinzu und rührt fleissig um, bis das Ganze etwas steif wird, fügt dann weitere sechs Theile Oel hinzu und rührt wieder bis zum dick werden. Dann thut man langsam drei Theile Wachs zu und nachdem das Gefäss vom Feuer entfernt ist, auch die noch fehlenden zwei und einen halben Theile krystallisirter Karbolsäure. Nun wird das Ganze noch ein Mal gründlich bis zur vollständigen Vermischung durchgerührt, zugedeckt und stehen gelassen, bis die überflüssige Glätte sich gesetzt hat. Dieses Pflaster lässt sich leicht mit der Maschine streichen und hält sich

zusammengerollt und im gut verschlossenen Raume aufbewahrt, für lange Zeit brauchbar. Uebertroffen wird es nur vom Lackpflaster. — S. 75. —

7) Einen wunderbaren Erfolg hat Cresswell aufzuweisen — Lancet. 29. August 1868. — Dem Kranken war durch eine Gewehrkugel der Oberschenkel in der Gegend der Rollhügel und des Halses zerschmettert; die Wunde heilte vollständig unter dem Schorfe, der durch geöltes Lint gebildet war, welchem der täglich erneute Kitt übergelegt wurde. — S. 80. —

8) Dies Pflaster ist zu einem mässigen Preise zu beziehen durch die New Apothecarie's Company, Glassford Street, Glasgow. Die Zubereitungsweise ist folgende: Nimm drei Theile Schellack und einen Theil der Karbolsäure; schmelze den ersteren auf gelindem Feuer unter Zusatz eines Drittels der Säure, entferne dann das Gefäss vom Feuer, füge den Rest der Säure hinzu und rühre nun das Ganze tüchtig durcheinander. Lass es dann durch Muslin durchlaufen, fülle es in die Pflasterstreichmaschine und hat es durch Abkühlen die erfahrungsmässig nothwendige Steifheit angenommen, dann breite es über Baumwolle in Tafeln von einem halben Millimeter Stärke aus [das Original bestimmt die Dicke von einem funfzigstel Zoll]. Dann bestreiche die Oberfläche leicht mit einer Gutta-perchalösung — eins in dreissig Theilen Schwefelalkohol — und nachdem der Schwefel sich verdunstet hat, rolle es auf oder schneide es in Tafeln von beliebiger Länge, die ohne zu kleben über einander geschichtet und in Zinnbüchsen aufbewahrt werden können. — S. 82. —

9) Es ist schon lange beobachtet worden, dass die Blutung häufiger eintritt an der dem Herzen abgewandten Seite der Unterbindung, was um so mehr befremden muss, als die Herzseite einer stärkeren Spannung ausgesetzt ist. Die Erklärung für diese Thatsache liegt in verschiedenen Umständen, die ich bereits früher hervorgehoben habe — Croonian Lecture on the Coagulation of the blood, Proceedings of the Royal Society vol. XII, N. 56 — und von denen ich nur anführen will, dass ein vollkommen ungestörtes Gerinnsel, ähnlich wie gesundes lebendes Gewebe, in seiner Nachbarschaft keine Gerinnung veranlasst, während ein fortwährend gestörtes seiner Umgebung eine Neigung zur Gerin-

nung verleiht, in gleicher Weise wie krankes Gewebe. Hat man also ein Gefäss unterbunden, so wird sich auf der zerrissenen mittleren und inneren Haut ein Gerinnsel bilden, das sich nicht vermehren würde, wenn das Blut sich ruhig verhielte. Aber der Schlag der Pulsadern muss im Verhältnisse seiner Stärke als stete Störung einwirken und eine Vergrösserung herbeiführen, die an der Herzseite einen weiteren Umfang annimmt als an der dem Herzen abgeneigten, dort also eine stärkere Schranke dem Blutdrucke entgegensetzen hilft, als hier. — S. 90. — s. Druckfehler.

10) Solche Untersuchungen schlagen gewöhnlich unter den Händen derer fehl, welche gegen die Keimlehre arbeiten, da ein von der Wahrheit dieser Anschauung überzeugter Untersucher mit viel mehr Mühe und Umsicht nach den Fehlerquellen forscht. —

11) Wenn bei einem, die Entfernung des Gliedes erfordernden Gelenkleiden Fisteln vorhanden sind, so thut man am besten, nachdem man diese mit einer kräftigen Lösung ausgespritzt hat, auf die Schnittfläche eine starke Zinkchloridauflösung — Gramm zwei und ein halb auf dreissig Wasser — zu bringen, wie es Campbell de Morgan empfahl, und dann den antiseptischen Verband anzulegen, in der Hoffnung, wenn auch nicht mit der Gewissheit, die Zersetzung zu vermeiden; Chlorzink hat die Eigenthümlichkeit, in recht dauernder Weise von einer solchen Wundfläche die Zersetzung abzuhalten und sie gerade in der Zeit zu schützen, welche der Entwicklung der entzündlichen Neubildungen vorhergeht, in welcher die frische Schnittfläche am Meisten empfindlich und zur Aufsaugung geneigt ist, so dass selbst, wenn Fäulniss eintritt, die Gefahr der Entzündung und der Pyämie sich ganz bedeutend verringert hat. — S. 123. —

12) Dem Lackpflaster habe ich noch dadurch eine wesentliche Verbesserung angedeihen lassen, dass ich die Masse anstatt auf Baumwolle auf weiches Zeug streiche, wodurch es wunderbar anschmiegig wird, aber auch dauerhafter und der Abnutzung widerstehender. Wegen seiner Dünnheit wird es sich empfehlen, wenn man viel Absonderung befürchtet oder möglichst wenig den Verband wechseln will, eine zweifache Schicht überzulegen, damit der Säurevorrath verdoppelt wird. — S. 132. —

13) In der letzteren Zeit bediene ich mich der Seide zum

Nähen, die vorher eine Weile lang in einer Mischung von Karbolsäure und geschmolzenem Bienenwachse — eins zu zehn — gelegen hat und dann zur Entfernung des überflüssigen Wachses durch ein trocknes Tuch gezogen, aufgewickelt und in einem verschlossenen Gefässe aufbewahrt wird. Das Wachs giebt dem Knoten einen bessern Halt, hält die Karbolsäure gut zurück, füllt die Zwischenräume der Fadenfasern aus und verhütet so die Aufsaugung reizender Flüssigkeiten, Eigenschaften, durch welche sich der so zubereitete Faden dem metallnen nähert, dem er aber wegen der Geschmeidigkeit doch noch vorzuziehen ist. — S. 133. —

14) Ich freue mich darüber, dass die Zweifel, die von einigen Seiten in einer unsern Stand gerade nicht ehrenden Weise gegen die Keimlehre erhoben worden sind, immer mehr und mehr zurückgewiesen werden können, je eingehender man sich mit dieser Frage beschäftigt. Einen neuen erläuternden Beitrag hat Tyndall's einfacher aber schöner Versuch geliefert, durch den das Vorhandensein lebendiger Staubtheilchen von ausnehmender Kleinheit durch einen starken Lichtstrahl in der Luft nachzuweisen sind, ebenso in derselben Weise die Möglichkeit, auch die feinsten derselben aus der Luft entfernen zu können, indem man z. B. sie durch Baumwolle treten lässt, was einer Durchseihung gleichkommt. Namentlich das letztere scheint für die Chirurgie oder besonders für das antiseptische Verfahren von grosser Bedeutung zu sein und die hier einschlägigen Versuche haben entschieden zu Gunsten der Keimlehre gesprochen. Ich fand, dass, wenn ich Baumwolle, welche mit Dämpfen von Chlor, schwefliger Säure, Benzin oder Karbolsäure vollgesogen war, auf eine vorher mit derselben Lösung abgespülte Wunde oder ein körniges Geschwür legte, eine Zersetzung des sich noch ergiessenden Blutes oder austretenden Eiters in unbestimmter Zeit nicht eintrat, obwohl die Verflüchtigung schon innerhalb vierundzwanzig Stunden vollendet war; selbstverständlich durfte die Entleerung nicht so reichlich sein, dass sie die Watte vollständig durchdrang und an die Oberfläche trat, weil sonst zwischen den Fasern Raum reichlich genug war, dass sich hier die Keime entwickeln und binnen wenigen Stunden die Zersetzung durch die ganze befeuchtete Masse tragen konnten. Dieser Umstand schränkt nun freilich die

Verwerthung der Watte ein und ich habe sie durch die Gaze ersetzt, aber für die Keimlehre bleibt es immerhin wichtig. Trotzdem die Watte in einem Tage jede ihr gegebene chemische, zersetzungsfeindliche Eigenschaft verliert, hält sie dennoch die Zersetzung für einen Monat und noch länger ab. Es kann hierbei nicht von einer Ausschliessung der Luft die Rede sein, denn die dringt ebenso gut von Aussen ein, wie sich die genannten Gasarten nach aussen hin verflüchtigen; was abgehalten wird, das können nur die in der Luft schwebenden Staubtheilchen sein, so dass also daraus mit Gewissheit geschlossen werden kann, dass als die Ursachen der Zersetzung des Blutes oder Eiters oder der sonst mit der Wunde im Zusammenhange stehenden Stoffe nicht die Luft sondern nur ihr Staub zu betrachten ist. Die Thatsache ferner, dass die Luftstaubtheilchen ihrer Fähigkeit, die Zersetzung einzuleiten, durch Mittel beraubt werden, die chemisch so unähnlich sind, wie Chlor, schweflige Säure, Benzin, Karbolsäure, aber darin eine Uebereinstimmung zeigen, dass sie thierischen und pflanzlichen Leben verderbenbringend sind, diese Thatsache, behaupte ich, beweist am besten, dass die die Zersetzung bedingenden Theilchen wirkliche lebendige Wesen sind. Ich empfehle diesen einfachen Versuch mit Watte der gewissenhaften Beurtheilung des Lesers, weil er, mag man auch über die hiermit verwandte Urzeugung denken wie man will, unwiderleglich die Wahrheit des Satzes begründet, auf welchem das ganze antiseptische Verfahren beruht. — S. 156. —

15) Ich beabsichtige eine Reihe von Untersuchungen anzustellen, um genau zu bestimmen, wie schwach die Lösung und wie fein die Zerstäubung sein kann. Für jetzt empfehle ich bei kleineren Gliedabnahmen das von Richardson angegebene Geräth zur Erzeugung örtlicher Gefühllosigkeit, nur an Stelle des Aethers eine wässrige Karbolsäurelösung im Verhältnisse wie eins zu vierzig. Wir erhalten damit einen vollkommen genügenden Zerstäubungsdampf, der vielleicht noch zu stark und streng ist. Für grössere Gliedabnahmen muss aber die Zerstreuung eine kräftigere sein und ich hoffe in nicht zu ferner Zeit auch hierbei in einfacherer und billigerer Weise zum Ziele zu kommen, da das von mir jetzt benutzte Geräth zu schwer und zu theuer ist. — S. 157. —

16) Am besten mischen sich die Stoffe so: 1 Th. Karbolsäure, 5 Th. Harz, 7 Th. Paraffin. Nachdem sie in einem dampfgeheizten Troge flüssig gemacht sind, taucht man die Gaze in die Masse ein und bringt sie dann in mehreren Lagen zwischen zwei Rollen, um sie auszupressen. Sie nimmt etwas weniger als ihr eignes Gewicht von jener Masse auf, von der die einzelnen Faden durchtränkt werden, während die Maschen offen bleiben. Man kann auch den Ueberschuss der Mischung durch erwärmte Metallplatten auspressen, doch ist dann die Gaze nicht so gleichmässig bearbeitet wie durch die Walzen. Der Ersparniss wegen kann übrigens die gebrauchte gewaschen und wieder zubereitet werden. Siehe Seite 243. — S. 159. —

17) In Ermangelung so zubereiteten Wachstaffets kann man sich auch dadurch helfen, dass man ihn mit karbolsäurehaltigem Oele bestreicht und doppelt auflegt. — S. 162. —

18) Es ist gewiss nicht unnütz, hier ein warnendes Wort gegen den unzweckmässigen Gebrauch des Wachstaffets als Schutzhülle einzuschieben, der leicht der Ausgangspunkt trauriger Folgen werden kann, wenn man nicht ganz sorgfältig verfährt. Er soll die unter ihm liegende Fläche vor der Zersetzung schützen, aber er vermag nicht für sich die Zersetzung abzuhalten. Ist nur einem Keimchen die Möglichkeit gegeben, unter ihn zu gelangen, dann geht die Weiterentwicklung vor sich; desshalb darf das Wachstaffet die Gaze nicht überragen, denn dadurch würde die Zersetzung nur nach innen geleitet werden, sondern er muss weithin von dieser überdeckt sein, als wenn er selbst die Wunde wäre. — S. 162. —

19) Indess muss man es Cohn nachrühmen, dass er sehr lange bei den mannichfachen physiologischen Wirkungen der verschiedenen angenommenen Arten der Bakterien verweilt und sie zuweilen der Eintheilung zu Grunde legt, z. B. bei der Gruppe der Pigmentbakterien, welche er von anderen wegen der auffälligen Färbung, zu der sie Anlass geben, unterscheidet. Nichtsdestoweniger stützt er sich aber in der Hauptsache nur auf gestaltliche Eigenthümlichkeiten. Siehe: Untersuchungen über Bakterien von Dr. F. Cohn, Beiträge zur Biologie der Pflanzen. II. Heft. Breslau 1872. — S. 207. —

Anmerkungen des Uebersetzers.

Lint, das auch in Deutschland sich mehr und mehr einbürgern zu wollen scheint, ist nicht unsere gewöhnliche Verbandleinwand, sondern besteht in einem, grobem Flanelle ähnlichen Leinen- oder Hanfgewebe, das eine mehr filzartige, watteähnliche Fläche hat und, in passende Stücke geschnitten, trocken oder angefeuchtet zur genaueren Bedeckung der Wunde aufgelegt wird. Sein Vortheil vor dem Charpie besteht darin, dass es stets frisch und neu gebraucht, nach seiner Benutzung fortgeworfen wird, während Charpie aus alter Leinwand von zweifelhaftem Ursprunge und ebensolcher Reinheit leicht mit anderem schon gebrauchten vermischt und Ursache einer Ansteckung werden kann; ausserdem nimmt der letztere leicht Staub und Miasmen beim Liegen in den Krankensälen auf und kann, an feuchten Orten aufbewahrt, stockig werden. (Archiv für klin. Chirurg. Bd. III, H. 3. S. 44.) —

Bickersteth's Verfahren, nicht geheilte Brüche zur Vereinigung zu bringen, besteht darin, dass die Bruchstücke durch einen Düllbohrer zusammengehalten werden, der auch, ähnlich wie Dieffenbach's Elfenbeinnägel, eine Knochenneubildung anregt. Das Geräth bleibt so lange liegen, als es wünschenswerth erscheint.

Gooch's Schienen werden aus dünnem, ungefähr sechs Mm. dicken Fichtenholze gemacht, das durch Längsschnitte, welche zwölf Mm. von einander entfernt sind, aber nicht durch die ganze Dicke des Holzes hindurchgehen, gewisser Maassen in Streifen getheilt ist; auf der nicht eingeschnittenen Oberfläche wird Leder, z. B. Schaaffell übergeklebt, damit die Stücke nicht aus einander fallen. Es sind also biegsame Schienen, die für manchen Zweck sich gut verwerthen lassen.

Auf meine Veranlassung hat Herr Instrumentenmacher Baumgartel hierselbst Zerstäuber mit Röhren aus Hartgummi angefertigt, die mit grossem Gebläse für vier Thaler das Stück verkauft werden.

M'Intyre's Schienen für Unterschenkelbrüche sind abgebildet in dem praktischen Handbuche der Chirurgie v. John Erichsen, übersetzt von O. Thamhayn 1864. Bd. I. S. 253.

Aus England bezogene Gaze stellt sich wesentlich theurer als die in Schaffhausen bereitete, die in Packeten zu 14 Groschen verkauft wird. (Internationale Verbandstofffabrik in Schaffhausen, vormals H. Th. Baeschlin).

„Nach Schluss des Druckes erhalte ich noch durch die Freundlichkeit des Herrn Dr. Ranke die Mittheilung, dass vom 1. März bis 18. Nov. 74, in der hiesigen chirurgischen Klinik nach dem Lister'schen Verfahren konservativ behandelt und geheilt sind:

Sieben offne Unterschenkelbrüche.
Ein offner Oberschenkelbruch.
Ein offner Ober- und Unterarmbruch.
Ein offner Oberarmbruch.
Ein offner Bruch des Hakenfortsatzes.
Ein offner Bruch der Ellbogenröhre und
Eine durchdringende Kniegelenkswunde.

Ich bitte den Leser diese Angaben den Seite XX mitgetheilten gefälligst anreihen zu wollen."

Register.

Verbesserungen.

Seite 10 Zeile 2 v. u. zu streichen: selbst.
„ 19 „ 7 v. u.
„ 20 „ 16 v. u. } lies entzündliche Neugebilde statt Fleischwärzchen.
„ 20 „ 15 v. u. lies zur statt zu.
„ 25 „ 12 v. o. lies vom statt von.
„ 28 „ 1 v. u.
„ 28 „ 14 v. u. } lies entzündliche Neugebilde statt Fleischwärzchen.
„ 28 „ 2 v. u. lies trotz statt wegen.
„ 29 „ 17 v. u. lies offnen statt zusammengesetzten.
„ 30 „ 18 v. o. lies dadurch statt insofern.
„ 90 „ 8 v. o. setze hinter ist 9).
„ 151 „ 3 v. o. lies von statt vom.

Druck von Metzger & Wittig in Leipzig.

VEIT & COMP. IN LEIPZIG.

Leipzig, im October 1874.

P. P.

Im unterzeichneten Verlage erscheint seit Beginn dieses Jahres eine medicinische Wochenschrift unter dem Titel:

Deutsche
Zeitschrift für praktische Medicin.

Unter Mitwirkung der bedeutendsten Fachmänner

herausgegeben

von

Dr. C. F. Kunze,

prakt. Arzt in Halle a/S.

Wöchentlich eine Nummer von 1—2 Bogen Text in Gross Quart.

Preis des Quartals zwei Thaler.

Dieselbe verfolgt den Zweck, den praktischen Arzt mit den neueren Erfahrungen und Leistungen der Medicin in allen ihren Einzelfächern (Innere Medicin, Chirurgie, Geburtshülfe etc.) bekannt zu machen. Zur Erreichung dieses Zweckes verbreitet sich die Zeitschrift in „Original-Artikeln“ eingehend über schwebende Fragen der Zeit, bringt in der Rubrik „Analekten“ ausführliche Referate über alle erheblichen Bereicherungen der Medicin, beleuchtet in „Kritiken“ den Inhalt der neuesten medicinischen Schriften und theilt in der Abtheilung „Casuistik“ Originalbeschreibungen merkwürdiger Krankheitsfälle mit; in der „Bibliographie“ werden die Titel aller neuerschienenen einschlägigen Bücher angeführt.

Der Redakteur der Zeitschrift ist der durch sein „Compendium“ und „Lehrbuch der praktischen Medicin“ in den weitesten medicinischen Kreisen bekannte Dr. C. F. Kunze, auch erfreut sich die Wochenschrift der Mitarbeiterschaft einer so grossen Anzahl hervorragender medicinischer Schriftsteller, dass viele der bisher erschienenen Nummern mehrere Originalartikel enthalten. Als Beweis der Aufmerksamkeit für unsere Leser, namentlich diejenigen, welche nicht in der Lage waren, die Breslauer Naturforscherversammlung zu besuchen, erlauben wir uns anzuführen, dass unsere Wochenschrift sämmtliche hervorragenden Vorträge der letzten Naturforscherversammlung in Breslau nach den Berichten unseres Specialstenographen bringen wird, und wolle man aus den schon in den drei letzten Nummern gegebenen die Exactheit dieser Berichte ersehen. Indem wir versichern, dass wir auch ferner eifrigst bemüht sein werden, den praktischen Arzt in Bezug auf Alles, was in sämmtlichen Zweigen der medicinischen Wissenschaft neu zu Tage tritt, insofern es praktisch verwendbar, auf dem Laufenden zu halten, laden wir hiermit zum Abonnement ein und fügen als Beleg für die Reichhaltigkeit der „Deutschen Zeitschrift für praktische Medicin" ein Verzeichniss der Originalarbeiten der bisher erschienenen Nummern hier an:

Wodurch wirken Höhencurorte günstig auf Lungenschwindsucht? Von Dr. C. F. Kunze. — **Ueber Transfusion.** Von Dr. Jahn. — **Ueber den Unterschied der Varicellen und Variola.** Von Dr. Conrad Küster. — **Zur Aetiologie des Flecktyphus nach Beobachtungen aus der Berliner Epidemie von 1873.** Von Dr. Zuelzer. — **Die neueren Untersuchungen über Tuberculose.** Von Dr. Birch-Hirschfeld. — **Zur Pathologie und Therapie der Cataracte.** Von Dr. Severin Robinski. — **Zur Behandlung der Lungenschwindsucht.** Von Dr. Lange. — **Die Grundwasser- und Cholerabewegung in Prag im Jahre 1873.** Von Dr. Schütz. — **Ueber Varicella und Variola.** Von Dr. B. — **Zur Behandlung der Lungenentzündung.** Von Dr. C. Gerhardt. — **Ueber einen Fall von Sarcom an der Sclerocornealgrenze.** Von Dr. J. Hirschberg. — **Ueber die Anwendung kalter Bäder beim chirurgischen Fieber.** Von Dr. Ludwig Mayer. — **Ueber Diät in Krankheiten.** Von Dr. C. F. Kunze. — **Zur Scharlach-Nieren-Erkrankung.** Von Dr. Adolf Baginsky. — **Einige physiologische Momente zur Erklärung der Einwirkung des Höhenklimas auf Lungenkranke.** Von Dr. J. H. Borner. — **Vorläufiges über entzündliche Infectionen in specie Pleuropneumonie und deren Behandlung mit Karbolsäure.** Von Dr. C. F. Kunze. — **Einige Worte über Höhenklimatologie.** Von Dr. Lange. — **Allgemeine Notizen über schweizerische Luftcurorte und deren Verhältniss zur Tuberculose und Schwindsucht, mit specieller Berücksichtigung des Thales von Engelberg.** Von Dr. Ch. Imfeld. — **Ueber Ernährung.** Von Dr. Conr. Küster. — **Ueber Ammoniämie.** Von Prof. S. Rosenstein. — **Die Geschichte der placenta praevia.** Von Dr. Ludwig Müller. — **Ueber den Nachweis von Eiweiss im Harne.** Von Dr. C. F. Kunze. — **Zwei Fälle von syphilitischer Miliartuberculose.** Von Dr. Aufrecht. — **Einige Worte über Höhenklimatologie.** Von Dr. Schimpff. — **Ueber den Missbrauch subcutaner Morphiuminjectionen.** Von Dr. A. Fiedler. — **Die**

Prognose bei der Pneumonie. Von Dr. Schütz. — **Zur Aetiologie und Therapie der Cataract.** Von Dr. Hirschberg. — **Spitzenkatarrh und Hämoptoe in ihren Beziehungen zur Schwindsucht.** Von Dr. Goltz. — **Zur Transfusions-Frage.** Von Dr. Ludwig Mayer. — **Ueber die Behandlung bösartiger Geschwülste der Brustdrüse.** Von Dr. Ernst Küster. — **Hasse's 29. Lammbluttransfusion.** Von Dr. Eyselein. — **Aphorismen über Klimatotherapie.** Von Dr. Goltz. — **Mittheilungen über die alkalisch-muriatischen Thermen in Bad Ems.** Von Dr. Lange. — **Ueber Ernährung.** Von Dr. Conr. Küster. — **Zur Therapie der Tabes dorsualis.** Von Dr. E. Mendel. — **Ueber Milzschwellungen.** Von Dr. Birch-Hirschfeld.

Noch lenken wir Ihre Aufmerksamkeit auf das in unserm Verlage vor Kurzem in

== Zweiter, mehrfach veränderter Auflage ==

erschienene

Lehrbuch
der
praktischen Medicin.

Mit besonderer Rücksicht
auf
pathologische Anatomie und Histologie.

Von **Dr. C. F. Kunze.**

Zwei Bände. Gross Oktav. 1428 Seiten. Preis broschirt 8 Thaler.
Gebunden in Ganz Leinwand 8 Thlr. 20 Sgr.

Wir lassen hier einige Urtheile von maassgebender Seite folgen, die wohl am besten für den Werth des allseitig als trefflich anerkannten Werkes sprechen.

Indem Verf. sein Lehrbuch Virchow gewidmet, hat er zugleich in Bezug auf die Bearbeitung desselben die leitenden Grundsätze präcisirt, und so finden wir denn auch die pathologische Anatomie und die Histologie der Krankheiten in eingehendster und gründlichster Weise gewürdigt, und zwar gestützt nicht allein auf Daten und Angaben Anderer, sondern auch auf eigene anatomische und mikroskopische Untersuchungen. Eine eigenthümliche und sehr empfehlenswerthe Seite dieses Lehrbuches ist die zwar spärliche, aber sorgsam ausgewählte Casuistik, welche in fast zu prolixer Weise von englischen und französischen Autoren, dagegen meist ganz und gar nicht von deutschen Autoren berücksichtigt wird. Nicht allein aber haben wir die Präcision und Genauigkeit anzuerkennen, mit welcher die Anatomie, Aetiologie und Symptomatik einer jeden Krankheit dargestellt werden, sondern ganz besonders heben wir auch die concise und praktische Weise hervor, mit welcher die Behandlung bei Vermeidung des Wustes verwirrender Heilmethoden kurz, bündig und belehrend gegeben wird; die Maasse und Gewichte sind durchweg nach dem neuen Decimalsysteme angeführt. Einzelheiten lassen sich schwer aus einem Lehrbuche der praktischen Medicin wiedergeben, aber aus dem Inhaltsverzeichnisse wird man schon erkennen, dass keine irgendwie wichtige und beachtenswerthe Krankheit, selbst in ihrer Erkennung der neuesten Zeit angehörend, unberücksichtigt geblieben ist. Der Verf. hat ein praktisches Buch für praktische Aerzte gegeben . . . . **Schmidt's Jahrbuch.**

Der Verfasser hat sich die Aufgabe gestellt, vom Standpunkte des Praktikers aus für praktische Aerzte zu schreiben. Dies ist ihm vollkommen gelungen. Vor allen Dingen hat er verstanden, die rechte Mitte einzuhalten, ohne in die trockene Oede des Compendiumtones zu verfallen; seine Darstellung ist eine klare, die Krankheitsbilder sind gedrängt, doch umfassend und scharf pointirt; tüchtige eigene Erfahrung neben genauer Kenntniss der Literatur prägt sich in jedem Capitel aus. Auf die pathologische Histologie ist vom Verf. besondere Rücksicht genommen und durch die sorgfältige Bearbeitung derselben erhält die Arbeit einen besonderen Vorzug. Am therapeutischen Theile erkennt man den gewiegten Praktiker und wissenschaftlich tüchtigen Arzt. Die Beifügung einzelner wichtiger Krankheitsgeschichten kann man nur billigen. Wir dürfen in dem Werke eine wesentliche Bereicherung unserer Literatur begrüssen, ein Lehrbuch, welches sich den besten würdig anreiht. Die Ausstattung ist eine lobenswerthe. **Liter. Centralbl.**

Ein gutes Lehrbuch für specielle Pathologie und Therapie, das wenigstens in den Hauptbedingungen vollständig, wenn auch nicht erschöpfend ist, und das, dem gegenwärtigen Stande der medicinischen Wissenschaften entsprechend, auf Grundlage der neuesten Entdeckungen auf dem Gebiete der Histologie und pathologischen Anatomie, sowie nach den modernen Anschauungen einer rationellen Therapie gearbeitet ist, ist ein wahres Bedürfniss für Studirende sowohl wie für praktische Aerzte. Von dieser Anschauung ausgehend, dürfen wir gegenwärtiges Buch willkommen heissen, und seinem Verfasser das Bewusstsein lassen, ein nützliches Werk vollbracht zu haben, indem er sich entschlossen, ein vollständiges Lehrbuch, das den oben angegebenen Bedingungen entspricht, auszuarbeiten. In der That enthält das Buch eine Fülle von nach eigenen Erfahrungen und Beobachtungen verwerthetem Materiale wie auch eine sehr zweckmässige Benützung der anerkannten Forschungen unserer medicin. Autoritäten auf jedem Gebiete der Medicin und dürfte dasselbe vollkommen geeignet sein, das einzige in der That ausgezeichnete Lehrbuch in diesem Genre, das bekannte Handbuch von F. Niemeyer bei denjenigen, die wegen des hohen Preises dieses letzteren sich dasselbe anzuschaffen nicht in der Lage sind, zu ersetzen. Die Ausstattung des Werkes ist eine lobenswerthe. **Allg. W. Med. Ztg.**

Schliesslich bemerken wir noch, dass alle Buchhandlungen des In- und Auslandes bezügliche Bestellungen entgegennehmen, für die „Deutsche Zeitschrift für praktische Medicin“ auch die Postanstalten.

Ein ausführliches Verzeichniss der medicinischen Werke unseres Verlages, die ebenfalls durch jede Buchhandlung zu beziehen sind, versenden wir auf Verlangen gratis und franko.

Hochachtungsvoll

Veit & Comp.

Bestell-Formular.

Hierdurch bestelle ich bei der Buchhandlung

von ....

1 Expl. der **„Deutschen Zeitschrift für praktische Medicin 1874.“** (Verlag von Veit & Comp. in Leipzig.) **IV. Quartal.**

1 desgl. **I—III. Quartal.**

Ort: *Name:*

Druck von Metzger & Wittig in Leipzig.

LEIPZIG,
DRUCK VON METZGER & WITTIG.

FSC
www.fsc.org
MIX
Papier | Fördert gute Waldnutzung
FSC® C083411

Zeitfracht Medien GmbH
Ferdinand-Jühlke-Straße 7
99095 Erfurt, Deutschland
produktsicherheit@kolibri360.de